Rapid Assessment Program

*RAP
Working
Papers*

The Cordillera del Cóndor
Region of Ecuador and Peru:
A Biological Assessment

CONSERVATION INTERNATIONAL
ESCUELA POLITECNICA NACIONAL
FEDIMA
MUSEO DE HISTORIA NATURAL-UNMSM

RAP Working Papers are published by:

Conservation International

Department of Conservation Biology

2501 M Street, NW, Suite 200

Washington, DC 20037

USA

202-429-5660

202-887-0193 fax

www.conservation.org

Editors:

Thomas S. Schulenberg

Kim Awbrey

Assistant Editor: Glenda Fabregas

Design: KINETIK Communication Graphics, Inc.

Maps: Lata Iyer

Cover photograph: Kim Awbrey

Translations: Raquel Gomez and Carlos Arrien

ISBN 1-881173-15-1

This publication has been funded in part by CI-USAID Cooperative Agreement #PCE-554-A-00-4020-00

TABLE OF CONTENTS

PARTICIPANTS

RESEARCH TEAM: ECUADOR

Theodore A. Parker III*
Ornithologist, RAP Team Leader
Conservation International

Alwyn H. Gentry*
Botanist
Missouri Botanical Garden

Luis Albuja V.
Mammalogist
Escuela Politécnica Nacional

Ana Almendáriz
Herpetologist
Escuela Politécnica Nacional

Ramiro Barriga
Ichthyologist
Escuela Politécnica Nacional

Jaqueline Goerck
Biologist
Conservation International

Alfredo Luna
Biologist
FEDIMA

Deceased. Ted Parker and Al Gentry were killed in a plane crash in western Ecuador in August 1993, immediately following the 1993 Cóndor RAP expedition.

COORDINATORS

Kim Awbrey
John Carr
Conservation International

RESEARCH TEAM: PERU

Thomas S. Schulenberg
Ornithologist, RAP Team Leader
Conservation International

Adrian B. Forsyth
Entomologist
Conservation International

Louise H. Emmons
Mammalogist
U.S. National Museum of Natural History

Robin B. Foster
Plant Ecologist
Field Museum of Natural History

Robert Reynolds
Herpetologist
U.S. National Museum of Natural History

Gerardo Lamas
Lepidopterist
MHN-UMSM

Hernan Ortega
Ichthyologist
MHN-UMNSM

Walter Wust
Ornithologist
ECCO

Javier Icochea
Herpetologist
MHN-UMSM

Hamilton Beltran
Botanist
MHN-UMSM

Moices Cavero
Botanist
Asociación Peruana de Orquideología

Victor Pacheco
Mammalogist
MHN-UMSM

Avecita Chicchón
Anthropologist, Director CI-Peru
Conservation International

Jose Luis Carbajal
Anthropologist
Conservation International

COORDINATORS

Kim Awbrey
Ana Maria Chonati
Conservation International

EDITORS

Thomas S. Schulenberg
Kim Awbrey

ORGANIZATIONAL PROFILES

MUSEO DE HISTORIA NATURAL DE LA UNIVERSIDAD NACIONAL MAYOR DE SAN MARCOS

El Museo de Historia Natural is a branch of the Biology Department of the University of San Marcos in Lima, a government institution. Since its creation, the museum has contributed greatly to the scientific knowledge of the fauna, flora and geology of Peru. The museum's main goal is the development of scientific collections, systematic research, and to provide the data, expertise and human resources necessary for understanding Peru's biogeography and promoting conservation of Peru's many ecosystems.

The museum conducts field studies in the areas of Botany, Zoology, Ecology, and Geology-Paleontology. Each of the fifteen departments has its own curator, associated researchers and students. Over the past 10 years the museum has conducted intensive fieldwork in different protected areas such as Manu National Park, Abiseo National Park, and Pacaya-Samiria National Reserve.

Museo de Historia Natural
Universidad Nacional Mayor de San Marcos
Apartado 14-0434
Lima-14
Peru
51-14-710117 (phone)
postmaster@musm.edu.pe (email)

ESCUELA POLITÉCNICA NACIONAL

El Departamento de Ciencias Biológicas of the Escuela Politécnica Nacional is a center for research in systematics, zoogeography and ecology of the vertebrates of Ecuador. With over 50 years of research and publication in vertebrate zoology, the department houses the most important research collections of freshwater fish, amphibians, reptiles, and mammals in the country. The department's research results serve as a scientific support for conservation activities and programs developed by governmental institutions and non-governmental organizations.

Departamento de Ciencias Biológicas
Escuela Politécnica Nacional
Calle Ladrón de Guevara s/n
Casilla 17-01-2759
Quito - Ecuador
593-2-507-144/150/135, extension 250-251

FUNDACIÓN ECUATORIANA DE INVESTIGACIÓN Y MANEJO AMBIENTAL

The Fundación Ecuatoriana de Investigación y Manejo Ambiental (FEDIMA) is a non-profit, nongovernmental organization whose principal objectives are the conservation of representative areas of Ecuadorian ecosystems, scientific investigation, suitable management of natural resources, and environmental education. FEDIMA was founded in 1990.

FEDIMA
Gaspar de Escalona 524 y Diguja
Quito - Ecuador
593-2-441-495

CONSERVATION INTERNATIONAL

Conservation International (CI) is an international, non-profit organization based in Washington, DC. CI believes that the Earth's natural heritage must be maintained if future generations are to thrive spiritually, culturally, and economically. Our mission is to conserve biological diversity and the ecological processes that support life on earth and to demonstrate that human societies are able to live harmoniously with nature.

Conservation International
2501 M Street, NW, Suite 200
Washington, DC 20037
202-429-5660 (phone)
202-887-0193 (fax)
http://www.conservation.org

Conservación Internacional-Peru
Calle Chinchón 858-A
San Isidro
Lima 27
Perú
5114-408-967 (ph./fax)
CI-Peru@conservation.org

ACKNOWLEDGEMENTS

RAP expeditions greatly depend upon the support of many people and organizations in all stages of the project. We are indebted to a very diverse group of people who are linked by shared interest in the Cordillera del Cóndor and its conservation.

Our 1993 fieldwork in the Cordillera del Cóndor would not have been possible without the logistical support of the General Command of the Ecuadorian Army. We particularly recognize the support of General R. Edmundo Luna, who authorized the project and made transportation resources available, support that was absolutely critical to the success of the expedition. We also are very grateful to Colonel Rodrigo Rivas of the Unidad de Apoyo al Desarollo de las Fuerzas Armadas, who coordinated our activities and was a liaison among the different branches of the Armed Forces. Sr. Coronel Jaime Delgado, Commander of the Aviation Brigade of the Army's BAE Division 15, was responsible for the dispatch of the helicopter transport. We thank those responsible for coordinating flights, including Captain Manolo Hernandez and Second Lieutenant José Bolaños, who got our team into the field.

We would like to thank Coronel Pablo Cárdenas at the BS-62 base in Zamora, as well as his generous staff of officers and soldiers at the military sites we visited: Sargento Tomás Encarnación, in Mayaycu; Sargento Telmo Cueva, in Miazi; and Sargento Miguel Avananchi in Shaimi. Many thanks also to Battalion 63 Staff in Gualaquiza who coordinated the logistics for work in the Coangos and Achupalllas sites. We are especially grateful to Lieutenant Gilmar Pérez and Soldier David Antún who enthusiastically shared their knowledge of these sites and provided enormous support during our fieldwork efforts.

Our 1994 fieldwork in the Cordillera del Cóndor would not have been possible without the full support and cooperation of the Peruvian Armed Forces. Special thanks to General de Ejército EP Nicolas de Bari Hermoza Ríos, Comandante General del Ejército y Presidente del Comando Conjunto de las Fuerzas Armadas, General de División EP Jose Cabrejos Samame, Jefe del Estado Mayor de las Fuerzas Armadas, and Coronel EP Carlos Romero Bartegui, Departamento de Operaciones del Comando Conjunto de las Fuerzas Armadas. We are indebted to the staff of Bagua's Army Division 5 for thier logistical support, including the officers and soldiers at the posts of Chavez Valdivia, Puesto Viliancia (PV) 3, PV 22, and PV Comainas, and especially, Division 5 Pilots. We are also grateful to the Consejo Aguaruna-Huambisa for their collaboration, as well as Sr. Luis Briceño, Advisor to the Vice-Ministry of the President's Regional Development Ministry and staff. Thanks to Ing. Miguel Ventura Napa, Director of the Instituto Nacional de Recursos Nacionales and staff for their interest in and permission for our field activities. Sr. Arturo Woodman, former CONFIEP president, provided direction and support for the project.

Ana Maria Chonati of CI-Peru provided many long hours of invaluable support in coordinating many aspects of the trip. We thank Carlos Ponce, CI's Vice President for the Andean Regional Programs, and CI-Peru Director Avecita Chicchón for their dedication and direction of this project, and Monica Romo for her editing of this document.

We are extremely grateful to the John D. and Catherine T. MacArthur Foundation for providing the financial support for the 1993 fieldwork. We also thank The Biodiversity Support Program, which funded 1994 fieldwork, and particularly Meg Simington and Ilana Locker for their coordination. We are greatly indebted to Mr. Alan Hixon who offered generous support towards the development of key research, consultations in Peru and Ecuador, and this report. We would like to thank Cynthia Gill and Jerry Bisson, our partners at USAID. Current funding for the Rapid Assessment Program and funds for part of this report are provided by the Global Bureau of USAID through a cooperative agreement with CI.

Thanks to Clemencia Vela of FEDIMA for her support in the planning stages of the Ecuador work. Additionally, we would like to thank Roberto Ulloa for his help in organizing that trip. The US Embassy in Quito and USAID staff offered support for this endeavor, as well as the offices of INEFAN. We would like to thank Yolanda Kakabadse and Ricardo Melendez of the Fundación Futuro Latinoamericano in Quito and Teodoro Bustamante of Fundación Natura for their collaboration. We acknowledge Walter A. Palacios of the Herbario Nacional in Quito for allowing us to reproduce his article on the botany of the Nangaritza Basin in this report.

Thanks to the Escuéla Politécnica and FEDI-MA, and the Museo de Historia Natural of the Universidad Nacional Mayor de San Marcos (UNMSM) for their collaboration. David Neill of the Missouri Botanical Garden and the National Herbarium in Quito offered help with identifications, as well as the Smithsonian, particularly J. Lynch and Al Gardner at the National Museum of Natural History. Bruce D. Gill, Mario de Vivo and Fonchii Chang also assisted with specimen identification or other laboratory work, and R. Terry Chesser provided editorial assistance. We are extremely grateful to Jaqueline Goerck for making available the field notes and photographs of the late Ted Parker, and in general for never failing to respond to our requests for information.

Woody Turner of NASA and Bill Lawrence of The University of Maryland were responsible for preparing the satellite images (reproduced in this report) that guided our site selection and facilitated our data analyses.

As always we wish to thank our partners at The Field Museum of Natural History for their teamwork, and for their energy and dedication to the RAP program.

José Lúis Carbajal, Mirko Chang, and José Rivadeneira provided important information about the people, infrastructure and history of the Cóndor region. Hillary Nussbaum of Columbia University provided additional background information.

At the CI office in Washington, we thank Jorgen Thomsen, Adrian Forsyth, Enrique Ortíz, Ian Bowles, Rod Mast, and John Carr for their constant support and advice of this project, and Glenda Fabregas for her help in assembling the report. For production of maps we thank digitizers Ali Lankerani, Nicole Gibson, Carmen Reed, Fernando Gonzales, and Conservation Planning and GIS specialist Lata Iyer for creating the maps.

Photos have been generously provided by José Luís Carbajál, Jaqueline Goerck and Ted Parker, Kim Awbrey, Adrian Forsyth, and Avecita Chicchón.

FOREWORD

" I go where there is a great waterfall.
It emerges where the mountains become stone.
This waterfall will give me strength."

From a Jivaro song

Water falls in immense quantities on eastern Peru and Ecuador. This rain is recycled rapidly in a cycle that determines much of the special biological character of the region. The Amazonian forest canopy transpires vast quantities of water. Transpiration coupled with the water that evaporates directly from the vegetation surface returns nearly three/fourths of the rainfall back into the atmosphere within 24 hours. The heat of the equatorial sun drives this moist vapor upward. When this moist air cools and meets the edge of the eastern slope of the Andes the moisture forms back into clouds.

The Cordillera del Cóndor, a mountain range straddling the border between Ecuador and Peru, is a key element in this great hydrological cycle linking the Andes with the Amazon. The Cóndor lies in an area of global conservation significance. The eastern slopes of the equatorial Andes, with their tortured and complex geological formations and proximity to the immense sea of moist Amazonian forest, create ecological and evolutionary conditions that support and generate tremendous biological wealth. The most diverse plant communities known to science occur in this zone. A year round abundance of water seems to be a key to this wealth of plant life.

On most days clouds lie low and wet on the

"Camino por donde haya una gran cascada,
que nazca donde las montañas se vuelven piedra.
Esta cascada me dará fuerza..."

(Canto jíbaro)

En el oriente peruano y ecuatoriano el agua fluye en inmensas cantidades. Estas lluvias son recicladas rápidamente en un ciclo que determina gran parte de las especiales características biológicas de esta región. El dosel de la selva amazónica transpira cantidades ingentes de agua. Esta transpiración junto con la evaporación directa de la vegetación, devuelven a la atmósfera tres cuartas partes de la lluvia en un período de veinticuatro horas. El calor emitido por el sol ecuatorial mueve este vapor húmedo en forma ascendente. Cuando esta humedad se enfría y se encuentra con la ladera oriental de los Andes, vuelve a convertirse en nubes.

La Cordillera del Cóndor, cadena montañosa situada en la frontera entre Ecuador y Perú, es un elemento clave en el gran ciclo hidrológico que une a los Andes con la Amazonía. El Cóndor se encuentra en un área de significativa importancia para la conservación a nivel mundial. La ladera oriental de los andes ecuatoriales con sus tortuosas y complejas formaciones geológicas, así como por su proximidad al inmenso mar de bosque húmedo amazónico, crea condiciones ecológicas y evolutivas que sostienen y generan una gran riqueza biológica. Las comunidades florísticas más diversas conocidas por la ciencia ocurren en esta zona. La abundancia de agua durante todo el

flat, table-top-like peaks of the Cordillera del Cóndor. This is where rivers destined for Amazonia begin to form. Dew and rain seep through the deep carpets of sphagnum moss and the root mat of orchids, bromeliads and shrubby vegetation and disappear into the cracks and crevasses of the sandstone plateau. Rivulets of water merge into streams that in turn coalesce into rivers. The waters gather speed as they approach the edge of the plateau until they surge forth as waterfalls pouring out into space, dropping tumultuously hundreds of feet down the vertical sandstone escarpment to disappear into the steep flanking slopes of cloudforest and then emerge again as raging mountain torrents. The steep-walled boulder-strewn valleys that these rivers cut run through cloud forest and montane rainforests of astounding floristic diversity.

In a few brief kilometers the Cóndor effluents reach the tranquil meandering contours of lowland Amazonia. These waters, borne of the vegetation and filtered by the vegetation, are the ecological lifeblood of the forest, and of the people who live from the forest and from the rivers.

The Jivaroan people who live within sight of the peaks of the Cordillera del Cóndor at the edges of Amazonia, in northern Peru and southeastern Ecuador, attach sacred meaning to waterfalls in the Cóndor region. It is an appropriate belief. The fish these people eat, the animals they hunt, the plants they use to sustain daily life are products of rain on the landscape. The threats to this region—gold-mining, agricultural colonization, logging and war —are all capable of degrading both the rivers and the biologically-rich forest ecosystems. Of these many threats, none is more insidious than the mer-

año parece ser el factor principal en la existencia de esta gran riqueza de plantas.

Casi a diario las mesetas de las cumbres del Cóndor se hallan cubiertas de nubes bajas y húmedas. Es aquí donde los ríos destinados hacia la Amazonía comienzan a formarse. El rocío y la lluvia se filtran a través de las gruesas alfombras de musgo (*sphagnum*), en las tupidas raíces de las orquídeas, bromelias y arbustos y desaparece en las ranuras y fisuras de las mesetas de arenisca. Los arroyos desembocan en riachuelos que se convierten en ríos. La velocidad de las corrientes aumenta a medida que se acercan a la orilla de la meseta, lanzándose al vacío tumultuosamente, cayendo cientos de metros por las verticales y escarpadas rocas de arenisca, para desaparecer en las empinadas laderas cubiertas de bosque nublado, resurgiendo luego como furiosos torrentes en la montaña. Los valles de paredes empinadas y grandes rocas desparramados que estos ríos forjan, atraviesan bosques nublados y montanos de sorprendente diversidad florística. En unos pocos kilómetros los afluentes del Cóndor alcanzan los tranquilos y contornados meandros de las tierras bajas de la Amazonía. Estas aguas, nacidas de la vegetación y filtradas por ella, son la fuente de vida del bosque y de la gente que vive de el y de sus ríos.

Los Jívaros que viven a la vista de los picos de la Cordillera del Cóndor desde el norte del Perú y el sureste del Ecuador, le dan un significado sagrado a las cascadas de esta región. Esto es una sabia creencia, ya que los peces de los cuales este grupo se alimenta, los animales que cazan, las plantas que usan a diario son productos del agua en esta región. Las amenazas que se ciernen sobre esta región, tales como la extracción aurífera, la colo-

cury contamination that comes with frontier gold-mining. Large numbers of indigenous people and settlers in Amazonia are being poisoned by mercury contamination of the ecosystems and bioaccumulation of mercury in the most important food fish species. Is this the fate of those who drink and fish the water that runs from the Cóndor?

While the Cordillera del Cóndor remains remote, largely roadless and completely uninhabited above 1500 meters, this pristine area has been allocated into numerous mining concessions. It also has been the site of several cross border military conflicts and as a result has been virtually off-limits to biologists for half a century. A relatively isolated mountain range protruding into the equatorial Amazon lying just north of the Marañón Gap, the arid valley separating the northern Andes from the southern Andes, the Cordillera del Cóndor also is of great biogeographic interest. For these reasons we conducted rapid biological assessments of the Cóndor, beginning in Ecuador in 1993 and continuing in Peru in 1994.

For the biologists the results were as spectacular as we had hoped. The botanists in particular found amazing plant communities. Robin Foster, who is among the most experienced botanists working in the field today in the Neotropics, was "overwhelmed" by the floristic diversity that he encountered, and believes that the Cordillera del Cóndor may have the richest flora of any similarly-sized area anywhere in the New World. Both expeditions encountered, at the higher elevations in the Cóndor, a plant community dominated by bromeliads and orchids; such habitats, which most closely resemble those of the *tepui* thousands of miles to the east, are almost unknown anywhere in the Andes.

Undescribed taxa were recorded in relatively great proportion in some groups. For example, of the 40 species of orchid collected from one site, Machinaza, on the top of a large sandstone plateau, as many as 26 may be new to science. Luis Albuja collected a new species of marsupial recently described as *Caenolestes condorensis* (Albuja and Paterson, 1996). Gerardo Lamas in a few weeks of often wet weather recorded some 474 species of butterflies, of which at least 10%

The Cordillera del Cóndor may have the richest flora of any similarly-sized area anywhere in the New World.

nización, la extracción maderera y la guerra, son capaces de degradar los ríos y los ricos ecosistemás de estos bosques. De estas amenazas, ninguna es más insidiosa que la contaminación con mercurio que se utiliza en la explotación del oro. Grandes poblaciones indígenas y campesinas de la Amazonía son víctimás del envenenamiento con mercurio, debido a la contaminación de los ecosistemás y a la bio-acumulación de este en las especies de peces utilizadas en su alimentación. ¿Es acaso ésta la suerte de aquellos que beben y pescan de las aguas provenientes del Cóndor?

Aunque sobre los 1,500 metros de altura la Cordillera del Cóndor continua relativamente deshabitada y sin vías de acceso, esta área prístina ha sido ya repartida entre numerosas concesiones mineras. De la misma forma, el Cóndor ha sido escenario de varios conflictos fronterizos armados y ha permanecido fuera del alcance de la investigación biológica por más de medio siglo. Siendo una cadena montañosa relativamente aislada que se inserta en el Amazonas ecuatorial, justo al norte de la Falla del Marañón (valle árido que separa a los Andes entre norte y sur), la Cordillera del Cóndor es también de gran interés biogeográfico. Por estas razones, hemos realizado expediciones científicas para la Evaluación Biológica Rápida (RAP) de la Cordillera del Cóndor, comenzando en el Ecuador en 1993 y continuando en el Perú en 1994.

Para los biólogos los resultados fueron tan espectaculares como se había previsto. Los botánicos, particularmente, encontraron asombrosas comunidades de plantas. Robin Foster, probablemente el botánico con mayor experiencia en trabajo de campo en los Neotrópicos, se vio desalumbrado por la diversidad florística que encontró y cree que la Cordillera del Cóndor podría tener la flora más rica de cualquier área de similar tamaño, en el Nuevo Mundo. Ambas expediciones encontraron en los lugares más altos del Cóndor, una comunidad de plantas totalmente desconocida para la ciencia, dominada por bromelias y orquídeas. Estos hábitats que se asemejan a los *tepuis* (situados a miles de kilómetros hacia el este) no están incluidos en ningún sistema de áreas protegidas en toda la región Andina.

Para algunos grupos se registró taxa no descritos antes, en proporciones relativamente

CONSERVATION INTERNATIONAL

represent species and subspecies yet to be described to science.

These superlatives are matched by what we were unable to do in the short time available to us. We saw tantalizing areas that we were unable to reach. Aguaruna that we met told us of large caves with oilbird colonies, and once we flew past an immense limestone arched entrance to a cave system that is no doubt of considerable archeological and biological significance. But, our brief forays are enough to demonstrate that there is great potential for conservation of large areas of pristine montane habitat. Much of the most significant biota occurs in the upper elevations that are little used by people. Above 600-800 meters there is virtually no agriculture. The soils appear to be infertile and the drainage from the acidic sandstone plateau relatively unproductive. Accordingly, there seems to be no conflict between protecting the upper elevations of the Cóndor and maintaining the traditional access to natural resources of the surrounding indigenous people. Indeed there are significant local advantages to developing a strictly protected core area of the upper Cóndor.

Excluding human presence would prevent the contamination of an immense watershed by mercury-based gold processing. Such a core area would also act as a game reserve to replenish peripheral areas that are locally hunted for subsistence. A biosphere model that allows for zoning of human use and protection of the sensitive core areas may be well suited to the Cordillera del Cóndor. The Jivaroan communities that live at the base of the Cóndor and along the rivers that drain the region have coexisted with the biota for centuries. They have the most to lose from ecological destruction in the region and the most to gain from wise management and development. As one of the largest indigenous ethnic groups in Amazonia, the Jivaroans are in a position to play the leading role in land-use management. We hope that they are given full voice in determining the future of the Cóndor and that developing the local capacity for land-use management be considered a conservation and development priority.

The chief barriers to development of an integrated land use plan for the area are not local issues but national and international policies relat-

grandes. Por ejemplo, de las 40 especies de orquídeas colectadas en el lugar (Machinaza) sobre una gran meseta de arenisca, unas 26 de ellas pueden ser totalmente nuevas para la ciencia. Luis Albuja colectó una nueva especie de marsupial, recién descrita como *Caenolestes condorensis* (Albuja y Paterson, 1996). En una semana de trabajo bajo lluvia constante, Gerardo Lamás pudo colectar 474 especies de mariposas, de las cuales cerca de 21 parecen aún no estar descritas.

Estos descubrimientos son pocos en relación a lo que todavía queda por estudiar. Vimos áreas de prometedora riqueza a las cuales no pudimos llegar. Algunos indígenas Aguarunas que encontramos nos informaron de la existencia de cavernas con colonias de "oil bird" y en una ocasión sobrevolamos la entrada de una gran caverna de piedra caliza que sin duda contiene un considerable valor arqueológico y biológico. Sin embargo, nuestras breves incursiones fueron suficientes para demostrar que existe un gran potencial para la conservación de extensas áreas pristinas de bosque montano. La mayor parte de la biota de mayor importancia ocurre en las partes altas, aún sin intervención humana. Por encima de los 600 a 800 metros no hay ningún uso agrícola de esta zonas. Los suelos parecen ser relativamente infértiles y el drenaje de las aguas ácidas de la meseta arenisca los hace improductivos. De acuerdo con esto puede ser que no habría conflicto en establecer protección estricta de las áreas altas del Cóndor mientras se mantenga el acceso tradicional que han tenido las comunidades indígenas a los recursos naturales.

Impedir la presencia humana en una aérea núcleo evitaría la contaminación con mercurio de una inmensa cuenca hidrográfica, causada por la extracción aurífera. El establecimiento de tal zona de protección también permitiría la regeneración de las especies de fauna utilizadas para la caza y pesca en las áreas periféricas. Un modelo de reserva de biósfera que permita la zonificación de las áreas para el uso humano y protección de las áreas núcleos y sensitivas podría ser una buena posibilidad para el Cóndor. Las comunidades nativas que habitan a la base de la cordillera y a lo largo de los ríos que irrigan la región, han coexistido con la biota por muchos siglos. Son estas

La Cordillera del Cóndor puede tener la flora más rica de cualquier área de similar tamaño, en el Nuevo Mundo.

ed to the border dispute that straddles the Cóndor. Several skirmishes with great expense and considerable loss of life have centered on the disputed borders. War came again to Cóndor not long after our last field work and as a result the area is now contaminated by land mines in unknown quantities and distribution. Lives were again lost and communities disrupted, sending ripple effects through the economies of both countries, as a result of reduced investor confidence, reduced trade, declining tourism and increased expenditures for armaments. Given these costs it would seem that both countries could benefit from a core protected area covering the disputed region. This would require government policies that limit colonization and development of infrastructures such as roads in the region. The biodiversity that would be conserved as a result of such a policy shift would be globally significant.

Perhaps the most recent border conflict has bought a breathing space in which a more rational development plan for the region can be envisioned, a vision in which all the local stakeholders can participate. The feasibility of this suggestion is hard to assess. Those of us who work as biologists on RAP trips and reports are painfully aware of how limited our understanding of such a complicated place is at all levels, but most especially politically and culturally.

RAP trips generally are as much an exercise in socio-cultural cooperation as a scientific enterprise. These trips were especially complicated in that regard and required the cooperation of military agencies, scientific institutions, government agencies, non-governmental agencies, indigenous organizations and donor agencies. In spite of the tensions in the region we met with an extraordinary amount of good will from all organizations. We hope that this augers well for the future of this region.

We must also recognize that this report is just part of a long ongoing process that predates the existence of this program or organization. Informal scientific interest in the region long has existed among neotropical biologists. Interest in the Cóndor was formalized at the Manaus 90 workshop, during which Neotropical biologists ranked areas according to their potential priority for biodiversity conservation. The Cordillera del Cóndor was ranked in the top tier. Two of the

comunidades las que más perderían con la destrucción ecológica de esta región y, al mismo tiempo son las que mayor beneficio lograrían con un desarrollo y manejo apropiado de la misma. Los Jíbaros constituyen uno de los grupos étnicos más numerosos de la Amazonía, lo cual los coloca en posición favorable para desempeñar un papel preponderante en las prácticas de uso de la tierra en la región. Es nuestra esperanza que se dé participación plena a los Jíbaros en la definición del futuro del Cóndor y que la capacitación de recursos humanos locales sea considerada como prioridad en las políticas de desarrollo y conservación.

Las principales barreras para el desarrollo de un plan de uso integrado de la tierra tienen origen en las políticas nacionales e internacionales relacionadas con el conflicto fronterizo que aqueja al Cóndor. Varias escaramuzas relacionadas con este conflicto han dejado grandes saldos en pérdida de vidas humanas y bienes destruidos. La guerra azotó nuevamente la región poco después de nuestro último trabajo de campo, dejando como secuela la contaminación del área con minas dispersas en cantidades y distribución desconocidas. Nuevamente hubo pérdida de vidas humanas y grandes trastornos para las comunidades del área, así como consecuencias negativas para las economías de ambos países debido a la desconfianza de los inversionistas extranjeros, la reducción en el comercio y el turismo así como el incremento en el gasto armamentista. Dados estos costos parecería ser que ambos países se podrían beneficiar del establecimiento de un área de reserva que cubra la región en disputa. Esto requeriría políticas gubernamentales que limiten la colonización y el desarrollo de infraestructura como carreteras. La conservación de la biodiversidad que resulte de este cambio en política tendrá un significado mundial.

Quizás el reciente conflicto fronterizo abrirá las puertas a un plan de desarrollo racional para la región, en el cual todos los grupos involucrados puedan participar. La vialdad de esta opinión es difícil de estimar. Los que hemos sido parte de las expediciones y participado en la elaboración de los informes RAP nos sentimos muy conscientes de nuestra limitada comprensión de la compleja realidad a todos los niveles; biológica, y, especialmente, política y culturalmente.

biologists responsible for that ranking and who led the first RAP trips to the Cóndor, Al Gentry and Ted Parker, are no longer with us. But I am certain they would be glad to see the beginning of a conservation effort in the Cóndor.

To the memory of Ted and Al, to all those who helped and participated in this work, to the people who live in the region and hold sacred the Cóndor, we dedicate this report.

Adrian Forsyth

Las expediciones RAP son en la misma medida empresas científicas así como ejercicios de cooperación socio-cultural. Las expediciones al Cóndor, en particular, fueron especialmente complicadas, por lo que requirieron la cooperación de instituciones militares, instituciones científicas, agencias gubernamentales y no-gubernamentales, organizaciones indígenas y donantes. A pesar de las tensiones existentes en la región recibimos un gran apoyo y colaboración por parte de todas las organizaciones. Esperamos que esto augure un mejor futuro para la región.

También debemos reconocer que este informe es sólo una parte de un largo proceso que antecede la existencia de nuestra organización. Los biólogos estudiosos del Neotrópico han tenido siempre un gran interés en esta región. El interés en el Cóndor se formalizó en el Taller Manaos '90 durante el cual los especialistas priorizaron áreas de acuerdo a su potencial importancia para la conservación de la biodiversidad. La Cordillera del Cóndor se encontraba entre las primeras de la lista. Dos de los científicos responsables de colocar al Cóndor en tan alta posición, Alwyn Gentry y Ted Parker, ya no se encuentran entre nosotros; pero estoy seguro de que estarían satisfechos de ver el comienzo de un esfuerzo por la conservación del Cóndor.

Dedicamos este informe a la memoria de Ted y Al, a todos aquellos que ayudaron y participaron en este trabajo y a todos los pueblos que viven en esta región y consideran sagrada la Cordillera del Cóndor.

Adrian Forsyth

OVERVIEW

RESUMEN GENERAL

The forested lower slopes of the Andes, where these mountains merge with the adjacent Amazonian basin, are among the most biologically rich forested regions in South America. Such areas also contain a high percentage of threatened species, yet there are relatively few protected areas that encompass such habitats (Stotz et al. 1996). These lower montane areas, long a target of colonization, also are coming under renewed threat for mineral exploration and exploitation, and other development schemes, throughout the Andes. Relatively intact areas of lower humid montane forest increasingly are restricted to ever more remote regions.

In 1993 and 1994, teams from the Rapid Assessment Program of Conservation International, in collaboration with biologists from the Escuela Politecnica Nacional and Fundación Ecuatoriana de Investigación y Manejo Ambiental (FEDIMA), in Quito, and the Museo de Historia Natural de la Universidad Mayor de San Marcos, Lima, conducted biological surveys in parts of one such remote region, the Cordillera del Cóndor with the logistical support of the Ecuadorian and Peruvian Armed Forces. This Cordillera, which lies along the disputed border between Ecuador and Peru, was almost totally unknown biologically prior to our surveys. Renewed fighting along this border in January 1995, in some cases very near to areas that the RAP team had visited, highlighted the threats to the conservation of the Cordillera's biodiversity, and placed greater emphasis on the

Los bosques que cubren las áreas bajas de la ladera de los Andes, donde estas montañas se unen a la llanura amazónica, constituyen una de las regiones biológicamente más ricas de toda Sudamérica. Estas áreas contienen un porcentaje elevado de especies amenazadas; sin embargo, las áreas protegidas que cubren estos hábitats son relativamente pocas (Stotz et al. 1996). Estos áreas de bosque montano bajo en los Andes, sometidas a la colonización desde hace mucho tiempo, se encuentran de nuevo amenazadas, por la exploración y explotación minera y otros proyectos de desarrollo. Las áreas de bosque montano bajo relativamente intactas se encuentran restringidas a regiones cada vez más remotas.

En 1993 y 1994, varios equipos del Rapid Assessment Program (RAP) de Conservation International, en colaboración con científicos de la Escuela Politécnica Nacional y Fundación Ecuatoriana de Investigación y Manejo Ambiental (FEDIMA) de Quito, y del Museo de Historia Natural de la Universidad Mayor de San Marcos de Lima, con apoyo logístico de las Fuerzas Armados en Ecuador y Perú, realizaron evaluaciones biológicas en una de estas áreas remotas: la Cordillera del Cóndor. Antes de las evaluaciones RAP esta cordillera localizada en la frontera entre Ecuador y Perú, era una región casi totalmente desconocida en términos biológicos. La reanudación de las hostilidades en la frontera, en enero de 1995, algunas veces muy cerca a las áreas visitadas por el equipo RAP, destacó las amenazas a la conservación de la biodiversidad en la

importance of land management issues in the region. Here we present the results of our biological assessments of the Cordillera del Cóndor, with the hope that these studies may contribute not only to greater understanding of the biology of one particular area of humid lower montane forest, but also to an appreciation of the importance of the Cordillera del Cóndor as a global conservation priority, and contribute to a satisfactory resolution of the many competing demands on the region's resources.

THE CORDILLERA DEL CÓNDOR REGION: A BRIEF HISTORICAL AND CULTURAL REVIEW

Based on information provided by José Rivadeneira of Fundación Natura, and Avecita Chicchón and José Luis Carbajál of Conservation International-Peru.

Introduction

Biodiversity conservation in developing countries suffers from a variety of constraints, including lack of funds and management capacity, unclear legal frameworks, inherently large and fragile ecosystems, and social contexts in which local peoples are dependent upon access to natural resources in order to assure their very survival. Thus, biodiversity conservation needs to make use of innovative tools and incorporate into the conservation planning process not only the consideration of such constraints (which are more or less universal), but also of additional, site specific constraints as well, such as—in the case of the Cóndor region—the border conflict between two nation states.

Here we present a brief overview of the social context of the Cordillera del Cóndor region, in recognition that local participation and peaceful conflict resolution actions will be instrumental to efforts to conserve the plant and animal communities that lie in the disputed regions. In fact, the promotion of a land use participatory planning process may be one of the few options to conserve nature and to assure a better quality of life for local peoples, today and tomorrow.

Cordillera del Cóndor y enfatizó la importancia de un plan de manejo de los suelos de la región. En este documento presentamos los resultados de nuestra evaluación biológica de la Cordillera del Cóndor, con la esperanza de que estos estudios contribuyan no sólo a un mayor conocimiento de la biología de un área de bosque húmedo montano bajo, sino también a una mayor conciencia sobre la importancia de la Cordillera del Cóndor como un área prioritaria para la conservación de la región.

SITUACIÓN ACTUAL EN LA REGIÓN DE LA CORDILLERA DEL CÓNDOR:UNA BREVE APROXIMACIÓN HISTÓRICA Y CULTURAL

Basado en informes de José Rivadeneira de Fundación Natura, y Avecita Chicchón y José Luis Carbajál de Conservación Internacional.

Introducción

La conservación de la biodiversidad en los países en desarrollo adolece de una variedad de limitaciones, las cuales incluyen la escasez de recursos financieros y capacidad de manejo, la ambigüedad de los esquemás jurídicos, las grandes dimensiones de sus ecosistemás, y un contexto social en el cual las poblaciones locales dependen de los recursos naturales para su propia supervivencia. Así, la conservación de la biodiversidad exige el uso de mecanismos innovadores y la incorporación en los procesos de planificación, no sólo de las limitantes generales, sino también de condiciones especificas para cada localidad, como por ejemplo el conflicto fronterizo en la región del Cóndor.

Aquí se presenta un resumen breve del contexto social de la región de la Cordillera del Cóndor, reconociendo que la participación local y la resolución pacífica de los conflictos han de ser instrumentos esenciales para lograr la conservación de grandes comunidades de plantas y animales localizados en zonas de disputa. De hecho, la promoción de procesos participativos en la planificación del uso de los recursos puede ser una de las pocas vías disponibles para lograr la conservación de la naturaleza, por un lado, y una

La promoción de procesos participativos en la planificación del uso de los recursos puede ser una de las pocas vías disponibles para lograr la conservación de la naturaleza.

Original Inhabitants of the Cordillera del Cóndor and their use of natural resources

The Cóndor region historically has been occupied by members of the broad Jibaro 'family', which includes the Shuar and Ashuar peoples, who mainly occupy the Zamora, Nangaritza and Pastaza river basins, and Agurauna and Huambisa peoples of the Cenepa and Santiago river basins. The Jibaro peoples have aroused the imagination and fear of early explorers and missionaries, for they were known as fierce warriors that were successful in defending their territory and their social integrity.

The Jibaro were never fully dominated by the Inca or Spanish rule. According to ethnohistorical accounts, both Tupac Yupanqui and Huayna Capac failed in their attempt to conquer the Jibaro people. The Spanish had their first encounters with the Jibaro when they founded Jaen de Bracomoros and Zamora in 1549, followed by the founding of a few other key cities including Santa Maria de Nieva on the Marañon River and Logroño and Sevilla de Oro (later known as Macas) to the north.

Initially the Spanish were able to maintain peaceful and collaborative relationships with the Jibaro, but this situation sharply changed when the Spanish began to take advantage of the indigenous people in order to extract mineral resources (gold in particular) from their territory. In 1599 the Jibaro rebelled against the Spanish because of the hard labor imposed on them and the tributes they were made to pay with gold. In 1704, the Jesuits were prohibited from continuing their work in the region because the investment from Spain did not justify the meager gains. Later contacts between the Jibaro and westerners were sporadic and sometimes violent. The rubber boom, which so influenced native cultures elsewhere in western Amazonia, had little effect on the Jibaros or their social integrity, although during this period the circulation of western goods, especially firearms, increased (Brown 1984). Areas to the north gained access to commercial routes using the Napo and Pastaza rivers flowing east towards the Atlantic.

At the end of the 19th century, Franciscan and

Los Jíbaros practicaban la técnica de roce y quema para el cultivo, caza, pesca y recolección.

mejor calidad de vida para los pobladores locales, hoy y en futuro, por el otro.

Habitantes oriundos de la Cordillera del Cóndor y su uso de los recursos naturales

El inmenso territorio de la Cordillera del Cóndor ha albergado por cientos de años a los habitantes oriundos de la región—los miembros de la familia Jíbaro—que incluye los grupos Shuar y Ashuar/Ashual que han habitado principalmente en las cuencas de los Ríos Zamora, Nangaritza, y Pastaza, y los Aguaruna y Huambisa, en las cuencas de los Ríos Cenepa y Santiago. Los Jíbaros despertaron la imaginación y el temor de los primeros exploradores de la región, pues se les conoció como fieros guerreros que defendieron exitosamente su territorio y su integridad social.

Los Jíbaros nunca fueron completamente sometidos al poder de los Incas ni al de los españoles. De acuerdo con algunas versiones etno-históricas, Tupac Yupanqui y Huayna Capac no pudieron ver coronados sus esfuerzos por dominar a los Jíbaros. Los españoles tuvieron su primer contacto con los Jíbaros durante la fundación de Jaen de Bracomoros y Zamora en 1549, seguido por la fundación de algunas otras ciudades claves incluyendo Santa María de Nieva en la región del río Marañón y Logroño y Sevilla de Oro (después conocido por Macas) al norte.

Al principio, los españoles lograron mantener relaciones pacíficas y cooperativas con los nativos, pero todo esto cambió abruptamente cuando los españoles se aprovecharon de los indígenas en su afán de extraer minerales (especialmente oro) de sus territorios. En 1559 los Jíbaros se revelaron contra los trabajos forzados y los tributos en oro que se veían obligados a pagar a los españoles. En 1704 España prohibió a los jesuitas continuar su trabajo en la región debido a que las bajas rentas producidas no justificaban la inversión. Los contactos posteriores entre los Jíbaros y los europeos fueron esporádicos y a menudo violentos. El auge del caucho, que influyó tanto sobre las culturas nativas de la amazonia occidental, afectó muy poco a los Jíbaros y su integridad social, aunque durante este período aumentó el comercio de bienes de origen

Salesian missionaries began to work near the Shuar in the Zamora and Morona Provinces. The missions had a notable effect on the region's development, particularly in the interelationships between the Shuar and the Andean colonists, and the incorporation of the Shuar in the economy and culture of the Ecuadorian nation-state. Immigrants from the highlands accompanied and followed the missionaries into the Zamora-Upano region. Placer gold mining hit its peak rush in 1937. Immigrants began to settle in the region to clear land in order to raise cattle, which proved successful, however this process ousted the Shuar and introduced epidemics of disease which affected the population and instigated migration to the northeast.

The first evangelical mission among the Aguaruna was established in 1925. Nearly 25 years later, the Summer Institute of Linguistics sent a group of evangelical linguists to live with the Aguaruna. In 1949, the Jesuits established a Catholic mission in Chiriaco. From that time on, peaceful contact for the Jibaro has meant access to education and a redefinition of their cultural beliefs, influenced by their exposure to western culture as exemplified by missions. Before the missions, the Jibaro lived in small villages usually located in the lower valleys near reliable water sources. The core region of the higher altitudes of the Cordillera del Cóndor range never was occupied permanently, because the Jibaro preferred to settle near higher resource availability.

The Jibaro practiced slash-and-burn agriculture, hunting, fishing, and gathering. Jibaro men specialized in clearing and burning the forest for agriculture while women were experts in plant cultivation. In fact, much of the knowledge of manioc diversity resides in women (Boster 1984). Their agricultural plots were small and contained a high diversity of cultigens such as manioc, plantains, sweet potatoes and other tuber crops. Some varieties of manioc were highly favored for the preparation of *masato* (manioc beer).

The Jibaro were expert hunters of terrestrial mammals and birds (Brown 1984). Their traditional hunting technology included bows and arrows and the use of blowguns with poisoned darts. The poison commonly known as curare was obtained by cooking different ingredients collect-

europeo, especialmente el de armás de fuego (Brown 1984). Regiones más al norte ganaron acceso a rutas comerciales utilizando los Ríos Napo y Pastaza que desembocan en el Atlántico.

A fines del siglo XIX, los Franciscanos y Salesianos empezaron a trabajar cerca a los Shuar por el las provincias de Zamora y Morona Santiago en Ecuador. Las misiones tuvieron un impacto notable sobre el desarrollo de la región, particularmente con las interrelaciones entre los Shuar y los colonos andinos, y sobre la incorporación de los Shuar en la economía y cultura occidental del estado ecuatoriano. Inmigrantes del altiplano acompañaron y siguieron a los misioneros hasta las regiones Zamora-Upano. La minería informal llegó a su cumbre en 1937. Inmigrantes empezaron colonizar la región para ganadería, la que fue exitosa, pero ocasionó la introducción de epidemias entre los Shuar que afectó la población y motivó su migración hacia el noreste.

La primera misión evangélica se estableció entre los Aguaruna en 1925. Casi 25 años después el Instituto Lingüístico de Verano envió un grupo de lingüistas evangélicos a vivir con los Aguaruna. En 1949 los jesuitas establecieron una misión católica en Chiriaco. Desde entonces las relaciones pacíficas han significado para los Aguaruna el acceso a la educación y a una redefinición de sus creencias culturales, influenciadas por la cultura occidental a través de las misiones. Antes de los misionarios, los Jíbaro vivían en pequeñas aldeas usualmente localizadas en los valles más bajos, más cercanos a fuentes de agua. La región de elevación alta de la Cordillera del Cóndor nunca fue ocupada permanentemente ya que los Aguaruna y los Huambisa preferían habitar en áreas con más recursos y cercanas a ríos navegables.

Los Jíbaros practicaban la técnica de roce y quema para el cultivo, caza, pesca y recolección. Los hombres Jíbaros se espezializaban en cortar y quemar los bosques mientras que las mujeres eran expertas en el cultivo de plantas. Las mujeres tenían el mayor conocimiento sobre la diversidad de la mandioca o yuca (Boster 1984). Las parcelas eran pequeñas y se dedicaban mayormente al cultivo de "cultigens", como la mandioca, el plátano, el camote y otros tubérculos. Tenían predilección por algunas variedades de

The Jibaro practiced slash-and-burn agriculture, hunting, fishing, and gathering.

ed from the forest with two main components, a forest vine (*Phoebe* sp.) and a fruit (*Strychnos jobertiana*). Each hunter had his own formula that was passed down through the generations. Although there were many different such formulas, the substance that was the most important for the effectiveness of the poison was strychnine.

Fishing was an important activity that secured a steady supply of protein. The Jibaro organized elaborate expeditions to fish, built dams and used different kinds of fish poisons in the creeks. Fishing also was practiced as a daily activity by some members within a household. Men, women and children regularly fished in nearby sources of water. Gathering in the forest was an important activity, not in terms of quantity but in the quality of the food obtained. Through gathering it was possible to obtain a high variety of fruits with a high nutritional value. Other products favored through gathering included larva, honey, mushrooms and a diversity of leaves.

In sum, traditional use of resources in the Cóndor region by the Jibaro was patterned by low population density, dispersed settlements and the practice of a diversity of subsistence activities that avoided pressure over a single resource.

Current inhabitants and their natural resources

Ecuador
Four different groups are located in the Cóndor region of Ecuador: the Shuar; colonists who farm and raise livestock; military; and miners dedicated to extracting gold and minerals. At the beginning of the 1960's Ecuador initated a dynamic program of colonization and infrastructure development in the region. This colonization surpassed the project's original goals, with influxes of colonists, principally from Loja Province, settling in Zamora, and from Azuay and Cañar provinces, who primarily settled in Morona-Santiago. Conflict between the new immigrants and the region's traditional inhabitants was one of the factors that led the Shuar to organize themselves into the Shuar Federation.

There approximately 60 Shuar *Centros* in the valleys along the Nangaritza and Zamora rivers west of the Cordillera and south of the Santiago

mandioca para la preparación del *másato* (cerveza de mandioca).

Los Jíbaro eran cazadores expertos de aves y animales terrestres (Brown 1984). La tecnología tradicional de la caza incluía arcos y flechas y el uso de cerbatanas con dardos envenenados. El veneno, comúnmente conocido como curare, se obtenía cociendo diferentes ingredientes recolectados en el bosque, una liana (*Phoebe* sp.) y una fruta (*Strychnos jobertiana*). Cada cazador tenía su propia fórmula que se heredaba de generación en generación. Aunque habían muchas fórmulas diferentes, la sustancia que proporcionaba mayor efectividad al veneno era la estricnina. La pesca constituía una importante actividad que proporcionaba una fuente estable de proteínas. Los Jíbaros organizaban expediciones diarias por parte de algunos miembros de la familia. Hombres, mujeres y niños se dedicaban a la pesca con regularidad.

La recolección en el bosque era una actividad importante, no en términos de cantidad pero por la calidad de la comida obtenida. Era posible recolectar una alta variedad de frutas de alto valor nutritivo, así como larvas, miel, hongos, y diferentes tipos de hojas.

En resumen, el uso tradicional de los recursos en la región del Cóndor seguía un patrón de baja densidad poblacional, asentamientos dispersos y una práctica de actividades de subsistencia diversificadas, evitando así una presión desbalanceada sobre ciertos recursos naturales.

Habitantes actuales y sus uso de los recursos naturales

Ecuador
Cuatro grupos humanos bastante definidos se destacan en la zona: los Shuaras, indígenas nativos que por tradición han ocupado la parte suroriental del Ecuador; los colonos dedicados a la agricultura y ganadería; y, los mineros dedicados a la extracción del oro. A partir de la década de 1960 se inicia en el Ecuador un proceso dinámico de colonización y de estructuración del espacio. En 1964 se promulga la Ley de Reforma Agraria y Colonización que promueve la colonización de la amazonia. La colonización sobrepasó las dimensiones de las acciones planifi-

River (see map page 35), which encompasses the focus area of this study. It is estimated that the total Shuar population in this region is 7,000. The total population grows to 12,000 including immigrants (*colonos*). To the north in the Coangos watershed basin seven Centros Shuar are reported and at least two family groups are known to live near military posts in the higher elevations of the Alto Cenepa watershed.

Agriculture and cattle raising are the principal economic activity in this region. State subsidies and colonization policies have parceled lands into 30-50 hectare lots. These parcels have been rapidly depleted of their resources due to extraction rates and soil degradation. The majority of colonists' lands are primarily converted into pasture. In contrast, the Shuar communities possess extensive lands (sometimes over 200 hectares), which are divided into three uses including agriculture, cattle production and and as extraction zones for forest resources such as vegetable fibers, hunting, fishing and wood or construction materials. The Shuar cultivate *yuca, platano, papa china, maíz, maní*, and *frejól* as well as some fruits such as naranjilla and papaya (Rivadeneira 1996).

Today approximately 300,000 hectares in Ecuador are occupied by the Shuar. Unlike the plots offered to the colonists, which usually measured between 30 and 50 hectares, the Shuar land holdings are generally larger. In more remote areas Shuar communal lands can be over 200 hectares in size, while those areas of higher demographic density usually contain plots around 50 hectares. The sale of Shuar territories is prohibited except under authorization of the Interprovincial Federation of Shuar Centers (FICSHA). *Centros* are made up of between 5 and 25 families. The average number of families per centro is 16.5, while average families include 6.7 members each.

Over the last 15 years the development of the amazonian population has been characterized by rapid growth and urban concentration. The districts with the highest populations are Zamora (28,074), Yantzaza (17,910) and Gualaquiza (12,518). In the last decade the pace of destuctive land use patterns has increased markedly in this area, for two fundamental reasons: the increased exploitation of gold, and the state policies that created *fronteras vivas*

cadas por el estado ecuatoriano, llegando mucha gente desde Loja hacia Zamora y de Azuay y Cañar hacia Morona Santiago. Los conflictos entre los nuevos migrantes y los habitantes tradicionales de la región fueron una de las principales razones que motivaron la creación de la Federación Shuar.

Hay aproximadamente 60 Centros Shuar en los valles de los Ríos Nangaritza y Zamora al oeste de la cordillera y al sur del Río Santiago (vea el mapa, p. 35), que constituye el área central de este estudio. Se ha estimado que la población Shuar aproxima 7,000 en esta zona. La población total incluyendo a los inmigrantes crece a 12,000. Siete centros Shuar son reportadas al norte en la cuenca de Coangos, y hay conocimiento de por lo menos dos familias que viven cerca a puestos militares en las elevaciones altas de la cuenca del alto Cenepa.

La agricultura y ganadería son las principales actividades económicas en la región. Subsidias del estado políticas de colonización han parcelado la tierra en lotes de 30-50 ha. Estas parcelas han sido desprovistas rápidamente de sus recursos debido a las altas tasas de extracción y degradación de suelos. La mayoría de la tierra de los colonos ha sido convertido en pastos. En contraste, las comunidades Shuar poseen grandes extensiones de tierra, las que se dividen para sus usos en agricultura, ganadería y recursos del bosque, tales como fibras vegetales, caza, pesca, madera y materiales de construcción. Los Shuar cultivan yuca, plátano, papa china, maíz, maní, fréjol, así como algunas frutas como naranjilla y papaya (Rivadeneira 1996).

Hoy, existen alrededor de 300,000 has. ocupadas por los shuar. En las zonas más apartadas las propiedades son comúnmente extensas superando las 200 has., mientras que en las zonas de una mayor densidad demográfica—la superficie de las propiedades gira alrededor de las 50 has. En el territorio shuar se prohíbe la venta de las tierras excepto entre ellos y bajo la autorización de la Federación Interprovincial de Centros Shuar (FICSHA). El *centro* es para los shuar la unidad organizativa básica. Su formación responde a nexos endogámicos y también a cer-

through colonization. These two activities rapidly are changing the ecological and the landscape characteristics of the entire region.

Southeastern Ecuador contains a chain of important mineral deposits. The reactivation of mines at Nambija two decades ago, which had been worked by the Spanish, generated intense informal mining activity, which led to the presence of international and Ecuadorian companies in pursuit of large scale mining of gold and other minerals (see concession interests map p. 36) In some cases mining companies share concessions with the military (DINE). A potentially serious environmental contamination in this area is due to the use of mercury, which serves to prepare an amalgam in the process of extraction and separation of gold.

Various governmental entities such as the Programa de Desarrollo de la Region Sur (PRE-DESUR), the Instituto de Colonización y Reforma Agraria de la Amazonia (INCRAE), the Consejo Provincial de Zamora Chinchipe, the Ministerio de Obras Publicas, and the Ministerio de Energia y Minas, have started programs or projects of development through road construction, the colonization of uncultivated land, and the installation of sawmills.

Peru

In 1955, the Summer Institute of Linguistics (SIL) established its first mission along the Río Marañon, and since that date this group has been very active in training young Aguaruna and Huambisa in bilingual education and Christian proselytizing. This new group of indigenous bilingual teachers has been key in bringing cultural change within the communities. Bilingual teachers gradually have gained leadership positions within their communities because of their greater understanding of the outside world.

The establishment of schools has attracted indigenous people to settle near them year round in order to have access to formal education. Settlements with a relatively high population density now are not uncommon along the Río Marañón and its tributaries. An important effect of higher density settlements is the gradual decrease of wildlife resources through habitat destruction

canía entre núcleos familiares. Un centro está conformado por familias que varían entre 5 a 25. En promedio el número de familias por centro es de 16.5 con una composición familiar de 6.7 miembros por unidad.

En los últimos 15 años el desarrollo de la población amazónica se ha caracterizado por sus altas tasas de crecimiento y por la tendencia a la concentración urbana de la misma. Los cantones (distritos) de mayor población son Zamora (28,074 habitantes), Yantzaza (17,910 habs) y Gualaquiza (12,518 habs). La última década ha sido decisiva en la ocupación de la tierra en la zona, por dos razones fundamentales: la una, el reinició de la explotación aurífera, y las políticas del estado que creó *fronteras vivas* a través de colonización. Estas dos actividades están cambiando rápidamente las características ecológicas y paisajísticas de toda la región.

El sudeste de Ecuador contiene una cadena de importantes depósitos minerales. El redescubrimiento de las minas de Nambija hace dos décadas, las que habían sido explotadas por las Españoles, generó una intensa actividad minera informal que produjo la presencia de compañías internacionales y ecuatorianas con la intención de minería a gran escala de oro y otros minerales. En algunos casos las compañías mineras comparten concesiones con los militares.

Varias entidades gubernamentales como El Programa de Desarrollo de la Región Sur (PRE-DESUR), el Instituto de Colonización y Reforma Agraria de la Amazonía (INCRAE), El Consejo Provincial de Zamora Chinchipe, el Ministerio de Obras Públicas, el Ministerio de Energía y Minas, han emprendido en programás o proyectos de "desarrollo" mediante la construcción de carreteras, colonización de tierras baldías, instalación de aserraderos.

Perú

En 1955, el Instituto Lingüístico de Verano estableció su primer misión en el Río Marañón, y desde entonces ha sido muy activo en entrenar Aguarunas y Huambisas en educación bilingüe y proselitismo cristiano. Este nuevo grupo de maestros indígenas bilingües han tenido un rol impor-

Southeastern Ecuador contains a chain of important mineral deposits.

and overhunting. Despite this situation, some studies show that there are still a number of Aguaruna who have complex systems of knowledge and classification of natural resources, although not every named species is necessarily used (Berlin and Berlin 1983).

The Aguaruna and Huambisa currently are integrated in different degrees into the market economy. Over three-fourths of the Condorcanqui population practice subsistence agriculture, hunting, fishing and gathering. They depend on cash to obtain some essentials such as clothing, some foodstuffs and to pay for educational services. The Jibaro obtain the necessary cash from selling wood and agricultural products, especially rice, cacao and fruits. There is little commercial value added to the products from the region, which is why some development organizations in the region are promoting the establishment of agroindustrial enterprises to obtain higher profits from agricultural products. Guallart (1981) points out that the most important limitations for the economic development of the Aguaruna include the lack of market for their products, low prices, high transportation costs to markets, high costs in conserving and transporting products and high priced production inputs. Cash is also obtained by working for other people in different productive activities (farm workers, hunters, guides, trailblazers, etc.).

The titling of native communities has contributed further to the formal fragmentation of the Jibaro traditional territory and the undermining of traditional leadership. On the other hand, it has been key for the Jibaro to have formal land titles when new migrants moved into traditionally Jibaro territory. There are 25 native communities in El Cenepa district, 72 in Nieva district and 41 in the Río Santiago district; all three districts are in the province of Condorcanqui, department of Amazonas. Currently, there are about 30,500 people in Condorcanqui province (INEI 1994), three-fourths of which are either Aguaruna or Huambisa. Ninety-one percent of this population lives in rural areas. There is a trend in recent years, however, to migrate out of the rural areas into the cities, especially to Santa Maria de Nieva on the Río Marañón. Within the Condorcanqui province, the Nieva and Imaza districts are the

tante en la introducción de cambios culturales dentro de las comunidades. Los maestros bilingües han adquirido gradualmente puestos de liderazgo dentro de sus comunidades debido a su educación formal.

Los asentamientos con densidad poblacional relativamente elevada son ahora más comunes a lo largo del río Marañón y sus tributarios. Una consecuencia importante de la presencia de asentamientos de mayor densidad poblacional es la reducción gradual de los recursos de vida silvestre por causa de la destrucción de hábitats y sobre casería. A pesar de esta situación, algunos estudios muestran que hay todavía un buen número de Aguarunas que tienen profundos conocimientos de los recursos naturales y su clasificación, aunque no necesariamente cada especie denominada es utilizadas (Berlin y Berlin 1983).

Actualmente, los Aguarunas y Huambisas se hallan integrados a la economía de mercado a diferentes niveles. Más de las tres cuartas partes de la población de Condorcanqui practica la agricultura de subsistencia, la caza, la pesca y la recolección. El dinero es necesario para ciertos artículos de primera necesidad como ropa, algunos alimentos y para pagar por servicios educativos. Los Jíbaros obtienen dinero en efectivo con la venta de madera y productos agrícolas, especialmente arroz, cacao y frutas. Se confiere muy poco valor agregado a los productos de la región, por lo que algunas organizaciones de desarrollo en la región promueven el establecimiento de empresas agroindustriales para obtener mayores beneficios de los productos agrícolas. Guallart (1981) indica que las limitantes mayores son, los altos costos de transporte, altos costos de almacenamiento y distribución y altos costos de insumos. Otra fuente de ingreso es el trabajo por jornal en diferentes actividades productivas (como peones, cazadores, guías, matutearais, etc.).

La titulación de tierras ha contribuido aún más a la fragmentación del territorio tradicional Jíbaro y al deterioro del liderazgo tradicional. Por otra parte estos títulos han sido de suma importancia para los Jíbaros ante la colonización de distrito de Río Santiago. Estos tres distritos se encuentran dentro de la Provincia Condorcanqui, Departamento de Amazonas, el cual incluye la

El sudeste de Ecuador contiene una cadena de importantes depósitos minerales.

most populated because they contain native communities and migrant landholdings.

The road built in the 1940s from the coast into the Río Marañon area opened up the region for new settlers. Migration was fostered by government colonization projects that attracted migrants from Piura and Cajamarca, especially from the provinces of Jaen and San Ignacio. These migrants developed a settlement pattern and use of space that was not well-suited for the environmental conditions of the region. Settlements were close together and the nutrients of the land were quickly depleted because of intensive agricultural activities in rice and maize. Additionally, these landholdings were far from market circuits so that it was difficult for the new settlers to sell their products. These unfavorable conditions eventually led to the departure of 50% of the migrants. In the mid-70s the military government decided not to promote further colonization to this region and to consolidate the settlements that already were present. This policy changed later, following the 1981 Perú-Ecuador border conflict and under new policies of the democratically-elected president Fernando Belaúnde.

Currently there are about 1,800 non-indigenous people in the Condorcanqui province. Eighty percent of this population are Andean migrants while the rest were born in the province. Most of this people live in rural settlements in the Nieva district (containing 14 such settlements), but some are in the Río Santiago district (3 such settlements). Apart from miliary posts, there are no non-indigenous settlements within El Cenepa district. In all, the rural settlement map elaborated by the government indicates that there are nearly 50,000 hectares in the Condorcanqui province that have been allocated for non-indigenous settlers. Additionally, this source indicates that there are another 254,000 hectares to be allocated for non-indigenous settlers between the left margin of the Río Cenepa and the right margin of the Río Santiago (Carbajal and Chang 1995).

Cattle ranching is limited in the region because of the lack of good pastures. However, forest extraction takes place frequently in Condorcanqui. There is selective logging for fine woods such as tropical cedar and mahogany. The extraction of

ladera occidental del Cóndor y su área de influencia. Actualmente la provincia de Condorcanqui tiene aproximadamente 30,500 habitantes (INEI 1994), tres cuartas partes de los cuales son Aguarunas o Huambisas. El 91% de esta población vive en zonas rurales. Desde hace algunos años se registra una creciente migración hacia las ciudades, especialmente a Santa Maria en el Río Marañon. En Condorcanqui, las provincias de Nieva e Imaza son los más poblados porque habitan comunidades indígenas y colonos.

La carretera construida en los años cuarenta, desde la costa hasta el área del Río Marañón permitió la entrada de nuevos colonizadores. La migración fue fomentada por el gobierno que atrajo inmigrantes desde Piura y Cajamarca, específicamente de las provincias de Jaén y San Ignacio. Estos colonos desarrollaron un patrón de asentamiento poblacional y uso del espacio que no era acorde con las condiciones ambientales de la región. Los asentamientos se hallaban muy cercanos entre sí y la agricultura intensiva del maíz produjo un acelerado deterioro condiciones desfavorables que llevaron eventualmente al éxodo del 50% de los colonos. A mediados de los 70 el gobierno decidió no promover más la colonización y concentrarse en consolidar los asentamientos ya existentes. Esta política fue cambiada nuevamente por el entonces presidente Fernando Belaunde luego del conflicto entre Perú y Ecuador en 1981.

Hoy la provincia Condorcanqui cuenta con una población no-indígena de 1,800 personas. 80% de estos son inmigrantes andinos mientras que los restantes nacieron en la propia provincia. La mayor parte de estas personas viven en poblados rurales en el distrito (con 14 poblados), pero algunos habitan el Distrito del Río Santiago (3 poblados). Aparte de los puestos militares no existen ningún poblado no-indígena dentro del distrito El Cenepa. En total, el mapa de asentamientos poblacionales producido por el gobierno indica que los colonos ocupan un área de 50,000 has, en la provincia Condorcanqui. Además, esta misma fuente indica que hay otras 254,00 has para asignación a colonos no-indígenas entre la margen izquierda del Río Cenepa y la margen derecha del Río Santiago (Carbajal y Chang 1995).

La falta de áreas para el pastoreo limita el

CONSERVATION INTERNATIONAL

these woods in private properties is controlled through permits given by the government, although illegal timber extraction is not uncommon. There are reforestation projects in the region that are run by Reforestation Committees based in local ministry of agriculture offices. Today, there are 7 forestry extraction permits in the Condorcanqui province, all in native communities in an area of 160 hectares.

According to the Ministry of Energy and Mines public register office, there are 161 mining claims in the Condorcanqui province, most of which are located in the Nieva and Río Santiago districts. Recently, the mining company Metalfin has claimed over 200,000 hectares along 200 kilometers in the Cordillera del Cóndor (see map of concession interests, p. 36) This company intends to exploit what it believes are significant gold deposits in the Cóndor, although this initiative currently is stalled due to the recent military conflict in this region.

Commerce and tourism activities in the Condorcanqui province are overseen by the sub-regional directorate of the Ministerio de Industria, Turismo y Comercio Internacional. Five projects currently are underway, that entail manufacturing of local products such as candy fruit and plantain flour, building a factory to bag *uña de gato* (*Uncaria tomentosa*) and other medicinal plants, building an industrial complex in Bagua and promoting the establishment of a river port in Imacita. There is not much industrial activity today in the Condorcanqui province. However, ministry officials are planning to promote more tourism activities that would include visits to natural areas and native communities.

The Border

The political boundaries between Peru and Ecuador have been a source of military conflict for decades. Following a border war in 1941, the governments of Peru and Ecuador signed an agreement in Rio de Janeiro, Brazil on 29 January 1942 that defined the boundary between these two nations. This agreement was later considered invalidated by the Ecuadorian Senate in 1960. The boundary was left undefined in 78 of the 1,675

desarrollo de la ganadería extensiva en la región. Sin embargo la extracción forestal es preponderante en Condorcanqui, con la tala selectiva de maderas finas como el cedro y la caoba. La extracción de estas maderas en terrenos de propiedad particular es reglamentada por el gobierno a través de permisos, aunque también se da la extracción ilegal. Hay programás de reforestación dirigidos por Comités de Reforestación con base en las oficinas del Ministerio de Agricultura. Hoy existen siete concesiones madereras en la provincia Condorcanqui, todas situadas en comunidades indígenas, en un territorio de 160 hectáreas.

De acuerdo con el registro público del Ministerio de Energía y Minas existen 161 concesiones mineras en la provincia de Condorcanqui, la mayor parte de las cuales están en los distritos de Nieva y Río Santiago. Recientemente, la compañía Metalfin ha reclamado 200,000 hectáreas a lo largo de 200 kilómetros en la Cordillera del Cóndor. Esta compañía pretende explotar los depósitos de oro que considera existen en concentraciones importantes en el Cóndor, aunque esta iniciativa está detenida temporalmente por el conflicto fronterizo en la región.

Las actividades de comercio y turismo en la región son controladas por el directorio sub-regional del Ministerio de Industria, Turismo y Comercio Internacional. Cinco proyectos se encuentran en desarrollo, incluyendo la fabricación de productos locales tales como dulces de frutas y harina de plátano, así como la construcción de una empacadora de *Uña de gato* (*Uncaria tomentosa*) y otras plantas medicinales, la construcción de un complejo industrial en Bagua y el establecimiento de un puerto en Imacita. Hoy en día no hay actividad industrial en la provincia Condorcanqui, aunque los funcionarios del Ministerio planean promover una mayor actividad turística que incluya visitas a las áreas naturales y a las comunidades indígenas.

La Frontera

Las fronteras políticas entre Perú y Ecuador han sido fuente de conflictos armados por varias décadas. Después de la guerra fronteriza de 1941 Perú y Ecuador firmaron un acuerdo en Río de

kms of shared border. This lack of definition is due to the differing interpretations of a "divortium aquarium" (watershed divide) between the Zamora and Santiago Rivers as stated in the 1942 Protocol of Rio de Janeiro. At the time of the agreement, geographers were unaware of the existence of the Cenepa River, which consequently had not been mapped, likely due to cloud cover. The later discovery that the Cenepa River had not been taken into consideration in the definition of the "Divortium Aquarium" called into question the technical validity of the border within those 78 km.

In the following years military posts were established in the border zone. Occasional skirmishes eventually led to the next serious military confrontation, which took place in 1981. Fortunately this conflict lasted only for a short time. However, it had a significant impact on settlement policy. Both Peruvian and Ecuadorian governments responded once more by promoting colonization to the Cóndor region.

The latest wave of military tension between Peru and Ecuador began on 9 January 1995 and lasted until 28 February 1995, when the Itamaraty peace treaty was ratified. One of the most important consequences of the war was the impact of 300 tons of bombs that were dropped in an area of 72 km^2. Additionally, it is estimated that up to 20,000 soldiers were concentrated into the relatively small region between Bagua (Peru) and Patuca (Ecuador). Human wastes and all of the toxic wastes of war were dumped into forests and spilled into the headwaters of the Río Cenepa and its tributaries, affecting the territories where the Aguarunas and Shuar live.

The high human and financial costs of the war forced many stakeholders, including non-governmental organizations and governments in both countries, to consider new solutions to the Cóndor conflict. Indigenous federations from both countries as well as regional federations (CONAI, COICA, CAH, AIDESEP, Shuar Federation among others) have expressed their interest in some kind of protected area, and have requested recognition and full participation in the development of a solution to the conflict.

Janeiro, Brasil, el 29 de enero de 1942, que definió la frontera entre los dos países. Este acuerdo fue luego considerado inválido por el senado ecuatoriano en 1960. La frontera quedó indefinida en 78 de los 1,675 km que mide en su totalidad. Esta falta de definición es debido a la existencia de diferentes interpretaciones al "divortium aquarium" entre los Ríos Zamora y Santiago como fue documentado en 1942. Cuando se hizo el Protocolo de Río, los cartógrafos no conocían de la existencia del Río Cenepa, por lo cual ese río no apareció en el mapa. El posterior descubrimiento de que el Cenepa no había sido considerado en las negociaciones del "Divortium Aquarium" cuestionó la validez técnica de la frontera entre esos 78 km.

En los años siguientes se estableció algunos puestos militares en la zona de frontera. Conflagraciónes ocasionales eventualmente ocasionaron una confrontación seria en 1981. Afortunadamente este conflicto fué de corta duración. Sin embargo, tuvo consecuencias importantes sobre las políticas de colonización. Los gobiernos de Perú y Ecuador respondieron una vez más impulsando la colonización de la región del Cóndor.

La última ola de tensiones bélicas en la frontera comenzó el 9 de enero de 1995 y duro hasta el 28 de Febrero de 1995, cuando fue instituido el tratado de Itamaraty. Una de las consecuencias más importantes de la guerra fue el impacto de 300 bombas sobre un aérea de 72 km^2. Más aún alrededor de 20,000 soldados estaban concentrados en la relativamente pequeña, región entre Bagua (Perú) y Patuca (Ecuador). Desechos humanos al igual que todos los desechos tóxicos de la guerra fueron descargados en los bosques y en las aguas de la cabecera del Río Cenepa y sus tributarios, afectando los territorios de los Shuar y Aguaruna.

Los altos costos humanos y financieros de la guerra forzaron a que muchas instituciones, incluyendo organizaciones no-gubernamentales, y gobiernos de ambos países a considerar soluciones al conflicto de la Cordillera del Cóndor. Federaciones Indígenas de ambos países así como federaciones regionales (CONAI, COICA, CAH, AIDESEP, La Federación Shuar, entre otras) han expresado su interés en algún tipo de área de conservación y han pedido reconocimiento y participación en el desarrollo de cualquier tipo de solución al conflicto.

SUMMARY OF RESULTS

The lower slopes of the humid Andes are among the most species-rich habitats on Earth, yet remain among the most poorly-known. In 1993 and in 1994, two RAP teams conducted surveys of plants, birds, mammals, reptiles and amphibians, fish, and selected invertebrates in the Cordillera del Cóndor, one of the largest intact remaining regions of Andean lower montane forest. Over the course of two expeditions, the two teams spent a total of six weeks in the field, and investigated sites on both the northern and southern slopes of this Cordillera.

The Cordillera del Cóndor is a region of considerable beauty. Knife-like ridges, sharply rising above the foothill forest abutting the Andes, alternate with broad, flat-topped mesas. The great topographic and geological complexity of the region, combined with a climate of year-round high humidity, create conditions that allow for very high plant species diversity. Few species of vertebrates are known to be strictly endemic to the Cóndor, although the distributions of some species found in the Cóndor are not known to extend very far beyond to the north or south. This diversity of habitats and of species, including species with restricted distributions, makes the Cóndor an important refuge for many taxa; this is especially true in view of the mounting pressures from colonization, road-building, and mining.

The lower elevations in the Cóndor, on both slopes of the cordillera, are covered with forests of truly exceptional floristic diversity. These tall and continuously wet forests contain a mix of lowland and montane species, and are extremely rich not only in tree species but in epiphytes, shrubs, and terrestrial herbs as well. In addition to being extremely diverse on a small scale, the composition of these forests varies greatly from one ridge to another, and from one geological substrate to another.

These lower slopes of the Cordillera del Cóndor support a typically rich Amazonian fauna. The birds recorded during the surveys of the lower portions of the Cóndor were largely widespread Amazonian species. Important exceptions to this general statement are several species that have

RESUMEN DE LOS RESULTADOS

Las laderas bajas de los Andes húmedos se encuentran entre los hábitats más ricos en especies del mundo entero, sin embargo continúan siendo de los más desconocidos. En 1993 y en 1994, dos equipos de RAP llevaron a cabo evaluaciones de plantas, aves, mamíferos, reptiles y anfibios, peces, y ciertos invertebrados de la Cordillera del Cóndor, una de las regiones más extensas de bosque montano bajo de los Andes que permanece intacta. En el curso de sus expediciones los dos equipos permanecieron en el campo por un total de seis semanas y condujeron investigaciones tanto en la ladera sur, como en la ladera norte de la cordillera.

La Cordillera del Cóndor es una región de cuantiosa belleza. Farallones y cuchillas escarpadas que surgen abruptamente por sobre el bosque que se extiende en las estribaciones de los Andes, alternando con macizas montañas coronadas con anchas mesetas. La gran complejidad topográfica y geológica de la región, combinada con un clima altamente húmedo durante todo el año, crean condiciones que permiten la existencia de una gran diversidad de plantas. Muy pocas especies de vertebrados son estrictamente endémicas al Cóndor, aunque la distribución de algunas especies que allí se encuentran no se extiende más allá de un área limitada hacia el norte y el sur. Esta diversidad de hábitats y de especies, inclusive especies de distribución restringida, convierten al Cóndor en un importante refugio para muchos taxas; esto es más evidente si se tiene en cuenta las crecientes presiones por parte de la colonización, la construcción de vías de acceso y la minería.

Las partes bajas del Cóndor, en ambas laderas de la cordillera, están cubiertas por un bosque de una diversidad florística verdaderamente excepcional. Estos bosques altos y continuamente lluviosos, contienen una combinación de especies montanas y especies de tierras o zonas bajas del Cóndor son en general especies amazónicas de gran distribución. Una importante excepción a esta generalización la constituyen varias especies con rangos limitados de distribución en las estribaciones de los Andes en el extremo sur del

The great topographic and geological complexity of the region, combined with a climate of year-round high humidity, create conditions that allow for very high plant species diversity.

limited distributions in the foothills at the base of the Andes in extreme southern Ecuador and northern Peru. One such species is *Wetmorethraupis sterrhopteron* (Orange-throated Tanager), which was recorded along the Río Nangaritza at Miazi and which also is known from the lower Río Cenepa; this species is entirely restricted to a small area of lower montane forest along the middle portions of the Marañón drainage. Although not detected during our surveys, the poorly-known, and possibly threatened, *Micrastur buckleyi* (Buckley's Forest-Falcon) also has been recorded along the lower Cenepa. The preliminary mammal surveys suggest that the small mammal fauna at lower elevations in the Cóndor is fairly diverse as well, although again much of this fauna consists of taxa that are relatively widespread in western Amazonia.

In addition to the high species diversity that characterizes the lower slopes of the Cordillera del Cóndor, these areas are the most accessible to human encroachment and settlement, and to date have experienced the greatest amount of habitat disturbance in the cordillera. This disturbance is especially pronounced on the western side of the cordillera, where, for example, little natural forest remains within the middle and lower Nangaritza valley. Although by no means free of human habitat disturbance and hunting pressure, the southern and eastern portions have been less affected by large-scale clearing and disturbance, no doubt due in part to the more limited road access to this region. Even here, however, expected species of large mammal are absent completely or persist only in low populations, presumably in large part due to the effects of hunting in the region.

At higher elevations in the Cóndor (roughly 900 to 1600 m), the Amazonian element of the fauna drops out and is replaced by a pre-montane or lower montane fauna. Based upon our surveys of this avifauna at Coangos and in the upper Comainas valley, the Cóndor supports a diverse, although not exceptionally rich, lower montane fauna. Large-bodied frugivorous or granivorous species were unexpectedly scarce in the upper Comainas valley, although the presence of typical populations of such species elsewhere in the Cóndor region (including at Coangos) suggests

Ecuador y el norte del Perú. Una de dichas especies es *Wetmorethraupis sterrhopteron* (Orange-throated Tanager), registrada a lo largo del Río Nangaritza en Miazi y que también se le conoce en la parte baja del Río Cenepa; esta especie está totalmente restringida a una pequeña área del bosque montano bajo en la parte central de la cuenca del Marañón. Aunque no ha sido detectado por nuestros estudios, la poco conocida y posiblemente en peligro de extinción, *Micrastur buckleyi* (Buckley's Forest-Falcon) ha sido vista en la parte baja del Cenepa. Los estudios preliminares de mamíferos sugieren que existe una pequeña fauna de mamíferos en las partes bajas del Cóndor y que en adición es bastante diversa aunque consiste primordialmente de familias que están distribuidas por el oeste del Amazonía.

Además de albergar una gran diversidad de especies, las áreas bajas de la cordillera del Cóndor, son también las áreas más fáciles para que el ser humano pueda habitar por lo que son las más afectadas en la cordillera.

Esto es especialmente notorio en el lado occidental de la Cordillera donde solo quedan pequeñas porciones de bosques, en las alturas medias y bajas del valle Nangaritza. Aunque los lados sur y este están menos afectados de ninguna manera se puede decir que estén libres de presiones de casería y por deforestación a gran escala e intervenciones, debido en parte a un acceso vial más limitado. Sin embargo, aun aquí especies de mamíferos grandes que se esperaría están completamente ausentes o poblaciones muy bajas, debido sobre todo a los efectos de la casería.

A mayores elevaciones en el Cóndor (aproximadamente 900 a 1600), el elemento Amazónico de la fauna decae y es reemplazado por fauna premontana. Basados en estos estudios en el Coangos y el valle del alto Comainas, podemos decir que la avifauna montano baja, el Cóndor sostiene una diversidad, aunque no es excepcionalmente rico. Especies de frugívoros y granívorus escaseaban en el valle del alto Comainas, aunque la presencia de poblaciones típicas de esas especies en otra parte en la región del Cóndor (incluyendo en Coangos) sugieren que esto es puramente un fenómeno local. Muchas de aves especies típicas de esta altitud tienen relativamente, distribuciones latitudi-

that this is purely a local phenomenon. Many bird species typical of this elevational zone have relatively broad latitudinal distributions, extending from Venezuela or Colombia south to Peru or Bolivia. The elevational zone occupied by these species is often rather narrow, however, and so this fauna is among the more vulnerable in all of South America to habitat disturbance. Currently the elevations supporting this fauna in the Cóndor are relatively untouched by humans, particularly on the southern and eastern slopes of the cordillera. Further highlighting the conservation importance of the cordillera were the discoveries of populations of several threatened bird species, including *Leptosittaca branickii* (Golden-plumed Parakeet), *Touit stictoptera* (Spot-winged Parrotlet), *Cypseloides lemosi* (White-chested Swift), *Galbula pastazae* (Coppery-chested Jacamar), and Orange-throated Tanager (*Wetmorethraupis sterrhopteron*).

In contrast, relatively few species of mammals were recorded at the middle elevations of the Cóndor, either on the western or on the eastern slopes. The mammal fauna in this elevational zone in the cordillera largely consisted of lowland species. Particular note must be made, however, of the presence of a population of *Ateles bezelbuth bezelbuth* (spider monkey) in the upper Comainas valley. This monkey is subjected to strong hunting pressure, and the population in the Cóndor may be an important refuge for this monkey within the Jivaro-occupied territories.

The most important outcome of the two surveys of the Cordillera del Cóndor was the discovery of the remarkable plant communities found along the tops of ridges and on sandstone mesas at Achupallas and at Machinaza. These *herbazales* are meadows dominated by dense and species-rich clumps of bromeliads and orchids, interspersed with an array of other herbs and shrubs including dwarf palms, the insect-eating *Drosera*, and the rare curly grass-fern (*Schizaea pusilla*), previously known only from a few acid bogs in eastern North America.

Many of the plants (especially the orchids) found in these *herbazales* appear to represent species new to science. This vegetation is similar to that found on the *tepuis*—the high, flat-topped

nales amplias, extendiéndose desde Venezuela o el sur de Colombia hasta Perú o Bolivia. La zona elevada ocupada por estas especies es a menudo bastante angosta, por lo tanto, esta fauna esta entre las más vulnerable a intervención de hábitat de toda Sud América. Actualmente las elevaciones que apoyan esta fauna en el Cóndor están relativamente no tocadas por humanos, particularmente el las laderas del sur y este de la cordillera. El descubrimiento de la poblaciones de algunas especies de aves que han sido amenazadas, incluyendo *Leptosittaca branickii* (Golden-plumed Parakeet), *Touit stictoptera* (Spot-winged Parrotlet), *Cypseloides lemosi* (White-chested Swift), *Galbula pastazae* (Coppery-chested Jacamar), y Orange-throated Tanager (*Wemorethraupis sterrhopteron*), resaltan aun más la importancia de la conservación de esta cordillera.

En contraste, relativamente pocas especies de mamíferos fueron registradas en las elevaciones intermedias del Cóndor, tanto en las laderas del oeste como del este. La mástofauna en esta zona elevada de la cordillera consiste sobretodo en especies de tierra baja. Mención especial se debe hacer a la presencia de una población de *Atles bezelbuth bazelbuth* (mono araña) en el alto del valle Comainas. Este mono esta sujeto a una gran presión en casería, y la población en el Cóndor puede ser un refugio importante para este dentro• del territorio ocupado por los Jívaros.

El resultado más importante de los dos viajes de conocimiento de la Cordillera del Cóndor fue el descubrimiento de notables comunidades de plantas encontradas a lo largo de la cima de las colinas y sobre mesetas de arenisca en Achupallas y Machinaza. Estos herbazales son praderas dominadas por cúmulos densos y ricos en especies de bromelias y orquídeas intercalados con otras hierbas y arbustos incluyendo palmeras enanas, la planta carnívora *Drosera* y un helecho rizado (*Schizaea pusilla*) previamente conocido solo por unos pocos pantanos ácidos en el este de Norte-América.

Muchas de las plantas (especialmente las orquídeas) encontradas en estos herbazales parecen representar especies nuevas para la ciencia. Esta vegetación es similar a la que se encuentra en los *tepuis* – mesetas altas y planas de las montanas de Guyana pero son encontrados solo en lugares

El resultado más importante fue el descubrimiento de notables comunidades de plantas encontradas a lo largo de la cima de las colinas y sobre mesetas de arenisca en Achupallas y Machinaza.

mesas of the Guainan highlands—but is found only very locally within the Andes. The *herbazales* of the Cordillera del Cóndor probably are the largest anywhere in the Andes.

The bird and mammal fauna of the upper elevation forests and *herbazales* is relatively depauperate when compared to the fauna at comparable elevations in the main Andes. Some of the most interesting records, however, are from these sites. Among these are a previously unknown species of mouse opossum (*Caenolestes condorensis*, Albuja and Patterson 1996) that was discovered at Achupallas. Another surprise was the discovery of *Schizoeaca griseomurina* (Mouse-colored Thistletail) at forest edge on Machinaza. These birds typically are found at tree-line in the humid Andes, and so the thistletails in the Cóndor must represent an isolated population found about 1000 m lower in elevation that is typical of this genus. Further work at these localities undoubtedly would produce additional such discoveries.

A minimum of four previously unknown species of anurans may have been discovered during the 1993 expedition to the western and northern slopes of the cordillera, and numerous new distributional records were obtained during both herpetological surveys. Neither of the two RAP expeditions coincided with optimal levels of precipitation for herpetological surveys. Nonetheless, the results of the two surveys suggest that the herpetofauna of the Cordillera del Cóndor is at least of comparable diversity to other tropical montane sites.

The ichthyofauna of the upper reaches of the Cordillera del Cóndor is not very diverse. This is not surprising, since the areas drained by the Cóndor are very rugged, flooded forests are absent, water temperature is low, and pH is neutral (with a certain inclination towards acidity). Furthermore, although riversheds on the eastern slopes of the cordillera appear to be relatively intact, the effects of deforestation, mining and over-fishing are more apparent in the Río Nangaritza basin. A new species of *Creagrutus* was discovered in the upper Río Comainas (Vari et al. 1995), and possibly two other undescribed species (*Ceratobranchia, Cetopsorhambia*) were found in the Río Nanagaritza basin.

especíﬁcos dentro de los Andes. Los herbazales de la Cordillera del Cóndor probablemente son los más grandes encontrados en los Andes.

La fauna de aves y mamíferos de los bosques a altas elevaciones y herbazales es relativamente pobre comparada con la fauna a elevaciones similares en los Andes principales. Sin embargo la mayoría de los registros más interesantes son de estos sitios. Entre estos se encuentran especies previamente desconocidas de mouse opossum (*Çaenolestes condorensis*, Albuja y Patterson 1996) que fue descubierto en Achupallas. Otra sorpresa fue el descubrimiento de *Schizoeaca griseomurina* (Mouse-colored Thistletail) en el borde de los bosques de Machinaza. Estas aves son típicamente encontradas en el limite de bosque en los Andes húmedos y por lo tanto thistletails en el Cóndor deben representar una población aislada encontrada alrededor de 1000 m bajo la elevación en que se encuentra típicamente este genero. Trabajo posterior en esta localidades indudablemente producirá descubrimientos adicionales.

Un mínimo de 4 especies previamente desconocidas de anuros puede haber sido descubierta durante la expedición de 1993 en las ladera oeste y norte de la Cordillera y numerosos nuevos registros de distribución fueron obtenidos durante ambos viajes de reconocimiento herpetológicos. Ninguna de las dos expediciones RAP coincidió con los niveles óptimos de precipitación que se requieren para reconocimiento herpetológico. Sin embargo, los resultados sugieren que la herpetofauna de la Cordillera del Cóndor es comparable en diversidad al menos a otros sitios montano tropicales.

La ichthiofauna de las aguas altas de la Cordillera del Cóndor no es muy diversa. Esto no es muy sorprendente ya que las áreas dañadas por el Cóndor son muy accidentados, no existe un bosque inundable y la temperatura del agua es baja y el pH es neutro (con una cierta tendencia a la acidez). Además, aunque los lechos de los ríos de las laderas este de la Cordillera parecen estar relativamente intactas, los efectos de las deforestación, minería y sobre pesca son más notorios en la cuenca del Río Nangaritza. Una nueva especie de *Creagrutus* fue descubierta en el alto del Río Comainas (Vari et al. 1995), y posible-

The Cordillera del Cóndor represents the largest and most diverse area of sandstone mountains in the Andes.

The butterflies collected at seven sites in the Cordillera del Cóndor fall into five different biogeographic groups: 1) widespread lowland and lower montane species; 2) widespread montane; 3) endemic lowland and lower montane; 4) endemic montane; and 5) endemic upper montane. Most of the taxa characteristic of the montane endemic group that were collected during the surveys represent new species or subspecies; indeed, about 10% of the butterflies discovered during the surveys belong to undescribed taxa. The distributional patterns revealed by these butterflies are in agreement with findings from other studies, except that the lower montane forest elements of the Cordillera del Cóndor do not belong to the "Marañón" unit, but to a unit previously unrecognized in Perú.

The scarab beetle (Coleoptera, Scarabaeidae) community was surveyed in 1994 at two sites on the eastern slopes of the Cordillera del Cóndor. This community was small (18 spp.), beetle abundance was low, and the community was dominated by relatively widespread species. These patterns are consistent with the relatively poor mammal fauna of the upper Comainas valley.

CONSERVATION OPPORTUNITIES

The Cordillera del Cóndor represents the largest and most diverse area of sandstone mountains in the Andes and for that alone should be recognized and given some status that will protect its unique flora and habitats.

The Cordillera del Cóndor, including its lower slopes and foothills, probably has the greatest richness of vascular plants in South America. This diversity of lower-elevation plant species represents a tremendous reservoir, currently largely untouched but clearly threatened by on-going and proposed development plans, that deserves recognition and protection. In addition, the vast forests of the Cordillera del Cóndor are an important refuge for a rich avifauna that contains a number of threatened or geographically-restricted bird species.

Furthermore, the watersheds of the Cordillera del Cóndor drain into large areas upon which

mente otras dos especies (*Ceratobranchia, Cetopsorhambia*) no descritas fueron encontrados en la cuenca del Río Nangaritza.

Las mariposas colectadas en siete sitios en la Cordillera del Cóndor son de cinco grupos geográficos diferentes: 1) de amplia distribución en las tierras bajas y montano bajos 2) montanas de amplia distribución 3) especies endémicas de tierras bajas y montano bajos 4) especies endémicas montanas y 5) especies endémicas de la zona montana alta. La mayoría de las taxa característicos del grupo endémico montano que fueron colectados durante los viajes representan nuevas especies o sub especies; más aun, cerca del 10% de las mariposas descubiertas pertenecen a taxa no descritas. Los patrones de distribución revelan que estas mariposas encontradas concuerdan con los hallazgos de otros estudios, excepto que los elementos de bosque montano bajo de la Cordillera del Cóndor no pertenecen a la unidad del "Marañón" sino a una unidad previamente no reconocida en Perú.

La comunidad de escarabajos de la familia Scarabaeidae (Coleoptera) fue muestreado en 1994 en dos sitios en las laderas este de la Cordillera del Cóndor. Esta comunidad fue pequeña (18 spp), la abundancia baja y la comunidad fue dominada por especies de amplia distribución. Estos patrones son consistentes con la pobreza de la fauna de mamíferos del Valle Alto del Comainas.

OPORTUNIDADES PARA LA CONSERVACION

La Cordillera del Cóndor representa el área de montañas de arenisca más grande y de mayor diversidad en todos los Andes. Aunque solo fuese por este atributo excepcional, esta región merece un reconocimiento especial y un status que permita la protección de su singular flora y los hábitat que contiene.

La Cordillera del Cóndor, incluyendo las partes bajas de sus laderas y estribaciones, contiene probablemente la mayor riqueza de plantas vasculares en toda la América del Sur. Esta diversidad de especies florísticas de baja altitud representa una extraordinaria reserva que merece

La Cordillera del Cóndor representa el área de montañas de arenisca más grande y de mayor diversidad en todos los Andes.

many communities, both of indigenous peoples and of colonists to the region, are dependent for water, and on forest resources supported by that water. Proper management of the region's resources, for this and for future generations, will depend upon assuring the continued maintenance of water quality throughout the region.

It is our fervent hope that preservation of the region's natural resources becomes a global priority, that all parties living in the region, including indigenous groups, be allowed to help determine the future of the Cordillera del Cóndor, and that the enhancement of local capacities for land-use management be considered a conservation and development priority.

reconocimiento y protección. Aunque en la actualidad esta región se encuentra aun en un estado relativamente pristino, esta claramente amenazada por proyectos de desarrollo en diferentes estados de implementación y planificación. De esta misma forma, los enormes bosques de la Cordillera del Cóndor constituyen amenazadas o de distribución geográfica restringida.

Por otra parte, las aguas que fluyen de la Cordillera del Cóndor irrigan extensas áreas habitadas por comunidades indígenas y colonizadores que dependen de este recurso y de los productos del bosque sustentado por las mismás. Sin lugar a dudas, el manejo apropiado de los recursos de la región, para beneficio de la actual y futuras generaciones, dependerá del mantenimiento sostenido de la calidad de sus aguas. Nuestro más ferviente deseo es que la conservación del los recursos naturales de la Cordillera del Cóndor se convierta en una prioridad a nivel mundial; que se permita la participación de todos los habitantes del área, incluyendo a los grupos indígenas, para delinear un futuro viable para la región; y que la capacitación local en el manejo apropiado de los recursos sea considerada prioritariamente en las políticas de conservación y desarrollo.

THE CÓNDOR REGION

RAP WORKING PAPERS SEVEN

January 1997

RAP sites from 1993 and 1994 expeditions. See also gazeteer coordinates, pp. 106-107. Box represents area covered by satellite image included in color insert section of this report.

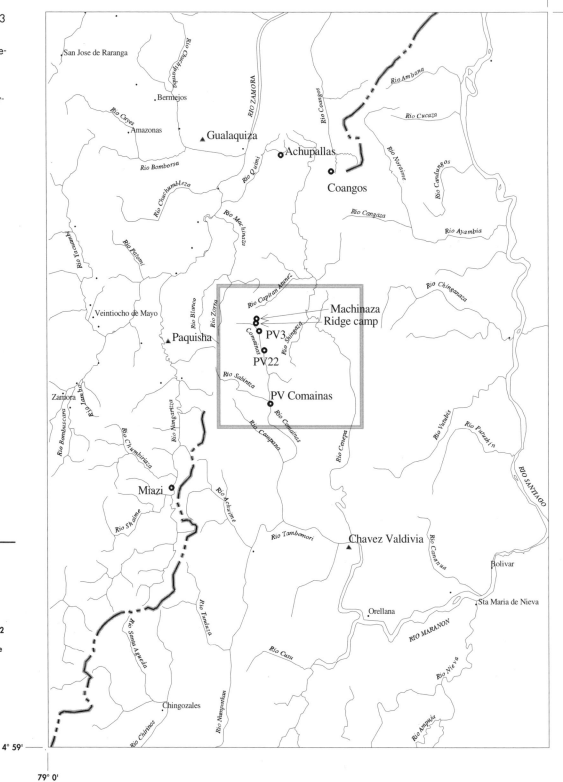

LEGEND

○   RAP sites

▲   Military posts

⋀   International boundary, 1942

▢   Area of satellite enhancements

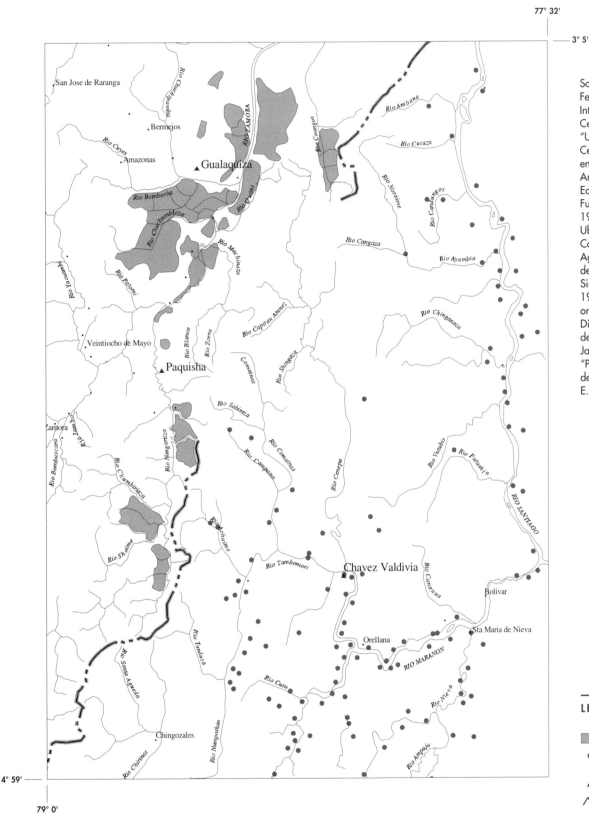

Sources include: Federación Interprovincial de Centros Shuar-Achuar; "Ubicación de los Centros Shuar-Achuar en el sur de la Amazonía Ecuatoriana", Fundación Natura, 1996; "Mapa de Ubicación de las Comunidades Aguaruna y Huambisa del Alto Marañón", Sinamos Onams, 1976; "Región Nororiental del Marañón", Dirección Sub-regional de Educación, Imaza-Jaen, 1995; and "Provincia Fronteriza de Condorcanqui #3", E. Ruiz, 1995.

LEGEND

▨ Shuar territory

● Aguaruna and Huambisa communities

▲ Military posts

⌵' International boundary, 1942

Mineral prospectors have named the Cordillera del Cóndor a "Gold Belt" of global significance. Since the mid-1980's intense gold and other mineral exploration programs have been carried out by multinational mining companies. The rediscovery in 1981 of high gold deposits in old Inca workings at Nambija led to a mining rush in Southeastern Ecuador. Many new discoveries have since been made and most zones were found to extend into Peru. Nambija remains the most important gold deposit in Ecuador. At least a dozen companies are exploring concessions on the western side of the cordillera in Ecuador, supported or joint-ventured by DINE (Dirección de Industrias del Ejercito/ Armed Forces Industries).

Some companies working in Ecuador within the shaded areas at left include: Zamora Gold (Canada), Echo Bay (USA), Rio Amarillo (Canada), Goldfields (South Africa), Latin American Gold (Canada), Zappa (Canada), Renege (France), TVX Gold (Canada), Emperor/Odin (Australia), La Zarra (Ecuador), F. Lasso and DINE. In Peru the shaded area represents over 120 concessions held principally by one company: Metales y Finazas, S.A. (Metalfin), a Peruvian company. Placer mining has taken place in the region for decades.

The mapped concessions at left are scaled approximately to demonstrate total concession area along the Cóndor range. Exact borders may have changed, or increased. Stars represent well known gold deposits. Sources for this map are: "Informes Geologicos de la Cordillera del Cóndor", Metalfin, S.A. 9/95 Lima., and "Report on the Cordillera del Cóndor Property, Department of Amazonas-Peru", for Metales y Finanzas S.A. 5/94, Lima by Dawson Geological Consultants, Vancouver.

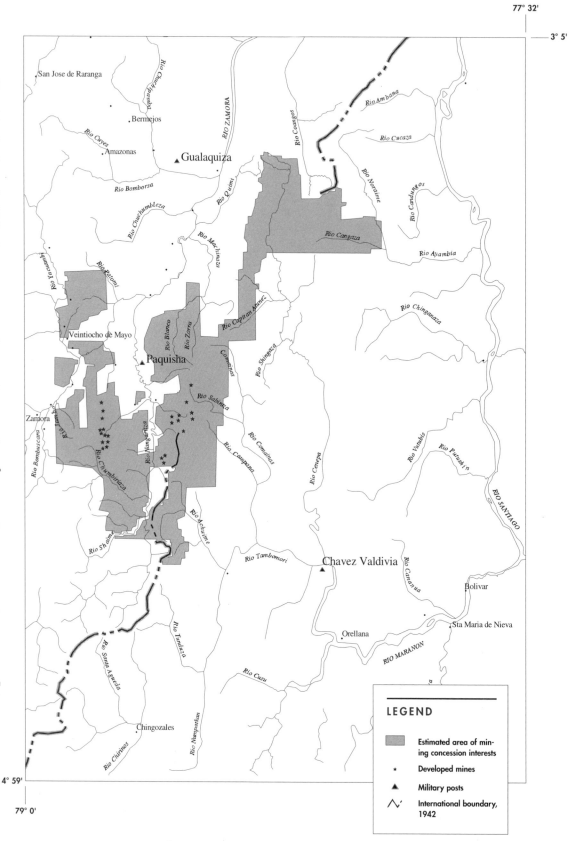

LEGEND

- ▨ Estimated area of mining concession interests
- ✶ Developed mines
- ▲ Military posts
- ⋀' International boundary, 1942

BOTANY AND LANDSCAPE OF THE RÍO NANGARITZA BASIN (W. A. Palacios)

In 1990 and 1991 two botanical explorations were conducted in the Río Nangaritza basin and along the western slopes of the Cordillera del Cóndor, in southeastern Ecuador. The first survey was in December 1990, under the auspices of PRO-MOBOT (a collaboration between Fundación Natura, the Museo de Ciencias Naturales del Ecuador, and the Missouri Botanical Garden) and the Herbario Nacional del Ecuador, and with the collaboration of the Consejo Nacional de Ciencia y Tecnología (CONACYT). The second expedition took place under the Amazonian Cooperation Treaty (TCA) and constituted an International Botanical Expedition that included participants representing all six countries that are members of the treaty, including Ecuador. Both expeditions produced significant new information on the flora in this region. The results of these expeditions, previously unpublished, complement those of the later RAP surveys, and so are presented here.

General characteristics of the Nangaritza basin

The Río Nangaritza basin is located at the extreme southeastern part of Ecuador in the Province of Zamora-Chinchipe, and borders the southwestern slopes of the Cordillera del Cóndor. The specific area that was investigated by the two botanical expeditions was on a small part of the Río Nangaritza basin, between 04°05'-04°25'S and

CUENCA DEL RÍO NANGARITZA (CORDILLERA DEL CÓNDOR), UNA ZONA PARA CONSERVAR (W. A. Palacios)

En los años 1990 y 1991 dos expediciones de exploración botánica se realizaron a la cuenca del Nangaritza y la Cordillera del Cóndor,en el suroriente del Ecuador. La primera se efectuó en diciembre de 1990 con el financiamiento y auspicio del proyecto PROMOBOT (convenio colaborativo entre la Fundación Natura, el Museo de Ciencias Naturales del Ecuador y el Jardín Botánico de Missouri) del Herbario Nacional del Ecuador, contando también con el auspicio de el CONACYT. La segunda expedición se cumplió en el marco del Tratado de Cooperación Amazónica (TCA) y, constituyó una Expedición Botánica Internacional en el que participaron delegados de 6 países miembros de ese tratado, incluido el Ecuador. Ambas expediciones lograron resultados significativos en el conocimiento florístico de la zona. Los resultados de estas expediciones, anteriormente no publicados, complementa los de las investigaciones posteriores de RAP, tal como se los presenta aqui.

Características Generales del área

La Cuenca del Nangaritza se ubica en el extremo suroriental del Ecuador en la Provincia de Zamora Chinchipe. Constituye la prolongación de la Cordillera del Cóndor en su parte más meridional.

El área concreta de estudio durante las dos

78°40'-78°50'W, and 900-1700 m in elevation, between Pachicutza and Shaime.

This area has a very interesting geology. The limestone rocks that sometimes crop out on the spot are among the most important geographic elements, as they are characterized by unique types of vegetation. Also found above the banks of the Río Nangaritza are black slates, from which miners extract gold.

The Río Nangaritza constitutes the principal hydraulic feature of the basin. The Numpatakaime and Chumbiriatza rivers are the two principal affluents. The Numpatakaime is a "black water" river, while the Nangaritza and the Chumbiriatza contain "white water".

Flora and Vegetation

In the vicinity of the Río Nangaritza the Andes reach an unusually low elevation, and are characterized by an exceptional flora and vegetation. This region has been little-studied, however, and the few ecological and botanical studies to date in this area have not served to make clear the magnitude of flora richness of the area.

This area is an ecotone between the Andean and tropical rain forest. Above 1300 m there is a mixture of species from both tropical and montane zones. For example, in a single 400 m^2 area we found *Ceiba* sp., *Genipa americana*, *Hevea guianensis*, *Virola multinervia*, and *Euterpe precatoria*, all typical Amazonian species, mixed with Andean elements such as *Podocarpus* sp., *Dictyocarium lamarckianum*, *Weinmannia* sp., and *Viburnum* sp.

In terms of the Holdridge (1967) classification system, the area studied would be premontane humid forest. However, in addition to the temperature and humidity parameters on which the Holdridge system is based, soil conditions have an important influence on vegetative communities. As a preliminary classification, we may recognize two forest types in the region: forests on alluvial terraces, and transitional cloud forests.

Forests on Alluvial Terraces

These forests are on relatively flat ground that represents old floodplain terraces of the Río Nangaritza and its principle affluents, or on slight-

expediciones botánicas fue una pequeña parte de la cuenca del Nangaritza, entre los 4°5'-4°25'S y 78°40'-78°50'W y, entre 900 y 1700 m de altitud, entre los sitios Pachicutza y Shaimi ubicados en las riberas del Río Nangaritza, y en el filo de la Cordillera del Cóndor arriba de Pachicutza.

Geomorfología e Hidrología

Geológicamente el área es muy interesante. Las rocas calizas que muchas veces afloran sobre el terreno son los elementos geológicos más importantes. Estas rocas cretácicas formadas hace 150 millones de años cuando esta zona era un brazo del Océano Pacífico, son determinantes en el tipo de vegetación.

La Cordillera del Cóndor pertenece a una serie de elevaciones subandinas del Oriente que constituyen la prolongación de las cordilleras Oriental y Central del Perú (Sauer 1965). Es parte del Jurásico inferior y de la formación Napo de Cretáceo (Sauer 1965).

Sobre las orillas del Río Nangaritza, afloran pizarras negras con fuertes incrustraciones fósiles de conchas y, en el filo mismo de la Cordillera del Cóndor, los mineros extraen oro.

El Río Nangaritza constituye el principal accidente hídrico de la cuenca. Los ríos Numpatakaime y Chumbiriatza son los dos afluentes principales. El Río Numpatakaime es un río de "aguas negras", mientras el Nangaritza y Chumbiriatza son ríos de "aguas blancas".

Flora y Vegetación

La cuenca del Nangaritza, forma parte de la formación fitogeográfica Huancabamba que cubre la parte sur del territorio nacional y el norte peruano. Esta formación donde los Andes en su largo recorrido tienen las alturas más bajas, se caracteriza por tener flora y vegetación de características excepcionales. Nadie ha reportado las intrincadas asociaciones de plantas que allí existen. Los escasos estudios ecológicos y botánicos de la zona, no permiten tener una idea global de la magnitud de la riqueza florística de la zona.

El área es un ecotono entre los bosques andinos y tropicales húmedos. Sobre el nivel de los 1300 m de altitud donde se mezclan especies de las zonas bajas y montanas, en una superficie de 400 metros

ly dissected hills, between 850 and 900 m in elevation. Such areas have the most fertile soils in the Nangaritza basin, due to the accumulation of sediments. The vegetation has many floristic elements in common with the Ecuadorian Amazon region.

In areas that are not well-drained, such as between Pachicutza and Paquisha, *Virola surinamensis* is the dominant species in the canopy; *Mauritia flexuosa*, *Oenocarpus mapora* and *Euterpe precatoria* appear dispersed. *Inga* sp. is frequently the most common subcanopy tree species.

Important canopy species on better-drained soils include *Sterculia apetala*, *Sterculia apeibophylla*, *Clarisia racemosa*, *Clarisia biflora*, *Otoba pavifolia*, and *Guarea kunthiana*. Certain Andean species that usually are not found at this elevation, such as *Ruagea glabra* and *Erythrina edulis*, also were recorded in this area, indicating the ecotonal nature of the region. In the areas in the steepest slopes (>40°), *Oenocarpus bataua* is a species that is prominent in the canopy and the subcanopy, sometimes forming large populations.

On areas with intermediate slopes (10° to 30°), with well drained soils, the forest canopy reaches 35 m in height, with some emergent trees such as *Cedrelina cateniformis*, *Gyranthera* sp. and *Chorisia insignis*. Typical species of the canopy are *Hyeronima alchorneoides*, *Poulsenia armata*, *Guarea kunthiana*, *Pourouma guianensis* and *Terminalia oblonga*. The subcanopy includes various species of *Inga* and *Metteniusa tessmanniana*, which often is dominant on areas with limestone formations. The understory is dominated by *Piper* sp., a shrub that can reach 4 m in height.

Common riparian species on fresh alluvial soils along the banks of the Río Nangaritza include *Zygia longifolia*, *Guarea macrophylla*, *Nectandra reticulata* and *Acacia glomerosa*. A notable understory plant is *Guarea riparia*, a species that only recently was described (Palacios 1994), and which forms dense clumps.

Transitional Cloud Forests

These forests are found along the crests of hills or mountains, on limestone substrates, and where the soil frequently is thin or almost lacking (although

cuadrados se encontró: *Ceiba* sp., *Genipa americana*, *Hevea guianensis*, *Virola multinervia*, *Euterpe precatoria*, especies típicas de la amazonía baja, mezcladas con *Podocarpus* sp., *Dictyocarium lamarckianum*, *Weinmannia* sp., *Viburnum* sp. que son elementos florísticos andinos.

Si se considera el sistema de clasificación de Holdridge (1987), el área estudiada sería un bosque húmedo premontano, sin embargo, la temperatura y humedad, parámetros indispensables en ese sistema de clasificación, resultan muy generales para explicar las intrincadas asociaciones vegetales allí existentes, donde el suelo es un factor determinante.

Preliminarmente, si se pretende una definición más real de los tipos de vegetación del área estudiada tomando en cuenta la fisonomía del bosque y la fisiografía del terreno, el área podría dividirse en dos tipos de vegetación: bosque de terrazas aluviales relativamente planas; y, bosques nublados de transición.

Bosque de terrazas aluviales

Los bosques están sobre suelos relativamente planos, que representan terrazas antiguas del Río Nangaritza y sus afluentes principales, o sobre colinas poco disectadas, entre 850 y 900 m de altitud. Son los suelos más fértiles de la cuenca, debido a la acumulación de sedimentos. La vegetación tiene muchos de los elementos florísticos de las partes bajas de la Amazonía ecuatoriana.

En los lugares pantanosos como entre Pachicutza y Paquisha, *Virola surinamensis*, es especie dominante en el dosel; *Mauritia flexuosa*, *Oenocarpus mapora* y *Euterpe precatoria* aparecen dispersos. En el subdosel *Inga* sp., es a menudo la especie más común.

Sobre suelos aluviales planos de regular drenaje *Sterculia apetala*, *Sterculia apeibophylla*, *Clarisia racemosa*, *Otoba parvifolia*, *C. biflora* y *Guarea kunthiana*, son importantes en el dosel. Ciertas especies andinas que usualmente no se encuentran a esta altitud como *Ruagea glabra* y *Erythina edulis* fueron registradas en el área.

Esto muestra el carácter de ecotono típico del área. En suelos con pendientes más fuertes (>40 %), *Oenocarpus bataua* es una especie conspicua

rarely one finds deep soil, up to 80 cm thick). The forest is stunted, with a canopy between 10 and 15 m in height. The trees are completely covered by mosses and liverworts. The subcanopy and understory are dense with shrubs and lianas. The ground is covered by a thick layer of organic material, sometimes greater than 50 cm in depth, where the roots of the trees form an intricate net.

These vegetation formations are found from 950 m in altitude, such as behind the Miazi military camp, and extend along the crests of high ridges, forming one of the principal characteristics of the area. The presence of this type of vegetation could be directly related to limestone substrates, at least in the middle portions of the Río Nangaritza basin.

The great majority of the floristic elements in these forest are Andean, although these are mixed with some Amazonian species. Thus, between 900 and 1300 m in elevation *Dacryodes* sp. nov., *Chrysophyllum sanguinolentum*, *Pouteria* sp., *Nectandra* sp. nov., *Schefflera* sp. nov., *Weinmannia* sp., and *Octotea* sp. are important canopy species, while *Miconia*, *Myrcia*, *Persea* and *Pseudolmedia* are characteristic of the subcanopy. Various species of Cyclanthaceae, Araceae, and above all, ferns, are found in the understory.

Above 1300 m Amazonian species abruptly disappear and are replaced by Andean taxa. The canopy reaches 15 m in height and the forest is denser with many shrubs. The soil is very spongy, and tree roots weave a dense net over the ground. Many species of Lauraceae, as well as *Weinmannia*, *Podocarpus*, *Palicourea*, *Vochysia* and *Ilex* are typical of this forest.

Ridges of the Cóndor above 1700 m are affected by strong winds. Here the forest reaches a height of only 5 m, and contains *Ocotea*, *Persea*, *Alchornea*, *Wienmannia*, *Ilex*, *Schefflera*, *Cinchona*, and *Clusia*. There is practically no soil in this forest, only a thick layer of organic material, humus, and tree roots.

The cloud forests of the Río Nangaritza basin contain many endemic plant species. The largest number of new species of plants that were found in the two expeditions came from these forests.

en el dosel y subdosel del bosque, formando a veces poblaciones grandes.

Sobre pendientes intermedias del 10 al 30 %, con suelos bien drenados, el dosel del bosque alcanza los 35 m de altura, con algunos árboles emergentes como *Cedrelina cateniformis*, *Gyranthera* sp. y *Chorisia insignis*. Las especies típicas del dosel son *Hyeronima alchorneoides*, *Poulsenia armata*, *Guarea kunthiana*, *Pourouma guianensis* y *Terminalia oblonga*. El subdosel cuenta con varias especies de *Inga* y *Metteniusa tessmanniana* que a veces es dominante sobre áreas con afloramiento de rocas calizas. El sotobosque es dominado por *Piper* sp. un arbusto de hasta 4 m de altura

En las mismás orillas del Río Nangaritza, ciertas especies riparias comunes de suelos aluviales jóvenes están presentes como *Zygia longifolia*, *Guarea macrophylla*, *Nectandra reticulata* y *Acacia glomerosa*. En el sotobosque es notable la presencia de *Guarea riparia*, una especie recién descrita (Palacios 1994) que forma manchas densas.

Bosques nublados de transición

Son bosques formados sobre "filos" de las colinas o montañas, sobre rocas calizas, donde el suelo a menudo es insignificante o no existe, aunque raramente se puede encontrar suelos enterrados profundos (hasta 80 cm de profundidad). El bosque es "achaparrado" con un dosel entre 10 y 15 m de altura. Los árboles están cubiertos totalmente por musgos y hepáticas. El subdosel y el sotobosque es cerrado con lianas y arbustos. El manto superficial del suelo está cubierto por una gruesa capa de humus y materia orgánica, a veces superior a 50 cm de profundidad donde las raíces de los árboles forman una red muy intrincada.

Estas formaciones vegetales se encuentran desde los 950 m de altitud, (como detrás del campamento militar de Miazi) y se extienden sobre las "crestas" de las montañas altas como una de las características preponderantes de esa zona. La presencia de rocas calizas puede estar directamente relacionada con este tipo de vegetación al menos en la cuenca media del Río Nangaritza.

La gran mayoría de los elementos florísticos en estos bosques son andinos, aunque mezclados con elementos amazónicas. Así entre 900 y 1300

Above 1300 m Amazonian species abruptly disappear and are replaced by Andean taxa.

Floristic Richness and Endemism

Despite the great gains in our knowledge of the flora of the Río Nangaritza basin that resulted from the two expeditions, it is premature to make estimates of the plant species richness and endemism of the region. A preliminary list of collected species is presented in Appendix 1.

Several previously undescribed species of plants were discovered in the Río Nangaritza basin, which represent range disjunctions and regional endemics of great importance from the viewpoint of a conservationist. One of the recurring patterns is the discovery of species whose closest relative is found thousands of kilometers to the north. Examples of this pattern include *Stenopadus* (Asteraceae) and *Macrocentrum* (Melastomataceae), otherwise only known from the Guyanan Shield, and *Gyranthera* sp. nov., from a genus with two species previously known from the Atlantic coasts of Venezuela, Colombia, and the Darién.

Other poorly represented genera include *Phainantha* (Melastomataceae) and *Stilnophyllum* (Rubiaceae), previously known only from the eastern side of the Cóndor, and represent species only recently described (1994) or as yet undescribed.

Landscape Features of the Nangaritza basin

The area is without doubt one of the most beautiful in the country. The Río Nangaritza above Pachicutza forms a canyon of very special attractions. Countless small cascades, of perfectly clear water, fall over the canyon's walls, and the banks are covered with thick vegetation.

The cloud forests occurring on the limestone formations at 1300 m (such as behind Miazi) are another beautiful landscape feature. Forests such as this are not found anywhere else in the country. The trees are stunted and are full of with moss, lichen, and epiphytes, with a dense forest understory. Covering the ground is a thick layer of organic material that forms an enormous sponge.

Potential Genetic Resources

Further studies will be necessary to evaluate the resource potential of this very diverse flora.

m de altitud se encuentran *Dacryodes* sp. nov., *Chrysophyllum sanguinolentum, Pouteria* sp., *Nectandra* sp. nov., *Schefflera* sp. nov., *Weinmannia* sp., *Ocotea* sp., como especies importantes del dosel, mientras que *Miconia, Myrcia, Persea* y *Pseudolmedia*, son características del subdosel. En el sotobosque aparecen varias especies de Cyclanthaceae, Araceae y sobre todo helechos.

Sobre los 1300 m de altitud abruptamente desaparecen las especies de la amazonía baja y son reemplazadas por especies andinas. El dosel alcanza los 15 m de altura y el bosque se vuelve más denso con muchas especies arbustivas. El suelo es también más esponjoso y las raíces de los árboles tejen una red densa sobre el suelo. Muchas especies de Lauraceae, *Weinmannia, Podocarpus, Palicourea, Vochysia* e *Ilex*, son típicas de este tipo de bosque.

Los filos de la Cordillera del Cóndor sobre los 1700 m de altitud, afectados por vientos fuertes, el bosque alcanza a lo sumo 5 m de altura con especies de *Ocotea, Persea, Alchornea, Weinmannia, Ilex, Schefflera, Cinchona,* y *Clusia*. A esta altura prácticamente no hay suelo, sino una gruesa capa de materia orgánica, humus y raíces de los árboles.

Los bosques nublados de la cuenca del Nangaritza, encierran un alto endemismo de plantas. El mayor número de especies nuevas de plantas halladas en las dos expediciones efectuadas, han sido encontradas en estos bosques.

Riqueza florística y endemismo

A pesar de los logros alcanzados en el conocimiento florístico de la Cuenca del Río Nangaritza en las últimás expediciones, es todavía prematuro hacer estimaciones de la riqueza florística y endemismo de la zona. En el cuadro 1, se presenta una lista preliminar de las especies registradas. La lista no incluye la totalidad de las especies encontradas debido a la falta de identificaciones. Para ciertos grupos taxómicos como *Piper, Anthurium, Psychotria, Inga, Weinmannia, Ilex* y otros, sólo se citan las especies totalmente determinadas o únicamente el género cuando no hay ninguna especie identificada.

Sobre los 1300 m de altitud abruptamente desaparecen las especies de la amazonía baja y son reemplazadas por especies andinas.

Among the possibilities are:

1) Various species of *Cinchona*. This is the genus of the cascarilla or quinine, which up until a few years ago was the most important natural source for the production of quinine, the drug that has saved the lives of countless people from the effects of malaria. Between 6 and 10 species of cascarilla are found in the Río Nangaritza basin. Some of these, such as *Cinchona officinalis*, already are in use, but the majority of these, and the compounds that they contain, are unknown to science.

2) An unknown species of *Theobroma* (cacao) was discovered at Miazi and Shaimi. This may prove useful to the Instituto de Investigaciones Agropecuarias (INIAP), which already has launched a survey of wild cacao species to find sources to increase the resistance of cultivated cacao, *Theobroma cacao*.

3) At Miazi, the local people also collected edible fruits known by the Shuar name *washique*. This almost certainly is a species of *Gnetum* (Gymnospermae), although we were unable to find the plant to verify its origin.

4) Another potentially important species is *Caryodendron orinocense*, known as *mani de arbol* or *huachansu*. This is a common species in primary forests between Miazi and Shaimi. The seeds, which are rich in oils, carbohydrates, and proteins, are greatly sought-after by the local people. The relative abundance of this species in the area constitutes a valuable genetic recourse to be conserved.

5) The Shuar communities settled in the area utilize a great variety of wild plants, primarily for medicinal purposes. Among the most widely used such plant is *Croton*, known as *sangre de drago*, and is the source for Ecuador's most extensive commerce of medicines derived from wild plants. The dark-red sap is utilized to heal external and internal injuries, like ulcers.

It is hoped that the specimens collected during the expeditions will open new avenues to explore the potential value of the biological resources of the Río Nangaritza basin.

Los trabajos en la Cuenca del Nangaritza han dado como resultado el descubrimiento de varias especies nuevas de plantas, las cuales representan disyunciones de rango y endemismos de enorme importancia desde la óptica conservacionista. El hallazgo de especies cuyos parientes más cercanos se encuentran a miles de kilómetros al norte, constituye uno de los aspectos más preponderantes de la zona. *Stenopadus* (Asteraceae) y *Macrocentrum* (Melastomataceae) conocidos sólo del Escudo Guyanés, *Gyranthera* sp. nov. con dos especies conocidas de la costa atlántica de Venezuela, Colombia y el Darién en Panamá, constituyen ejemplos sorprendentes de otros taxa pobremente representados como *Phainantha* (Melastomataceae), *Stilnophyllum* (Rubiaceae) conocidos sólo del lado peruano, incluyen especies recién descritas (1994) o por describirse. Con el avance en las identificaciones y nuevos inventarios en la zona, registros adicionales de especies desconocidas serán hechos.

Características paisajísticas

El área es sin duda una de las más bellas del país. El Río Nangaritza arriba de Pachicutza, forma un encañonado de atractivos estéticos muy particulares. Sobre las paredes del cañón se desprenden un sin número de pequeñas cascadas de aguas claras, mientras que las orillas del río están cubiertas por una vegetación exuberante.

Los bosques nublados a 1300 m (ej. detrás del campamento militar de Miazi) de altitud sobre formaciones de rocas calizas son otro de los recursos paisajísticamente hermosos. No existen en el país otros bosques iguales. Los árboles son achaparrados y llenos de musgos, líquenes y epífitas; mientras que el sotobosque es cerrado. Sobre el suelo una gruesa capa de materia orgánica forma una enorme esponja.

Potencialidad de los recursos genéticos

A pesar que la potencialidad de los recursos florísticos del área, solo podrá ser conocida con

The relatiotionship between flora and vegetation

The vegetation and flora of a region clearly respond to the characteristics of the soils of any given site. This is particularly important in the Nangaritza basin, especially when one considers the existence of cloud forest at the same elevations as tropical rainforest.

It is surprising, for example, what one finds at Miazi at 950 m. On the right bank of the Río Nangaritza the soil is typically alluvial, and the canopy of the forest reaches up to 30 m in height. *Cedrelinga cateniformis, Gyranthera*?, and many other floodplain species, typical of Amazonia, are found. However, on the left bank of the same river (behind the military camp, separated by less than 100 meters), the forest canopy only reaches 15 m in height and the floral composition is dramatically different. The forest in this location is physiognomically and floristically distinct from the one on the opposite bank of the river. This can only be explained by the edaphic effects (in this case, limestone) on the vegetation.

These edaphic and geological conditions combine to result in one of the richest, most highly endemic, potentially most important, and least known floras in the entire country.

Specialists in soil and geology should accompany future biological surveys of the Nangaritza basin, to further study the complicated relationships between the flora and the vegetation.

Recommendations for the Río Nangaritza basin

Conservation of the Area
Owing to the high plant species endemism, the presence of unique vegetative formations, and the outstanding geological and landscape features, it is a priority that the area be managed properly. It is urgent that some such declaration be made under one of the more important categories of conservation under the Ley Forestal y de Conservación de Areas Naturales y Vida Silvestre and the Estrategia II de Conservación.

Another alternative would be an extension of the Parque Nacional de Podocarpus (located between Zamora and Loja) to include part of the Río Nangaritza basin, which is adjacent to the park.

estudios más profundos, en la cuenca del Río Nangaritza existen varias especies que en el futuro ofrecerán posibilidades ciertas de desarrollo. Entre estas podemos citar:

1) Varias especies de *Cinchona*. Cinchona es el género de la cascarilla o quinina que hasta hace algunos años fue la fuente natural más importante de producción de quinina. La quinina ha salvado a miles de personas del paludismo. En la cuenca del Nangaritza existen entre 6 y 10 especies de cascarilla, la mayoría desconocidas para la ciencia, pero algunas ya utilizadas como es el caso de *Cinchona officinalis*.

2) En Miazi y Shaimi se encontró una especie desconocida de *Theobroma*. Este registro es de mucho valor, puesto que actualmente el Instituto de Investigaciones Agropecuarias (INIAP), está empeñado en la recolección de especies de cacao silvestres para mejorar las resistencia de *Theobroma cacao*, la especie comercial.

3) En Miazi, también se colectaron frutos comestibles conocidos con el nombre shuar de "washique" que casi con toda seguridad pertenecen a *Gnetum* (Gymnospermae). No se pudo encontrar la planta para verificar su procedencia.

4) *Caryodendron orinocense,* conocido como maní de árbol o huachansu, es otra de las especies potenciales importantes. Entre Miazi y Shaimi, es una especie común del bosque primario. Las semillas ricas en aceites, carbohidratos y proteínas son muy apetecidas por la gente local. La relativa abundancia de esta especie en el área, constituye un valioso recurso genético para ser conservado.

5) Los indígenas shuaras asentados en la zona utilizan una gran variedad de plantas silvestres, principalmente como medicina. Dentro de éstas, la más común por su amplio uso es *Croton*, conocida como "sangre de drago" y, actualmente la planta silvestre medicinal más comercializada en el país. La savia roja-oscura que vierte de la corteza es utilizada como cicatrizante de heridas exteriores e interiores, como úlceras.

Se espera que la identificación de los especímenes colectados durante la expedición, de nuevas pautas para valorar la potencialidad de los recursos biológicos existentes en la cuenca del Nangaritza.

Countless small cascades, of perfectly clear water, fall over the canyon's walls, and the banks are covered with thick vegetation.

Necessary Investigations

It is a priority to continue the floristic studies in this area. At the same time, there should be ethnobotanical, archeological, and geological studies made to document more fully the conservation importance of the region.

Field investigations of the region have been made by institutions from Quito and Guayaquil. The universities of Loja and Azuay should receive sufficient support for further work in this area. Future scientific explorations should include the higher parts of the Nangaritza basin, which have never been visited by biologists. National and international conservation organizations and governments should be called together to save this important area.

The Cóndor is a very wet place, both from rain and cloud condensation.

VEGETATION AND FLORA OF THE EASTERN SLOPES OF THE CORDILLERA DEL CÓNDOR
(R. B. Foster and H. Beltran)

Landscape

The Cordillera del Cóndor is distinct from the rest of the Andes. It is the largest mountain chain within the Andes that is dominated by flat-topped, sandstone, table mountains. This creates habitats that are similar to the sandstone mountains typical of eastern South America on the ancient Pre-Cambrian shields of the Guianas and Brazil. In addition, the sandstone of the Cóndor is underlain by many other kinds of rock that are dissected and exposed by steep ravines on the flanks of the cordillera. This creates an additional variety of habitats very different from those found on the sandstone above.

Another unusual feature of the Cóndor is that it lies just northeast of the Huancabamba Depression, the lowest point in the Andes. Clouds that form on the western slopes of the Andes can move across this low point and drop their moisture in the Cóndor. As in the rest of the Andes, the moisture coming from the east, across the Amazon Plain, also drops moisture in the Cóndor. The weather thus comes from both the Atlantic and

La Relación Suelo-Vegetación

Como es obvio, la vegetación y la flora responden a las características del suelo de un determinado lugar. Esto es particularmente importante en la Cuenca del Nangaritza, sobre todo cuando se analiza la existencia de los bosques nublados a la misma altitud que bosques tropicales húmedos.

Es sorprendente por ejemplo lo que sucede en Miazi a 950 m de altitud. En la margen derecha del Río Nangaritza el suelo es típicamente aluvial y, el dosel del bosque llega hasta 30 m de altura con *Gyranthera*?, *Cedrelinga cateniformis* y muchas especies de suelos aluviales, típicas de la amazonía baja. En cambio, en la margen izquierda del mismo río (detrás del campamento militar, separados por menos de 100 metros), el dosel del bosque alcanza los 15 m de altura y la composición florística es dramáticamente distinta. El bosque en este sitio es fisionómica y florísticamente distinto al que se encuentra al otro lado del río. Esto sólo puede explicarse en una influencia directa del substrato edáfico o el tipo de roca (en este caso rocas calizas) sobre la vegetación.

La características edáficas-geológicas determinan que el área contenga una de las riquezas florísticas endémicas más importantes y desconocidas del país.

Es necesario que en el futuro un buen especialista en suelos y geología sea incluido en expediciones biológicas a la Cuenca del Nangaritza para estudiar las complicadas relaciones entre el suelo y la vegetación.

Recomendaciones para el área

Conservación del Area

Debido al alto endemismo de plantas, a la presencia de formaciones vegetales únicas, a los rasgos geológicos y paisajísticos sobresalientes, es prioritario que el área sea manejada adecuadamente. La declaratoria de la misma bajo una de las categorías más importantes de conservación vigentes en la Ley Forestal y de Conservación de Áreas Naturales y Vida Silvestre y, en la Estrategia II de Conservación, es urgente.

Una ampliación del Parque Nacional Podocarpus (ubicado entre Zamora y Loja y que

Pacific Oceans, much as it does in the Chocó of northern Colombia, but at a higher elevation. Being close to the equator, the Cóndor also receives the influence of both northern and southern hemisphere rainy seasons. It is not surprising, then, that the Cóndor is a very wet place, both from rain and cloud condensation. Probably this is an area that is rarely subject to seasonal drought, not even short ones, not even once a century. Most areas of neotropical forest are subject to seasonal or occasional periods of drought (or have been in the past), and this apparently is a strong selective force limiting the number of plant species that can maintain populations in these areas. The Cóndor, at least from 500 m elevation and up, is subject to frequent rain all year as well as envelopment by clouds for much of the time when it is not raining. Although a few hours of sunshine are not uncommon during many days of the year, it is far from ever being close to drought conditions based on the descriptions of our informants who had lived in the region many years.

There are other areas in South America that have a diversity of geological substrate, and others that are very wet all year, but few, if any, have the combination of both that is characteristic of the Cordillera del Cóndor. The Cóndor also has vertical gradients in cloud cover and temperature, as well as a natural disturbance regime in the form of landslides and river-bed erosion. All these conditions are ideal for maintaining large numbers of plant species. The total productivity of leaves, flowers and fruit in the vegetation can be expected to be relatively low in this region, however, because of the predominantly acid soils. This means that the biomass and population size for some animals may be relatively low, especially for species that depend directly on plant resources such as fruit.

Alto Río Comainas and Cerro Machinaza

The descriptions below are based mainly on our own ground work from 14 July to 7 August 1994 on the ridges and ravines of the upper drainage of the Río Comainas, a parallel tributary of the Río Cenepa. Following a difficult ascent using ropes, the vegetation on the top of the largest table

prácticamente colinda con la cuenca del Nangaritza) que incluya una parte representativa del área en estudio podría ser una alternativa.

Necesidades de investigación

Es prioritario continuar con los estudios florísticos en la zona. Paralelamente, deberán conducirse estudios etnobotánicos, arqueológicos y geológicos, para tener argumentos suficientes en orden a establecer la real importancia del área.

Descentralizando las actividades de investigación que en este campo se realizan mayormente por instituciones de Quito y Guayaquil, las universidades de Loja y Azuay, deberían recibir apoyo suficiente para generar algunos proyectos de investigación en el área.

Las exploraciones científicas posteriores deben abarcar las partes altas de la cuenca del Nangaritza, no visitada por ningún investigador de las ciencias naturales. Organismos nacionales e internacionales de conservación e investigación deben ser convocadas para salvar esta área de tanta importancia.

VEGETACIÓN Y FLORA DE LA CORDILLERA DEL CÓNDOR
(R. Foster y H. Beltran)

Paisaje

La Cordillera del Cóndor presenta condiciones peculiares que la distinguen del resto de los Andes. Esta cordillera es la cadena montañosa más extensa dentro de los Andes y está dominada por mesas de arenisca, por lo que los hábitats que se encuentran en ella son similares a los de las montañas de arenisca típicas del oriente sudamericano, en los arcaicos escudos geológicos precámbricos de las Guayanas y Brasil. Sin embargo, la Cordillera del Cóndor tiene capas subyacentes de muchas otras clases de piedra, que al ser cortadas y expuestas por profundos barrancos en los flancos de la cordillera, crean una variedad de hábitats muy diferentes a los que se encuentra normalmente en las montañas de arenisca.

Otro aspecto particular de la cordillera es que se encuentra justo al noreste, muy cerca de la

El Cóndor es un lugar muy húmedo, tanto por las lluvias como por la condensación de nubes.

mountain in the cordillera, Cerro Machinaza, was surveyed from 30 July to 1 August 1994.

The satellite images, coupled with photographs (by Jaqueline Goerck and the late Ted Parker) and plant collections (by the late A. H. Gentry) from the 1993 expedition to the northern Cóndor, support our conclusion that what we observed is representative of much of the cordillera. However, it is also obvious from the satellite images and from our aerial views from the helicopter that there are many small habitats or vegetation types in other areas that are unlike anything we were able to visit on the ground. The vegetative habitats that we describe include the most important ones in the area, but this review is by no means a complete inventory of the habitats in the Cóndor.

The geology and vegetation of the sandstone mountain and the river valley are radically different. It is not obvious what happens to the sand as the table mountain gradually erodes. One would expect to see much more of it deposited in the floodplain of the Río Comainas. We saw a few blocks of sandstone down in the valley and very rarely a sandy beach deposit. But most of the boulders are of a conglomerate or other hard rock, and the beaches of rounded stones and clay. Perhaps the quartz sand grains become mixed with other faster-eroding material below the mountain and get washed all the way down the valley, becoming separated and deposited elsewhere lower on the Comainas, Cenepa, or the Río Marañón.

Vegetation description

Tepui-like vegetation (2000-2300 m)
The tops of the isolated, flat-topped mesetas that make up the backbone of the Cordillera Cóndor are covered with a variety of shrublands, herbaceous meadows and exposed rock. In structure and plant-family composition, this vegetation is very similar to that found on the much older sandstone *tepuis*, or table mountains, of the Guiana highlands. The table mountains are not really flat. Rather, the undulations do not follow any clear pattern and the vegetation cover is such that the underlying drainage is obscured (there are few, if any, visible streams) and is almost impossible to map.

depresión de Huancabamba, el punto más bajo de los Andes. Las nubes que se forman en la vertiente occidental de los Andes se deslizan por esta depresión para luego depositar su carga de humedad en el Cóndor. Como en el resto de los Andes, las nubes provenientes de la planicie del Amazonas también depositan su humedad sobre la cordillera. Por lo tanto el clima se ve influenciado tanto por el lado del Atlántico como por el lado del Pacifico, como sucede en el Chocó del norte colombiano, sólo que aquí sucede a mucho mayor altura. Por estar situada cerca del ecuador, el Cóndor también recibe influencias de las temporadas lluviosas tanto del hemisferio norte como de las del hemisferio sur. No es sorprendente que el Cóndor sea un lugar muy húmedo, tanto por las lluvias como por la condensación de nubes. Es probable que esta zona se vea afectada por sequías sólo en muy raras ocasiones, quizá ni siquiera una vez cada cien años. Por lo general las áreas neotropicales se ven expuestas a sequías periódicas (o se han visto sometidas a ellas en algún momento en el pasado), lo cual, al parecer, tiene un fuerte efecto selectivo, limitando el número de especies de plantas que pueden mantener poblaciones en estas áreas. El Cóndor por su parte, está expuesto a frecuentes lluvias todo el año, por lo menos a partir de los 500 m de elevación, y se encuentra generalmente cubierta de nubes aún cuando no llueve. A pesar de tener varias horas de sol al día, esto nunca se aproxima siquiera a una condición de sequía, según descripciones de nuestros informantes que habitan la zona por muchos años.

Hay otras zonas en los Andes que cuentan con la diversidad del sustrato geológico y otras que son muy húmedas durante todo el año, pero muy pocas, si es que alguna, tienen la combinación de ambas condiciones que es característica de la cordillera del Cóndor. El Cóndor también cuenta con gradientes verticales en cobertura de nubes y temperaturas, así como también un régimen natural de perturbación en la forma de avalanchas y de erosión en el lecho de los ríos. Todas estas condiciones son ideales para sustentar numerosas especies de plantas. Sin embargo, puede esperarse que la productividad en hojas, flores y frutos de las plantas sea baja, debido a la acidez predomi-

Most of the main cordillera is covered with the sclerophyllous shrubland, but Cerro Machinaza on the south end and some smaller table mountains on the north end are dominated by herbaceous meadows mixed with exposed rock, as are a few isolated mountains to the east of the Río Coangos. Small *herbazales*, however, are interspersed throughout the shrublands in most of the main cordillera (e.g., at Achupallas).

Our interpretation of the herbaceous meadows (*herbazales*) is that they originated and are maintained by burning of the sclerophyllous shrubland, and have been for thousands of years. Such burning may be natural (from lightning), human-induced, or, perhaps more probably, from a combination of both sources. The *herbazales* mainly occur in the highest, best-drained areas. These areas are the most exposed to wind, most frequently above the cloud layer, and most likely to dry out during a rare drought period. They are most common along the exposed edges of the cordillera. Many low hills with similar drainage on the table mountains are covered only with tall shrubland. *Herbazales* frequently occur on one side of a hill but not the other. There are abrupt boundaries between the two kinds of vegetation. The humus beneath the *herbazal* is much less deep. The herbaceous flora is also found on the steep parts of the cliffs that do not support shrubland species. Shrubland species seem to be capable of invading the *herbazales*.

We suggest from this evidence that the cliff vegetation has invaded the flatter areas following a burn that eliminated most of the humus. Very slowly, as the humus builds up, the sclerophyllous shrubland species re-invade and will eventually outcompete the herbaceous species unless fire returns. It would be important to learn the frequency and history of the burns, and this might be possible with an analysis of the sediments in the wettest spots.

Although no one in our group was a member of the 1993 RAP expedition that visited the northern Cóndor on the Ecuadorian side, the Goerck-Parker photographs taken on the earlier trip indicate that the *tepui*-like vegetation at the Achupallas site, on a meseta in the northern part of the cordillera, is very similar to what we

nante de lo suelos. Esto quiere decir que la biomása y el tamaño de la población de ciertas especies puede ser relativamente baja, especialmente en el caso de aquellos animales que dependen de recursos florísticos, tales como los frutos.

Alto río Comainas y Cerro Machinaza

Las descripciones a continuación están basadas mayormente en nuestro trabajo de campo durante el período comprendido entre el 14 de julio al 7 de agosto de 1994, en los farallones y los barrancos de la parte alta de la cuenca del río Comainas, un tributario paralelo del río Cenepa. Después de un dificultoso ascenso con la ayuda de sogas, se hizo un diagnóstico de la vegetación de la mesa de la montaña más grande de la cordillera, el Cerro Machinaza, entre el 30 de julio y el 1ro. de agosto de 1994.

Las imágenes de satélite, las fotografías (tomadas por Jaqueline Goerck y Ted Parker) y las colecciones de plantas (A.H. Gentry) provenientes de la expedición de 1993, a la parte norte del Cóndor, avalan nuestra conclusión de que lo que observamos es representativo de la mayor parte de la cordillera. Sin embargo, las imágenes de satélite y nuestras observaciones desde el helicóptero, ponen en evidencia la existencia de muchos pequeños hábitats o tipos de vegetación, en otras áreas, que son distintos de lo que pudimos observar sobre el suelo. Los hábitats vegetales que describimos incluyen los más importantes del área, sin embargo, de ninguna manera representan un inventario completo de los hábitats del Cóndor.

Descripción de la vegetación

Vegetación tipo tepui (2000-2300 m)
Las cimás de las aisladas mesetas que constituyen la columna vertebral de la Cordillera del Cóndor están cubiertas de matorrales, praderas herbáceas y roca viva. En estructura y familias de plantas esta vegetación se asemeja a la encontrada en los mucho más antiguos *tepuis* areniscos de las tierras altas de Guyana. Las mesetas no son planas en realidad. Las ondulaciones no siguen un patrón claro y la cobertura vegetal es tal que esconde las

observed on Machinaza. In some cases, such as the *Clusia* and some of the terrestrial bromeliads in the *herbazal*, the same species can be recognized in the photos as we found on top of Cerro Machinaza. Examples such as these, and the structure of the vegetation visible in the photographs from Achupallas, indicate considerable similarity between the mesetas in the northern and southern parts of the Cóndor. On the other hand, although some of the plants collected at Achupallas clearly are the same species as those we found, a surprising number are not, and probably there are some major floristic differences between the different, isolated mesetas.

Sclerophyllous shrublands

An elfin forest, consisting of thickets of shrubs or treelets 2-5 m tall, covers much of the mesetas in the Cóndor. It occurs at elevations near 2000 m, whereas vegetation of such low stature in most of the tropical Andes would not be found until approximately 3000 m elevation. This is the vegetation type in this region that is the most difficult to penetrate because of the high density of tough small stems that are interwoven at the base in a deep loose humus. This is probably one of the main reasons that the tops of these mountains are almost unexplored, and boundaries not demarcated. These shrublands are made up largely of several species of *Ilex* (Aquifoliaceae), *Weinmannia* (Cunoniaceae), *Clusia* (Clusiaceae), and a *Persea* (Lauraceae). Also frequent are *Drimys* (Winteraceae), *Schefflera* (Araliaceae), *Miconia* (Melastomataceae), and *Stenospermation robustum* (Araceae)—an erect, semi-succulent shrub. In the absence of a distinct soil surface, it is difficult to distinguish what are really trees, and what are woody hemi-epiphytes growing on them.

The same vegetation occurs on the cliff ledges, and also in places at the very base of the cliffs where sand has accumulated and drainage is somewhat impeded. Similar vegetation, usually taller and perhaps intermediate to that of the "orange ridge forest" discussed below, occurs on other ridges and slopes in the area, especially along the upper Cenepa-Tiwintza drainage. This is visible in the Goerck-Parker photographs taken

cuencas (son pocas o inexistentes los arroyos visibles) y es casi imposible mapear el área.

La mayor parte de la cordillera central está cubierta de matorrales esclerofilos ("sclerophyllous shrubland"), sin embargo el Cerro Machinaza en el extremo sur, así como otras mesas más pequeñas en el extremo norte, están dominadas por matorrales herbáceos intercalados con roca expuesta. Lo mismo sucede con unas pocas montañas aisladas al este del río Coangos. Sin embargo, pequeños herbazales se intercalan en la mayor parte de la cordillera principal (i.e., en Achupallas).

Nuestra interpretación de las praderas (herbazales) es que se originaron y son mantenidos por la quema de los matorrales esclerófilos desde hace miles de años. Estas quemás pueden ser de origen natural (rayos), producidas por el hombre, o lo que es más probable, por una combinación de ambos factores. Los herbazales ocurren solo en las áreas más altas y mejor drenadas, las más expuestas al viento, que están por encima de la capa de nubes y que son las más proclives a secarse durante los poco raros períodos de sequía. Los herbazales son más frecuentes en las orillas expuestas de la cordillera. Muchas lomás con un drenaje similar sobre las mesas se encuentran cubiertas sólo por matorrales altos. Los herbazales ocurren con frecuencia por un lado de las lomás y no por el otro. Existen deslindes marcados entre un tipo de vegetación y otro. El humus que subyace al herbazal es mucho menos profundo. También se encuentra flora herbácea en las partes más empinadas de los precipicios que no permiten el crecimiento de matorrales. Las especies de matorrales parecen tener la capacidad de invadir los herbazales.

Partiendo de esta evidencia es que sugerimos la siguiente explicación: la vegetación de los precipicios ha invadido las áreas más planas luego de que la quema eliminara la mayor parte del humus, muy lentamente y a medida que el humus se restituye, los matorrales esclerófilos vuelven a invadir las áreas planas y suplantan a las especies herbáceas, a no ser que el fuego retorne nuevamente. Sería muy importante averiguar la frecuencia y la historia de las quemás y esto tal vez se pueda lograr con un análisis de

Most of the main cordillera is covered with the sclerophyllous shrubland.

from the air between Coangos and Achupallas, and between the Río Comainas and the Río Cenepa. Though not table mountains, these areas appear to be eroded remnants of such mountains with a base rock of sandstone or something similar. Even deep in the valleys below 1000 m on sloping terraces just above the river there occasionally are big patches of shrubby vegetation (e.g., an area between PV Comainas and Falso Paquisha PV 22 on the east side of the Río Comainas). These may be on sandy alluvium secondarily derived from the table mountains.

Herbazales — herbaceous rosette thickets (or meadows) with subshrubs
These dense meadows or thickets are usually about 1 m tall, and are dominated by thick clones of terrestrial bromeliads (at least 12 species) and orchids (at least 17 species). In spite of its open appearance it is difficult to walk through this vegetation until a path is trampled down. One walks mostly on top of the unstable bromeliad clones, which partially give way under one's weight, and through the many other small, tough stems that impede forward motion. Even on the driest days ones feet and legs become soaked from the water held in the bromeliad rosettes. Near the edge of the mesa are numerous deep fissures in the rock, a characteristic also of the *tepuis* in Venezuela. These fizzures frequently are half or fully hidden by a thin layer of vegetation and are extremely dangerous for anyone walking too quickly off of a path.

Most commonly intermixed in the matrix of bromeliads and orchids are *Paepalanthus ensiformis* (Eriocaulaceae), *Pseudonoseris chachapoyensis* (Asteraceae), *Sphaeradenia* (Cyclanthaceae), a few Gramineae, and patches of subshrubs such as *Purdiaea nutans* (Cyrillaceae), *Clusia* cf. *elliptica*, and various Ericaceae, Melastomataceae, and a few dwarf palms. Some of the bromeliad species are conspicuously and consistently inhabited by colonies of the same ant species.

The meadow vegetation is very similar to that on another sandstone mountain, Cerro Pajonal, on one end of the Cordillera Yanachaga in central Peru. Cerro Pajonal clearly is subject to occasional burning. The *herbazal* or "*pajonal*" is similarly

los sedimentos en los puntos más húmedos.

A pesar que ninguno de los integrantes de nuestro grupo formó parte de la expedición RAP de 1993 que visitó la parte norte de la Cordillera del Cóndor por el lado ecuatoriano, las fotografías de Goerck-Parker tomadas en el viaje anterior, parecen indicar que la vegetación tipo *tepui* en la localidad de Achupallas (en una meseta de la parte norte de la cordillera), es muy similar a la observada por nosotros en Machinaza. En algunos casos, como es el de la *Clusia* y algunas de las bromelias terrestres en el herbazal, la misma especie que encontramos en la cima del cerro Machinaza, puede reconocerse en las fotografías. Ejemplos como éste y la estructura de la vegetación que se observa en las fotografías de Achupallas, indican que existe una considerable similitud entre las mesetas del norte y del sur de la Cordillera del Cóndor. Por otra parte, aunque algunas de las plantas coleccionadas en Achupallas son claramente las mismás especies que las que nosotros encontramos, un número sorprendente de plantas no lo son, y probablemente existen diferencias florísticas mayores entres las diferentes y aisladas mesetas.

Matorrales esclerófilos ("Sclerophilous")
Un bosque enano compuesto de matorrales de arbustos o arbolitos de 2-5 m de altura, cubre la mayor parte de la superficie de las mesetas en el Cóndor. Ocurren en elevaciones cerca de los 2000 m, a pesar de que vegetación de tan baja estatura no se encuentra en la mayor parte de los Andes tropicales, sino a partir de los 3000 m de altura. Este es el tipo de vegetación que es más difícil de penetrar, debido a la alta densidad de pequeños tallos que se entrelazan cerca de la base en un humus suelto y profundo. Esta es probablemente una de las principales razones por las que las cimás de estas montañas permanecen casi inexploradas y sus linderos no han sido demarcados. Estos matorrales están compuestos en su mayoría por varias especies de *Ilex* (Aquifoliaceae), *Weinmania* (Cunoniaceae), *Clusia* (Clusiaseae) y *Persea* (Lauraceae). También se encuentra con frecuencia *Drimys* (Winteraceae), *Schefflera* (Araliaceae), *Miconia* (Melastomataceae) y *Steospermatium robustum* (Araceae) — un arbus-

La mayor parte de la cordillera central está cubierta de matorrales esclerófilos.

thick with terrestrial orchids, *Sphaeradenia*, dwarf *Clusia*, dwarf palms, Ericaceae, and *Sphagnum*. A striking difference, however, is the absence of the terrestrial bromeliads that are such a characteristic element on the Cordillera del Cóndor. Many of the plant collections on Cerro Pajonal have been described as species new to science. The same probably will prove true for the Cóndor.

The *herbazal* we studied near the edge of the eastern side of Cerro Machinaza was approximately 6 ha in area and was separated from the other *herbazales* by large extensions of tall shrubland, mainly over the shallow depression "valleys". There is a much greater extent of *herbazal* and probably open rock vegetation on the southwestern half of this mountain, which we were unable to visit. The composition of the meadow vegetation changes significantly over distances of tens of meters. Apart from chance arrival and cloning by different species, this heterogeneity apparently has much to do with drainage over the underlying rock, and the depth of humus (water holding capacity). If our hypothesis about burning is correct, the areas most frequently or most severely subject to burning will have the shallowest depth of humus, and will maintain the species with the greatest tolerance for drought stress.

This vegetation and landscape would be very attractive to tourists. If this potential is ever developed, it will be critical to study the effects of trampling on this slow-growing vegetation and make considerable effort to control the paths of hikers. It easily could be destroyed by trampling.

Exposed sandstone
On bare rock, little pockets of wet sand, or areas with only a thin humus layer, there is a distinct community of tiny herbs such as several species of *Xyris* (Xyridaceae), *Utricularia* (Lentibulariaceae), the species *Lycopodiella caroliniana* and *Schizaea pusilla* (Pteridophyta), *Sphagnum* moss, and the insectivorous *Drosera* (Droseraceae).

Some of these bare areas, especially in the wet depressions, may be the work of the spectacled bear. There were what appeared to be animal paths, bear tracks, and torn-up humus down to small pools of water. Possibly these or other ani-

to erecto y semi suculento. La ausencia de una superficie claramente marcada, hace difícil distinguir entre lo árboles y las semiepifites leñosas que crecen en ellos.

La misma vegetación se encuentra en las salientes de los precipicios así como en la base de los mismos, donde se ha acumulado la arena y el drenaje se encuentra parcialmente obstruido. Una vegetación similar a ésta, generalmente más alta y tal vez intermedia en relación con la del bosque anaranjado de cumbre ("orange ridge forest") que se aborda más adelante, ocurre en otras salientes y laderas de la zona, especialmente a lo largo de la parte superior de la cuenca del Cenepa-Tiwinza. Esto se ve en las fotografías de Goerck-Parker sacadas desde el aire entre Coangos y Achupallas, y entre el río Comainas y el río Cenepa. Aunque no son propiamente mesetas, estas áreas parecen ser vestigios erosionadas de dichas formaciones, con base arenisca o materiales similares. Aún en lo profundo de los valles, por debajo de los 1000 m en terrazas inclinadas por encima de los ríos, se puede observar ocasionalmente grandes parches de matorrales (i.e., el área entre PV Comainas y Falso Pasquisha PV 22 en el lado oriental del río Comainas). Estas pueden ubicarse en areniscas de aluvión derivadas secundariamente de las mesetas.

Herbazales—"herbaceous rosette" matorales (o praderas) con sub-matorrales
Estas espesas praderas o matorrales tienen por lo general 1 m de altura, y están dominadas por espesos clones de bromelias terrestres (por lo menos 12 especies) y orquídeas (por lo menos 17 especies). A pesar de su apariencia es difícil caminar entre esta vegetación, hasta que se ha apisonar una trocha por donde caminar. Generalmente se camina sobre los clones inestables de bromelias, que ceden parcialmente ante el peso del caminante, a través de muchos troncos pequeños y resistentes que impiden avanzar. Aún en los días más secos se empapan los pies o las piernas con el agua acumulada en las rosetas de las bromelias. Cerca al borde de la meseta se encuentran numerosas y profundas fisuras en la roca una característica también presente en los *tepuis* de Venezuela. Estas fisuras frecuentemente

mals dig up some of the open areas to get access to fresh water.

Orange ridge forest 1800-2000 m (1500 m)
On the steep slopes and ridges immediately below the walls of the meseta and on many of the outlying ridges is a distinct vegetation with an orangish-green appearance. This forest, usually 10-20 m tall, apparently is associated with an acid substrate, probably either a quartzite or sandstone. There are some species in common with the sclerophyllous shrubland above, but the principal habitat difference here seems to be the better-drained soils with less risk of drought.

While not all the trees have orangish leaves, most of the prominent species do, a distinctive feature for which we have no explanation. Among such trees are a *Schefflera* (Araliaceae), a *Clethra castaneifolia* (Clethraceae), and a large, round-leaved *Miconia* (Melastomataceae). Also common in the canopy are a *Vismia* (Clusiaceae), *Panopsis* (Proteaceae), *Brunellia* (Brunelliaceae), *Guatteria* (Annonaceae), and *Matayba* (Sapindaceae). Parasites in the Loranthaceae (often with orangish leaves) are common on the canopy trees. Large *Dictyocaryum* palms are occasional. Solid ground is hard to find.

On the lower, outlying ridges, which are considerably disturbed by strong wind and landslides, there is a lower (2-10 m), more open version of this vegetation characterized by a dense ground cover of *Sphagnum* moss, and shrubs such as a *Baccharis* (Asteraceae) and *Monnina* (Polygalaceae). *Trichomanes* and *Eriosorus* ferns are conspicuous. On the landslides, *Chusquea* bamboo is common. These lower elevation sphagnum ridges are often isolated from the main, nearly continuous, band of orange forest along the base of the meseta. Each one also seems unique in its plant composition. It is the gray-green ridge forest, described below, that separates these isolates, probably by virtue of different geological substrates.

Gray-green ridge forest (1350-1800 m)
On the upper ridges the soil (though not seen) apparently is less acidic than under the orange forest, but exposure to wind as well as envelop-

se encuentran parcial o totalmente ocultas por una delgada capa de vegetación y son extremadamente peligrosas para el que camina demásiado rápido fuera de las trochas.

Intercaladas en el conjunto de bromelias y orquídeas se encuentran comúnmente *Paepalanthus* (Eriocaulaceae), *Pseudonoseris chachapoyensis* (Asteraceae), *Sphaeradenia* (Cyclanthaceae), una cuantas gramíneas, y parches de sub-matorrales, tales como *Purdiaea nutans* (Cyrillaceae), *Clusia* cf. *elliptica*, y varias Ericaceae, Melastomataceae y unas cuantas palmeras enanas. Algunas de las especies de bromelias son habitadas conspicua y consistentemente por colonias de hormigas de la misma especie.

La vegetación de la pradera es muy similar a la de otra montaña de arenisca, Cerro Pajonal, en un extremo de la Cordillera Yanachaga en el Perú central. El Cerro Pajonal está claramente sujeto a quemás esporádicas. El *herbazal* o *"pajonal"* está similarmente tupido de orquídeas terrestres, *Sphaeradenia*, *Clusia* enana, palmás enanas, Ericaceae, y *Sphagum*. Una notable diferencia la constituye la ausencia de bromelias terrestres que son tan típicas en la Cordillera del Cóndor. Muchas de las plantas recolectadas en el Cerro Pajonal han sido descritas como especies nuevas para la ciencia. El caso será probablemente el mismo con la Cordillera del Cóndor.

El *herbazal* que estudiamos cerca del borde del lado oriental del Cerro Machinaza tenía un área de aproximadamente 6 has. y estaba separado de otros *herbazales* por grandes extensiones de matorrales altos, especialmente sobre las depresiones poco profundas o "valles". Existe una extensión mucho más grande de *herbazal* y probablemente de vegetación de roca viva en la mitad sudoccidental de esta montaña, la que no nos fue posible visitar. La composición de la vegetación de pradera cambia significativamente sobre distancias medibles en decenas de metros. Aparte de ocurrencias por azar y clonificación por especies, esta heterogeneidad parece deberse al drenaje de las rocas subyacentes y el espesor del humus (su capacidad de retención del agua). Si nuestra hipótesis con respecto a las quemás es acertada, las áreas más frecuentemente o más severamente sometidas a las quemás tendrán menor espesor de

The composition of the meadow vegetation changes significantly over distances of tens of meters.

This forest is the richest in vascular plant species of all the vegetation we observed and also covers the greatest area within the Cordillera del Cóndor.

ment by clouds apparently is more frequent than on the lower ridges and slopes. The forest is a distinctive dark gray-green color and about 20 m tall. The transition between this forest and the lower ridge and slope forest is relatively gradual, over a few hundred meters of elevation. In contrast, the transition to orange forest is abrupt, often over only a few meters elevation.

The gray-green ridge forest is thicker and more moss-laden than the forest below, and the soil is hidden by a deep mat of organic material. The diversity of species is greatly reduced, relative to the forest below. There is a conspicuous abundance of *Aspidosperma* (Apocynaceae) and *Pourouma* (Cecropiaceae) in the canopy, many small palms and cyclanths in the understory, and a very abundant, erect, terrestrial *Elaphoglossum* fern on the forest floor. *Weittinia* is an occasional emergent palm. The forest in the Goerck-Parker photos near Coangos on the Ecuadorian side at 1600 m appears to be the same or similar.

Upper-elevation stream-bottom forest (1000-1800 m)

Because the trails follow the ridgetops, we were able to see very little of the vegetation in the ravine bottoms on the upper part of the mountain. By making two steep descents from our camp at 1800 m, we were able to briefly visit what is probably the most humid habitat in this humid region. The understory in the ravine bottom is characterized by many succulent and delicate species of Solanaceae, *Psychotria* (Rubiaceae), *Pilea* (Urticaceae), tall *Peperomia* (Piperaceae), *Centropogon* (Campanulaceae), and Gesneriaceae, with larger stems of *Aegiphila* and *Urera caracasana* along the stream edge. This habitat probably experiences little if any wind, which might in part account for the survival of such a delicate understory. With only the slightest push these plants usually fall over, and with only a gentle shake they usually break into pieces.

Lower-slope and ridge forest on red-yellow clay (800-1350 m) (1800 m)

This 30+ m tall forest is the dominant vegetation of the Cordillera del Cóndor. We failed to find consistent abundant species that would characterize

humus, y mantendrán las especies con mayor tolerancia a la presión ejercida por las sequías.

Esta vegetación y paisaje pueden ser muy atractivos para los turistas. Si este potencial llegara a desarrollarse, se haría crítico el estudio de los efectos del pisoteo sobre vegetación con prolongados procesos de crecimiento y cabría realizar un esfuerzo considerable por restringir los senderos destinados a los excursionistas. Esta vegetación podría ser destruida fácilmente por causa del pisoteo.

Arenisca expuesta

Sobre la roca viva, en los pequeños bolsillos de arena húmeda o en las áreas con sólo una fina capa de humus, se distingue una marcada comunidad de hierbas diminutas tales como varias especies de *Xyris* (Xyridaceae), *Utricularia* (Lentibulareacea), la especie *Lycopodiella caroliniana* y *Schizaea pusilla* (Pteridophyta), musgo *Sphagnum*, y la insectívora *Drosera* (Droseraceae).

Algunas de estas áreas descubiertas, especialmente en las depresiones húmedas, pueden ser obra del oso de anteojos. Se encontró lo que parecían ser trochas de animales, huellas de oso y humus excavado hasta formar pequeños charcos de agua. Posiblemente este y otros animales escarban en las zonas abiertas para obtener acceso al agua fresca.

Bosque anaranjado de cumbre 1800-2000 m (1500 m)

En las laderas empinadas y las cumbres que se encuentran inmediatamente debajo de las paredes de la meseta y sobre muchas de las cumbres más alejadas se encuentra una vegetación particular con una coloración verde-anaranjada. Este bosque, por lo general de 10-20 m de altura, es aparentemente asociado con un substrato ácido, probablemente de cuarzo o arenisca. Existen algunas especies en común con los matorrales esclerófilos arriba descritos, pero la principal diferencia de hábitat parece ser el mejor drenaje y el menor riesgo de sequía.

Mientras no todos los árboles exhiben hojas anaranjadas la mayoría sí las tienen, para lo cual no contamos con explicación alguna. Entre estos

this highly diverse forest. Its composition varies greatly over short distances, and many quantitative samples would be needed to determine the most abundant species. It does seem, however, to be exceedingly rich in Lauraceae, Rubiaceae, and pteridophytes, has a mixture of both lowland and montane species and genera, and a great diversity and density of trunk epiphytes. This forest is the richest in vascular plant species of all the vegetation we observed and also covers the greatest area within the Cordillera del Cóndor.

Fitting with a relatively acid soil, there are few lianas, few buttressed trees, and few Fabaceae, Moraceae, Bombacaceae, or Violaceae. Large palms are not consistently abundant. Above PV 3 we did not see any *Oenocarpus bataua*, *Iriartea deltoidea*, or much *Wettinia*, but these palms were conspicuous from the air on ridgetops farther down the valley. The eagerness with which our soldier assistants cut palms, to eat the palm hearts, at the upper elevations suggests that many of the palms already may have been cut down lower in the valley, closer to human habitation, but where food supplies are unreliable. The Goerck-Parker photos at Banderas on the Ecuador side at 1300 m show these palms in abundance.

This forest gradually is replaced by the lower-stature gray-green forest farther up along the ridges, but continues to much higher elevations on the slopes. The upper limits of this forest seem to be reached near 1800 m in a sheltered pocket at our upper camp. The composition of this forest and its appearance at that elevation is clearly somewhat different here from that at lower sites. The slopes generally are sheltered from the wind and have deeper soils. For reasons that are not obvious to us, landslides seem to be infrequent on these slopes.

Lower-elevation river-bank and rocky floodplain forest (600-1000 m)
The mature forest on the rocky floodplain is full of large trees, many reaching 40 m in height. The flora is almost entirely distinct from the slope forests immediately adjacent, but appears to be almost as rich in species per unit area. As with the slope forests, dominant species are not in evidence, although an extensive sample would surely

árboles se encuentran *Schefflera* (Araliaceae), *Clethra castaneifolia* (Clethraceae), y grandes *Miconias* (Melastomataceae) con hojas redondeadas. En el dosel del bosque también se encuentran otras especies, tales como *Vismia* (Clusiaceae), *Panopsis* (Proteaseae), *Brunellia* (Brunelliaceae), *Guatteria* (Annonaceae) y *Matayba* (Sapindaceae). Las parásitas son también comunes en los Loranthaceae (a menudo con hojas anaranjadas) en los árboles del dosel del bosque. Ocasionalmente se encuentran grandes palmeras *Dictyocaryum*. El terreno sólido es escaso.

En las cumbres periféricas más bajas y considerablemente perturbadas por fuertes vientos y derrumbes, hay una versión más baja (2-10 m) de esta vegetación, caracterizada por una cobertura densa del piso con musgo *Sphagnum,* y arbustos como el *Baccharis* (Asteraceae) y el *Monnina* (Polygalaceae). *Trichomanes* y *Eriosorus* se encuentran en abundancia. En los derrumbes es común encontrar bambú *Chusquea*. Estas salientes de poca altura cubiertas de *Sphagnum* se encuentran frecuentemente aisladas de la franja casi continua de bosque anaranjado que se encuentra en la base de la meseta. Cada una parece ser única en la composición de sus plantas. El bosque gris-verdoso descrito a continuación separa a estos islotes, probablemente en virtud de diferentes substratos geológicos.

Bosque de cumbre gris-verdoso (1350-1800 m)
En las cumbres superiores, el suelo (aunque no es visible) parece ser menos ácido que el de los bosques anaranjados, pero la exposición al viento y a la cobertura de nubes es mayor que en las cumbres y laderas más bajas. El bosque aquí es de un marcado color gris-verdoso y tiene unos 20 m de altura. La transición entre este bosque y de las cumbres y laderas bajas es relativamente gradual, abarcando unos cientos de metros de elevación. En contraste, la transición al bosque anaranjado es abrupta, abarcando sólo unos cuantos metros de elevación.

El bosque de cumbre gris-verdoso es más espeso y más cargado de musgos que el de más abajo y el suelo esta cubierto por una densa alfombra de material orgánico. La diversidad de

Este bosque es el más rico en especies de plantas vasculares y también cubre la mayor extensión de la Cordillera del Cóndor.

reveal some relatively common species. The habitat is consistently moister than on the slopes and lower ridges. Ferns of all kinds are abundant in the understory, and treeferns make up a significant proportion of the treelet stems.

Louise Emmons has provided the following description of the vegetation downstream at PV Comainas:

Vegetation profile at Puesto Vigilancia Comainas (L. Emmons)

As the botanists were not able to visit this site, we include a brief habitat description. At PV Comainas the floodplain soils are of soft and slippery yellow clay, with patches of brown clay, and the entering side streams are clear blackwater. The vegetation within the narrow valley closely resembles in physiognomy that of pluvial forests seen by Emmons in the Colombian Chocó. The constant rain, which the residents claimed was typical of the whole year, was consistent with the pluvial character of the vegetation. Treetrunks and some understory plants were covered down to the ground with moss and epiphytes, including many Cyclanthaceae on lower trunks. The understory was dominated by ant-harboring Melastomataceae, and included a *Piper* with giant leaves, tree ferns, yellow-flowered *Columnea* (Gesneriaceae), *Dracontium* sp. (Araceae), begonias, an arborescent *Ischnisiphn* (Marantaceae), *Renealmia* sp., a giant *Heliconia* with two-meter-long leaves (*H. vellerigia*, J. Kress pers. comm.), and many understory palms, aroids, and Araliaceae. The number of plants with giant leaves was particularly striking. Along the river a peculiar 1.5 m ant melastome (*Clidemia heterophylla*) with harsh, woody (almost spiny) stems grew in large patches, perhaps on flood-disturbed levees. On the ridges above the river, the root mat lay on top of the ground surface, over a soil of red clay (judging from cicada chimneys). There were few tree-sized palms along the river but it was not clear whether this was natural or the result of human exploitation for palmito and construction materials. The river edge had small, widely scattered patches of bamboo (cf. *Guadua webberbaueri*) and *caña brava* (*Gynerium* sp.). Large palms (*Oenocarpas bataua*

especies es mucho más reducida. Existe una conspicua abundancia de *Aspidosperma* (Apocinaceae) y *Pourouma* (Cecropiaceae) en el dosel, muchas palmás pequeñas y "cyclanths" en el sotobosque y un helecho terrestre muy abundante y erecto, en el piso del bosque. *Weittinia* es una palma emergente ocasional. El bosque que se aprecia en las fotos de Goerck-Parker, cerca de Coangos en el lado ecuatoriano a 1600 m de altura, parece ser de esta clase.

Bosque de altura de fondo de quebrada (1000-1800 m)
Debido a que las trochas bordean la orilla de las cumbres, no pudimos ver casi nada de la vegetación del fondo de las quebradas en la parte alta de las montañas. Al realizar dos descensos desde nuestro campamento, bajando por la pendiente, pudimos visitar brevemente estos lugares, los más húmedos de esta ya muy húmeda región. El fondo de la quebrada se caracteriza por la presencia de muchas especies suculentas y delicadas de Solanaceaea, *Psychotria* (Rubiaceae), *Pilea* (Urticaceae), *Centropogon* (Campanulaceae), y Gesneriaceae, con grandes tallos de *Aegiphila* y *Urera caracasana* en las orillas del arroyo. Este hábitat probablemente recibe muy poco o ninguna incidencia de vientos, lo cual explicaría la supervivencia de tan delicado sotobosque. Con el menor empujón estas plantas se desploman y con el menor sacudón se despedazan fácilmente.

Bosque de cumbre baja sobre arcilla rojo-amarillenta (800-1350 m) (1800 m)
Este bosque de 30m de altura es la vegetación dominante de la Cordillera del Cóndor. Fue imposible encontrar especies que se presentaran con la consistencia y abundancia necesarias para caracterizar este bosque de alta diversidad. Su composición muestra grandes variaciones sobre distancias muy cortas y se necesitaría muchas muestras cuantativas para determinar cuales son las especies más abundantes. Sin embargo parece ser muy rico en Lauraceae, Rubiaceae y Pteridophytas; tiene una mezcla de especies y géneros representativos de selvas bajas y de bosques montanos; y tiene una gran diversidad y densidad de epífitos de tronco. De toda la veg-

and *Attalea* sp.) grew only on the well-drained and well-lit ridge crests, starting about half-way up the slopes. On the ridge directly behind the camp, and only about 100 m above it (ca. 750 m) a rocky outcrop that evidently catches the valley fogs had a curious formation like elfin cloud forest, with arborescent *Clusia*, terrestrial bromeliads, many ferns, and short, twisted, sclerophyllous trees. The drenched root mat was entirely above the surface, which was largely of rock.

Along the river the vegetation within several kilometers of camp was disturbed by intensive removal of all poles and timber usable for construction, and firewood. The valley is a sharp 'V', with cliffs here and there and few flat areas of any size; the largest, a couple of kilometers downstream, was a water-logged mud-swamp. The more level sections near the *puesto* were planted with gardens, or cleared, with a cover of grasses and sedges.

Across the river from Comainas is a cliff of what appears to be a limestone outcrop. If so, this can be expected to have many species of plants associated only with limestone or with much less acidic soils than is found in most of the Cóndor. This would be a similar habitat, and probably the same geological formation, as the limestone described on the Ecuadorian side along the Río Nangaritza by W. Palacios, and seen in the Goerck-Parker photos of cliffs near Miazi at 800-900 m.

A secondary forest, 5-10 m tall, has grown up on the boulder plain following forest clearing below Puesto Vigilancia 3 at 1000 m. This relatively species-impoverished successional stage perhaps is similar to what would occur following a major washout of the floodplain. It consists mainly of *Saurauia* (Actinidiaceae), *Hedyosmum* (Chloranthaceae), *Guettarda* (Rubiaceae), giant-leaved species of *Miconia* (Melastomataceae), *Tetrorchidium* and *Acalypha* (Euphorbiaceae), and several large herb species of *Calathea* . (Marantaceae) and Acanthaceae.

Plant Diversity

Plant Collections
In just three weeks of collecting we made speci-

etación que observamos, este bosque es el más rico en especies de plantas vasculares y también cubre la mayor extensión de la Cordillera del Cóndor.

Existen muy pocas lianas, pocos árboles con aletas "buttressed trees" y pocas Fabceae, Moraceae, Bombacaceae, o Violaceae, lo cual encaja con la presencia de suelos relativamente ácidos. La abundancia de palmeras grandes no es consistente. Por encima de PV 3 no se observaron *Oenocarpus bataua, Iriartea deltoidea,* o *Wettinia,* sin embargo estas palmeras son visibles desde el aire sobre cumbres que se encuentran más abajo en el valle. La avidez con la que los soldados que nos ayudaron cortaban las palmeras para consumir el palmito, en las lugares elevados, sugiere que muchas de las palmeras sufrieron la misma suerte más abajo en el valle, más cerca de los poblados, donde la alimentación es precaria. Las fotos de Goerck-Parker en Banderas, del lado ecuatoriano a 1300 m, muestran estas palmeras en abundancia.

Este bosque es gradualmente reemplazado por el bosque gris-verdoso de menor estatura, a medida que se escala por las cumbres, pero continúa hasta mucho más arriba por las laderas más elevadas. El límite de altura de este bosque parece lograrse en un bolsillo protegido a los 1800 m en nuestro campamento más alto. La composición de este bosque a esta elevación es claramente un poco distinta que la del mismo bosque a menor altura. Las laderas generalmente están más protegidas del viento y tienen suelos más profundos. Por razones que no son evidentes los derrumbes parecen ser muy poco frecuentes en estas laderas.

Bosques de orillas de río y de terreno aluvial rocoso (600-1000 m)
El bosque maduro en la planicie aluvial está lleno de grandes árboles, algunos de hasta 30 m de altura. La flora es casi completamente diferenciada de la de los bosques de ladera adyacentes, pero aparenta tener la misma riqueza en especies por unidad de área. Como en el caso de los bosques de ladera, no se presentan especies dominantes, aunque un muestreo extensivo seguramente revelaría algunas especies relativamente más comunes. El hábitat es consistentemente más húmedo que en las laderas y las cumbres bajas. Helechos de todos tipos se encuentran con abundancia en el soto-

mens of over 900 plants in reproductive condition, representing approximately 800 species (Appendix 2). This is the most productive lowland tropical forest plant collecting that any of us had ever experienced—we were overwhelmed by it. One indication of the richness of the area was that in just 30-50 meters of forest trail one could collect 90 different species in fertile condition in just a few hours. In addition to the distinct floral composition of different elevations and different substrates, each ridge had a unique community composition. It quickly became clear that a quantitative sampling scheme, even a simple one, would be an exceedingly slow process even when weather permitted. Furthermore, samples would be highly inadequate, unless we already knew the flora well before starting. Therefore we abandoned the idea of quantitative sampling in favor of exploring several different ridges and substrates and collecting as thoroughly as we could along each.

Meseta Transects
The diversity of woody plants is clearly lower (as usual) at the higher elevations, especially above 1800 m, and on the sandstone substrate. On the flat top of Cerro Machinaza, the size of the flora was sufficiently small as to allow for manageable quantitative sampling in the short time that we had available. In the first large, open meadow (*herbazal*) encountered after reaching the top, we sampled with single meter-wide transects in a wetter (50 m, 563 plants) and in a drier (9 m, 100 plants) part of the herbaceous rosette and subshrub vegetation (Appendix 3). Terrestrial orchids were sampled separately along the same transects by Moises Cavero (Appendix 4). Species were counted only once per meter along the transect to avoid overrepresentation by plants such as bromeliads and orchids that form dense clones. We also made one 2-meter wide (27 m, 100 plants) transect of sclerophyllous shrubland on the trail cut between the cliff and the first meadow.

In the drier meadow, the 100 plants sampled (9 x 1 m)—not including the orchids—contained 32 species with terrestrial bromeliads (5 species) making up 15% of the plants. The sample of 100 terrestrial orchids (20 x 1 m) contained 12 species.

bosque y los helechos constituyen una parte importante de los tallos secundarios.

Louise Emmons proporciona la siguiente descripción de la vegetación, corriente abajo en PV Comainas.

Perfil de la vegetación en el Puesto de Vigilancia Comainas (L. Emmons)

Ya que los botánicos no pudieron visitar esta localidad, incluimos una breve descripción del hábitat en este lugar. En PV Comainas el terreno aluvial esta compuesto de arcilla amarillenta suave y resbalosa, con parches de arcilla rosada y los riachuelos contribuyentes tienen aguas claras y negras. La vegetación del angosto valle se asemeja muy de cerca la fisonomía del bosque aluvial, encontrado por Emmons en el Chocó colombiano. Las lluvias constantes, que los lugareños dicen son constates durante todo el año, son consistentes con el carácter aluvial de la vegetación. Los troncos y algunas plantas del sotobosque estaban cubiertas hasta el suelo con musgos y epífitos incluyendo muchas Cyclantaceae en la parte baja de los troncos. El sotobosque se halla dominado por Melastomatacea que sirven de refugio a las hormigas, incluyendo un *Piper* con hojas gigantes, helechos de árbol, *Columnea* (Gesneriaceae) de flores amarillas, *Dracontium* sp. (Araceae), begonias, un *Ischnisiphn* (Marantaceae) arborecente, *Renealmia* sp., una *Heliconia* gigante con hojas de dos metros de largo (*H. vellerigia*, J. Kress com. pers.) y muchas palmeras, aroides y Araliaceae. Es particularmente notable el número de plantas con hojas gigantes. A lo largo del río en grandes parches, crece una minecophila "ant melastome" (*Clidemia heterophilla*) muy peculiar de 1.5 m, con tallos ásperos y leñosos (casi espinosos). Esta planta quizá se desarrolla en atajos, producto de las inundaciones. En las cumbres sobre el río la capa de raíces descansa por encima de la superficie del suelo, sobre arcilla roja (a juzgar por las chimeneas de las cigarras). Existen muy pocas palmeras del tamaño de árboles en la orilla del río, pero no está claro si ésto es un fenómeno natural o el resultado de la explotación humana, para alimento y material de construcción. La orilla del río muestra pequeños y dispersos parches de bambú

Each ridge had a unique community composition.

In the wetter meadow, the small 50 x 1 m transect intercepted 62 species in 563 individuals of non-orchids and 14 species in 93 individuals of terrestrial orchids. Most of the species from the drier meadow were also found in the wet meadow, but not vice versa. The density of terrestrial bromeliads (7 species) was greater in the wet meadow (22% of the plants) while the density of orchids was much greater in the drier meadow. The shrubland transect of 100 woody plants (27 x 2 m) had 32 species.

There is little if any diversity data from other similar habitats to compare with these results.

Flora

From a biogeographic point of view, the flora of the *tepui*-like Cerro Machinaza does not have the unique genera associated with the *tepuis* of the Guiana Shield, although it is similar in structure, appearance, and plant family composition to the flora of those areas. This difference in the generic composition of the two floras is not all that surprising, given the much younger age of the Cóndor compared to the *tepuis* on the ancient Guiana Shield. What we see in the Cóndor is a structurally very similar, but more recently created, habitat on which the flora has evolved a morphology similar to that of the flora of the *tepuis*, but where endemic genera have not yet arisen. The unique *tepui* genera of the *tepuis* also have not dispersed to the Andes.

The Cóndor does have some species in common with the *tepuis*, most of which are species that are encountered throughout the high Andes. Other species seem to be rare in the Andes and unique to quartz sandstone outcrops, e.g. *Dictyostega orobanchoides* (Burmanniaceae). Similarly we found the second record of the curly grass-fern, *Schizaea pusilla*, in the Andes. This is a species that, before its discovery on sandstone in central Peruvian Andes, was known only from the New Jersey pine barrens and a few sites farther north in Canada. As in the previous collection, it was closely associated with a species of *Drosera*, an insectivorous plant, on exposed wet seeps.

If the orchids are any indication, the Cóndor is full of new species. Of the 40 orchid species

(cf. *Guadua webberbaueri* y caña brava (*Gynerium* sp.). Las palmeras grandes (*Oenocarpus bataua* y *Attalea* sp.) crecen únicamente sobre las crestas bien soleadas y con buen drenaje, comenzando a mitad de camino, ladera arriba. Sobre la cuchilla localizada directamente detrás del campamento y sólo a unos 100 m más arriba (ca. 750 m), una saliente rocosa que evidentemente atrapa las neblinas del valle, presenta una formación similar al bosque enano nublado, con la presencia de *Clusia* arborescente, bromelias terrestres, muchos helechos y árboles esclerófilos cortos y contorsionados. La empapada alfombra de raíces se encuentra totalmente sobre la superficie del suelo que consiste, en su mayor parte, de rocas. A lo largo del río, por varios kilómetros de distancia del campamento, la vegetación se halla perturbada por el intenso despojo de todos los postes y leños que puedan servir para la construcción o como leña. El valle tiene forma de 'V', con lomas dispersas y unas cuantas áreas planas de diferentes tamaños; la más grande, a unos cuantos kilómetros río abajo, es un pantano lodoso inundado. Las secciones más niveladas, cerca del *Puesto* se encuentran sembradas de jardines, o limpias, cubiertas de pastas y juncias.

En la orilla del río, frente a Comainas, se encuentra un barranco en lo que parece ser una saliente de caliza. Si esto fuera así, es de esperarse que crezcan muchas especies de plantas asociadas con la piedra caliza o con suelos mucho menos ácidos que los que predominan en la mayor parte del Cóndor. Este sería un hábitat similar y probablemente la misma formación geológica, que la piedra caliza descrita en el lado ecuatoriano a lo largo de los ríos Nangaritza por Walter Palacios, y que se aprecia en las fotos de Goerck-Parker de los barrancos cerca de Miazi a 800-900 m de altura.

Un bosque secundario de 5-10 m de altura ha crecido sobre la planicie de pedrones luego de la tala, más abajo del PV 3 a 1,000 m. Esta etapa sucesiva, relativamente empobrecida en termino de especies, es tal vez similar a la que vendría después de una gran inundación de la planicie aluvial. Consiste principalmente de *Saurauia* (Actinidaceae), *Hedyosmum* (Chlorantaceae), *Guettarda* (Rubiaceae), especies de hojas gigantes de *Miconia* (Melastomataceae), *Tetrochidium* y

Cada cumbre tiene una composición comunitaria única.

examined thus far, it appears that 26 are species new to science (M. Cavero, pers. comm.). A description of new species of treefern from among our collections already has been submitted for publication (B. Leon and R. C. Moran, pers. comm.). Since duplicate specimens have only recently received clearance for exportation, it will be a while before specialists have a chance to evaluate the other collections.

We believe that the Cordillera del Cóndor has the richest flora of any area this size in the New World. This assessment is based on our observations here compared with forests we have seen in other parts of South America. The Cóndor quite clearly has an exceedingly rich flora, richer than any similar-sized area of the Amazon plain, of the Atlantic coastal mountains, individual mountain ranges of the northern or southern Andes, or the Chocó.

Research Recommendations

With the availability of satellite imagery it now should be possible to map all or most of the sandstone or quartzite mountains and ridges of the Andes. From these maps, it should be possible to conduct an inventory of this archipelago of unusual habitats and their unusual and endemic flora from Colombia to Bolivia, even if this work is done one country or mountain at a time. Before the opportunity to protect them disappears, it is important to know which species are threatened, locally endemic, or widespread. The flora on sandstone is not so diverse as to make this impossible.

A thorough inventory of the flora of the Cóndor area is too large a task to undertake at this time. But a complete floral inventory of just the *tepui*-like vegetation is a reasonable project. Continued general plant collection is needed. Quantitative samples are needed of the composition and variation in the flora of different habitats in the Cóndor.

Additional studies should address the historical role of fire in the *tepui*-like meadow vegetation, measure the effect of human trampling on the survival of these meadows, and measure the long-term weather variation and stream flow in the Cordillera del Cóndor at different elevations. The

We believe that the Cordillera del Cóndor has the richest flora of any area this size in the New World.

Aclypha (Euphorbiaceae) y varias especies de hierbas grandes de *Calathea* (Marantaceae) y Acanthaceae.

Diversidad de Plantas

Recolección de plantas
En solamente tres semanas de recolección pudimos recoger más de 900 especímenes de plantas en condiciones de reproducción, lo que representa aproximadamente 800 especies. Esta fue la experiencia de recolección de plantas de selvas tropicales más productiva que jamás haya tenido ninguno de nosotros—nos sentimos realmente abrumados por ella. Un indicador de la riqueza del área es que en cosa de solamente 30-50 metros de sendero por el bosque, se podía recoger 90 especies diferentes en condición fértil en sólo unas horas. Además de la diferenciada en composición de las distintas elevaciones y substratos, cada cumbre tiene una composición comunitaria única. Se hizo evidente que un esquema cuantitativo de muestreo, por simple que fuere, sería de mucha lentitud aunque el clima fuera favorable. Además las muestras serían altamente inadecuadas, a no ser que conociéramos bien la flora antes de comenzar. Consecuentemente, abandonamos la idea del muestreo cuantitativo a favor de la exploración de diferentes cumbres y substratos, y la recolección lo más detallada y minuciosa como fuese posible en cada uno de ellos.

Transectos de Meseta
La diversidad de plantas leñosas es claramente menor (cosa común) en los lugares más altos, especialmente por encima de los 1800 m, y en los substratos de arenisca. En la parte plana que corona al Cerro Machinaza, el tamaño de la flora es lo suficientemente pequeño como para permitir un muestreo cuantitativo manejable en el corto tiempo que teníamos disponible. En la primera pradera grande y abierta *(herbazal)* que se encuentra tras de llegar a la cima, hicimos un muestreo en transectos de 1 m de ancho en la parte más húmeda (50 m, 563 plantas) y en la parte más seca (9 m, 100 plantas) de la roseta herbácea y de la vegetación sub-matorral (Apéndice). En los mismos transectos Moisés

THE CÓNDOR REGION

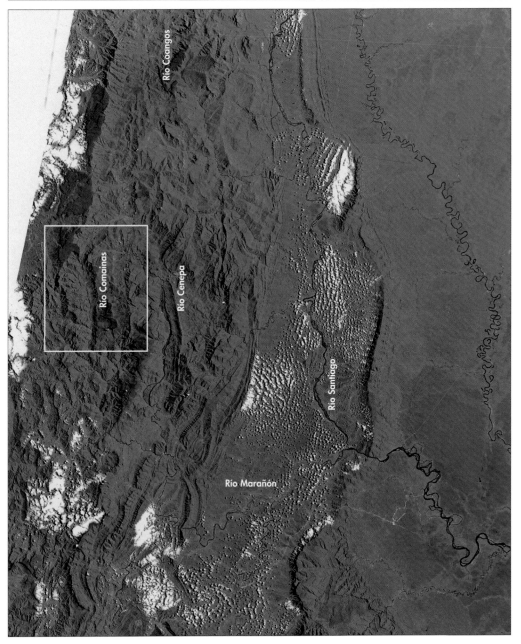

Río Coangos

Río Comainas

Río Cenepa

Río Santiago

Río Marañón

LANDSAT™ Image, November 1987. Box represents enlarged area, p. 60

1. sclerophyllous shrubland

2. cliff

3. orange ridge forest

4. gray-green ridge forest

5. lower ridge & slope forest

6. *herbazales*

7. lower elevation river bank & rocky floodplain forest

8. lowland sclerophyllous shrubland

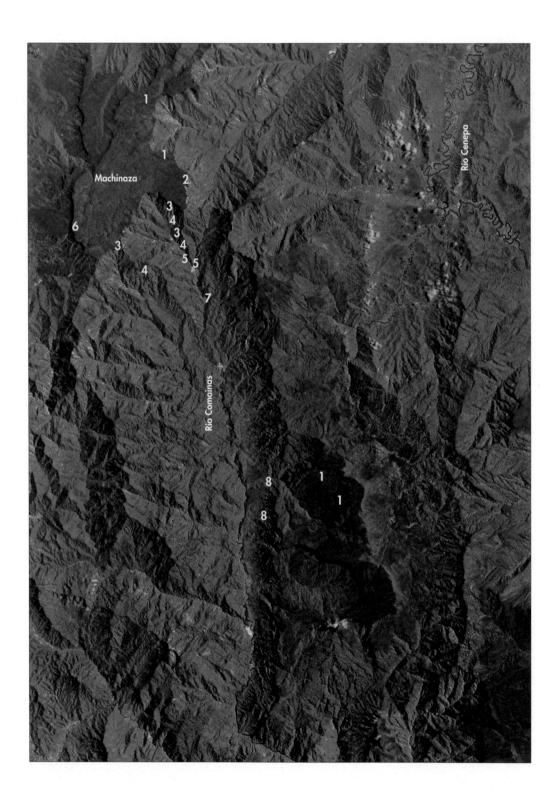

1   1, 6   6   6

6   1, 6   1, 6   1

3   1   1, 6   2

3   3   3, 4   3, 4

1. Headwaters Río Comainas

2. Sandstone terraces in Upper Río Comainas

3. PV 3, seen from the east; lower ridge and slope forest

4. Shrubland on sandstone

5. Cliff face at Miazi, Río Nangaritza

6. *Herbazal* with bromeliads

7. Gray-green ridge forest at Coangos

8. Río Nangaritza

9. Mosaic of forest types

10. Floodplain forest

11. Cerro Machinaza

12. Rocky floodplain forest

latter data can be gathered with minimal instrumentation.

BIRDS OF THE CORDILLERA DEL CÓNDOR (T. Schulenberg, T. A. Parker, and W. Wust)

Although avian diversity in the humid lower montane regions of the Andes is known to be high, the avifauna of this elevational zone remains relatively poorly-studied. Among the most thorough recent investigations have been surveys in the Cordillera de Cutucú of southeastern Ecuador (Robbins et al. 1987), a range that is separated from the Cóndor by the valley of the Río Santiago, and at two sites in the northern part of the Departamento of San Martín, south of the Río Marañón in northern Peru (Parker and Parker 1982, Davis 1986, Davis and O'Neill 1986).

Prior to the 1993/1994 RAP expeditions to the Cordillera del Cóndor, there were only a few reports on the avifauna of this cordillera. Several new species of bird were described from two expeditions (in 1975 and 1976) to the southern and higher base of the Cordillera del Cóndor in northern Peru (Fitzpatrick and O'Neill 1979, 1986, Fitzpatrick et al. 1977, 1979), but the full results of these surveys remain unpublished. Furthermore, these expeditions entered the cordillera from the dry (rain-shadow) valley of the Río Chinchipe, and were focussed on humid areas from ca. 1900-2400 m. Thus, the humid lower montane forests that cover most of the Cordillera del Cóndor were not present in the areas reached by these surveys. Limited observations were made at Cueva de los Tayos, 500-800 m, on the northern slopes of the Cordillera del Cóndor (Albuja and de Vries 1977, Snow and Gochfeld 1977, Snow 1979), and at 900-1000 m in the Río Nangaritza valley, on the Cordillera's western slopes (Marín et al. 1992; Toyne and Balchin, in preparation). Krabbe and Sornoza (1994) reported on a mid-elevation (1700 m) locality, also on the Cóndors' western slopes.

Humid lower montane forests in the Cordillera del Cóndor, on the side accessible from Peru, were little surveyed prior to the 1994 RAP expedition.

Cavero hizo un muestreo de las orquídeas terrestres (Apéndice). Las especies se contaron sólo una vez por metro, a lo largo del transecto, para evitar la sobre representación de plantas tales como las bromelias y orquídeas, que forman tupidos clones. También realizamos un transecto de 2 m de ancho (27 m, 100 plantas) de matorral esclerófilo sobre la trocha abierta entre el barranco y la primera pradera.

En la pradera más seca, las cien plantas muestreadas (9 x 1 m)—excluyendo las orquídeas—contenían 32 especies de las cuales las bromelias terrestres (5 especies) constituían el 15% de las plantas. El muestreo de 100 orquídeas terrestres (20 x 1 m) contenía 12 especies. En la pradera más húmeda el transecto pequeño de 50 x 1 m interceptó 62 especies en 563 individuos de no-orquídeas, y 14 especies en 93 individuos de orquídeas terrestres. La mayor parte de las especies de la pradera más seca se encontraron también en la pradera más húmeda pero no sucedió lo mismo en dirección contraria. La densidad de las bromelias terrestres (7 especies) es más grande en la pradera más húmeda (22%), mientras que la densidad de orquídeas es mayor en la pradera más seca. El transecto de matorral de 100 plantas leñosas (27 x 2 m) tenía 32 especies.

Existen muy pocos, si acaso algunos, datos sobre la diversidad en hábitats similares para permitir una comparación con los resultados obtenidos.

Flora
Desde el punto de vista biogeográfico, la flora de aspecto *tepui* del Cerro Machinaza no contiene la mayor parte de los singulares géneros que se asocian con el escudo geológico de las Guayanas aunque es similar en estructura, apariencia y composición de familias de las plantas con la flora de esas regiones. Esta diferencia en la composición genérica de las floras de los dos lugares no es demásiado sorprendente dado el mucho más reciente origen del Cóndor, comparada con los *tepuis* de los escudos geológicos de las Guayanas. Lo que vemos en el Cóndor es un hábitat de estructura muy similar pero más recientemente creado, en el que la flora ha desarrollado una morfología similar a aquella de los *tepuis* pero en el que géneros endémicos aún no han surgido.

A small unpublished collection was made by personnel from the Museo de Historia Natural, Universidad Nacional Mayor de San Marcos in late October and early November 1987 in the upper Río Comainas at P.V. 22, 800-900 m; this locality is just downstream of sites visited by the 1994 RAP team. Avifaunal surveys also were conducted in the late 1970s along the lower reaches of two rivers that drain the Cóndor to the south, the ríos Cenepa and Santiago. These surveys were part of a series of ethnobiological investigations among the Jivaro by B. Berlin and colleagues (see Boster et al. 1986). Most results of these avifaunal surveys also remain unpublished (M. S. Foster and J. P. O'Neill, in prep.).

Parker surveyed birds at three sites on the northern and western slopes of the Cordillera del Cóndor from 21 July-1 August 1993, and Schulenberg and Wust surveyed birds in the upper portion of the Río Comainas, on the southern slopes of the Cordillera, from 14 July-7 August 1994 (see the gazetteers for a more detailed itinerary). On both expeditions, birds were surveyed with binoculars, and with tape-recorders and directional microphones. The presence of many bird species was documented with recordings, which will be deposited at the Library of Natural Sounds, Cornell Laboratory of Ornithology. We did not set mist-nets for birds, although we made note of species that were captured in the mist-nets employed by the mammalogists.

In the upper Comainas valley, Schulenberg and Wust concentrated most of their efforts along the ridge system on the east bank of the Río Comainas, at elevations from 1150 m up to the summit of Cerro Machinaza at 2150 m. Approximately 23 hours were also spent on a trail that follows the crest of the ridge to the west of the Río Comainas, up to elevations of 1830 m. About five hours were spent surveying along the Río Comainas below PV 3, down to about 1000 m.

Birds of Achupallas (T. Schulenberg)

Relatively few bird species (about 60 species) were recorded during the short period (21-26 July 1993) spent at this site. Of these, however, fully two-thirds (45 species) were found only at

Los géneros singulares de los *tepuis* tampoco se han dispersado sobre Los Andes.

El Cóndor si contiene algunas especies en común con los *tepuis*. La mayor parte de estas especies se conocen en otros lugares de Los Andes donde son consideradas raras. Otras especies raras son particulares a las afloraciones de cuarzo arenisco, v.g. *Diptyostega orbonachoides* (Burmanniaceae). Igualmente encontramos el segundo récord en los Andes del helecho "curly grass-fern", *Schizaea pusilla*. Esta es una especie que antes de ser descubierta sobre areniscas en los Andes centrales del Perú, era conocida sólo en los "pine barrens" de New Jersey y en otras pocas localidades más al norte en el Canadá. Como en la recolección anterior, ésta se encontró estrechamente asociada con un especie de *Drosera*, una planta insectívora sobre sumideros húmedos expuestos ("exposed wet seeps").

Si las orquídeas se toman como indicador, el Cóndor está lleno de nuevas especies. De las 40 especies de orquídeas hasta ahora examinadas, 26 pertenecen a especies nuevas para la ciencia (M. Cavero, com. pers.). Una descripción de nuevas especies de helechos arbóreos de entre nuestra colección ya ha sido presentada para su publicación (B. León y R. C. Moran, com. pers.). Siendo que los duplicados de especímenes han sido autorizados para la exportación recientemente, va a pasar algún tiempo antes de que los especialistas puedan analizar las otras colecciones.

Nosotros creemos que la Cordillera del Cóndor tiene la flora más rica de cualquier área del mismo tamaño en el nuevo mundo. Esta estimación parte de las observaciones hechas aquí, en comparación con los bosques que hemos visto en otras partes de Sudamérica. El Cóndor claramente tiene una flora extremadamente rica, más rica que cualquier área de igual tamaño en la llanura del Amazonas, de las cerranías costeras del Atlántico, las sierras particulares del norte o sur de los Andes o del Chocó.

Recomendaciones para la investigación

Con la disponibilidad de imágenes de satélite es posible ahora mapear todas o casi todas las montañas y las cumbres de cuarzo y arenisca de los

Achupallas, and not at the two other sites surveyed on the northern and western slopes of the cordillera (see Appendix 5). The majority of these are species typical of upper subtropical or lower temperate elevations, and are widespread at roughly comparable elevations in the Andes from Venezuela to central Peru or northern Bolivia. Among the more interesting records were of the near-threatened *Myiophobus lintoni* (Orange-banded Flycatcher), a species with a very restricted range that is known from only a handful of other sites, all near the current borders of Ecuador and Peru; and *Nyctibius maculosus* (Andean Potoo), a poorly-known species that probably is widespread in the Andes but previously was known in Ecuador from only four other sites. The Golden-plumed Parakeet *Leptosittaca branickii* (Golden-plumed Parakeet) was recorded at Achupallas, in flight over the forest. This species, which frequently feeds on the cones of *Podocarpus* spp., often wanders widely, presumably in search of food sources. The extensive, almost undisturbed high-elevation forests of the Cóndor could maintain an important population of this threatened species. Another species of interest found at this location was an undescribed species of *Scytalopus* tapaculo, which also is known from higher elevations in the adjacent Andes (Krabbe and Schulenberg in press).

Birds of Coangos (T. Schulenberg)

This was a rich site for birds, as indicated by recording about 150 species in the few days (17-21 July 1993) spent at this site (Appendix 5). Most of these are species that are relatively widespread in the Andes at comparable elevations, however. Two species of cracid were located within the short period of the survey, suggesting that hunting pressures are low in this area. A *Pyrrhura* parakeet was recorded daily at Coangos; this almost surely was *Pyrrhura albipectus* (White-necked Parakeet), a threatened species known only from a small region in southern Ecuador. Another threatened parrot, *Touit stictoptera*, also was recorded. Perhaps the most interesting bird found at the site was a previously undescribed species of pygmy-owl (*Glaucidium parkeri*) that only is

Andes. A partir de estos mapas, es posible hacer un inventario de este archipiélago de hábitats singulares y su flora singular, desde Colombia hasta Bolivia; aunque este trabajo se haga país por país ó montaña por montaña. Antes que desaparezca la oportunidad de protegerlas, es importante conocer cuales especies están amenazadas, cuales son endémicas y cuales están ampliamente difundidas. La flora que crece sobre piedra arenisca no es tan diversa como para hacer de esta tarea algo imposible.

• Un inventario exhaustivo de la flora del Cóndor es una tarea demásiado grande para poder ser emprendida en este momento. Pero un inventario completo de la flora de tipo *tepui* es un proyecto razonable. Se necesita continuar con la recolección general de plantas. Se necesita muestreos cuantitativos de la composición y variación de la flora de los diferentes hábitats en el Cóndor.

• Estudiar el papel histórico desempeñado por las quemás de vegetación de la pradera de tipo *tepui* y los efectos del pisoteo humano sobre la supervivencia de las mismás.

• Medir las variaciones climáticas a largo plazo y el caudal de los arroyos a diferentes alturas de la Cordillera del Cóndor. Esto puede lograrse con un mínimo de instrumentación.

AVES DE LA CORDILLERA DEL CÓNDOR (T. Schulenberg, T. Parker y W. Wust)

Aunque es conocido que la diversidad de aves en los bosques húmedos montanos bajos es muy grande, la avifauna de estas alturas ha sido aún muy poco estudiada. Entre las investigaciones más exhaustivas hechas recientemente están los registros en la Cordillera del Cutucú del noreste ecuatoriano (Robins et al. 1987), una cadena montañosa que se encuentra separada del Cóndor por el valle del río Santiago, así como en dos áreas en la parte norte del departamento de San Martín, al sur del río Marañón en el norte del Perú (Parker y Parker 1982, Davis 1986, Davis y O'Neill 1986).

Antes de la expedición RAP de 1993/1994 a la Cordillera del Cóndor, sólo se conocían unos cuantos informes. Varias especies nuevas fueron

known from a very narrow (500 m) elevational zone in the Andes (Robbins and Howell 1995).

Birds of Miazi (T. Schulenberg)

As expected, the greatest diversity of birds (210 species) was recorded at Miazi (27 July-1 August 1993), the site with the lowest elevation among those that were surveyed. The avifauna here was largely Amazonian in character (see Appendix 5). Most of the species found are typical of floodplain forest, at or near their upper distributional limit at Miazi but widespread in western Amazonia. The most interesting species recorded at Miazi was *Wetmorethraupis sterrhopteron* (Orange-throated Tanager). This species is known from only a small area in the hill forest of northern Peru near the Río Marañón; the Río Nangaritza is the only site in Ecuador from which it is known (see also Marín et al. 1992).

Birds of the upper Río Comainas (T. Schulenberg and W. Wust)

Over 200 species of birds were recorded in the upper Comainas valley during the survey (Appendix 6). Most if not all of these species probably are residents that breed in the region, although only a few species were nesting during our visit. As expected, Thraupinae (35 species) and Tyrannidae (30 species) were the most speciose higher taxa in the region.

Five species found during the survey had not been recorded previously from Peru: *Leucopternis princeps* (Barred Hawk), *Cypseloides lemosi* (White-chested Swift), *Galbula pastazae* (Coppery-chested Jacamar), *Dysithamnus leucostictus* (White-streaked Antvireo), and *Phylloscartes superciliaris* (Rufous-browed Tyrannulet). Of these, however, only the swift, an extremely poorly-known species, was unexpected. The remaining four species previously were known from the Cordillera de Cutucú (Robbins et al. 1987), and the *Phylloscartes* had been reported from portions of the Cóndor accessible from Ecuador (Krabbe and Sornoza 1994).

An additional three species had been reported only once before from Peru: *Campylopterus*

descritas en dos expediciones al norte del Perú (Fitzpatrick y O'Neill 1979, 1986, Fitzpatrick et al. 1977, 1979), sin embargo los resultados completos de estos levantamientos continúan sin publicarse. Además, estas expediciones entraron a la cordillera por los valles secos del río Chinchipe, y se enfocaron en las áreas húmedas de ca. 1900-2400 m. Por lo tanto, el bosque húmedo montano bajo que cubre la mayor parte de la Cordillera del Cóndor no esta presente en las zonas que abarcaron esos levantamientos. Observaciones muy limitadas fueron hechas en la Cueva de los Tayos, 800 m, en las laderas del norte de la Cordillera del Cóndor (Albuja y de Vries 1977), y a 100 m en el valle del río Nangaritza en las faldas occidentales de la cordillera (Marín et al. 1992). Krabbe y Sornoza (1994) reportaron sobre una localización de altura media (1700 m) también en la falda occidental del Cóndor.

Los bosques húmedos montanos bajos de la Cordillera del Cóndor, por el lado accesible desde el Perú, eran poco estudiados antes de la expedición RAP de 1994. Una colección pequeña y no publicada fue hecha por personal del Museo de Historia Natural, Universidad Nacional de San Marcos en octubre y noviembre de 1987 en el alto Río Comainas y PV 22, 800-900 m; esta localidad esta cerca de los sitios visitados por el grupo RAP en 1994. También, durante los años setenta, se había hecho algunos registros de la avifauna de la parte baja de dos ríos que parten de la vertiente sur de la Cordillera del Cóndor, los ríos Cenepa y Santiago. Estos levantamientos formaron parte de las investigaciones etnobotánicas de los Jívaros realizadas por B. Berlin y sus colegas (ver Boster et al. 1986). La mayor parte de los resultados de estos levantamientos tampoco han sido publicados (M. S. Foster y J. P. O'Neill, en prep.).

Parker hizo un levantamiento de las aves en tres localidades en la ladera norte y occidental de la Cordillera del Cóndor, desde julio 21 a agosto 1 de 1993, y Schulenberg y Wust hicieron un levantamiento de las aves en la parte superior del río Comainas, en la falda sur de la cordillera, entre julio 14-agosto 7, 1994 (ver el gazeteer con un itinerario más detallado). La investigación se hizo usando binoculares y grabadoras con micrófonos direccionales. La presencia de muchas especies se

villaviscensio (Napo Sabrewing), *Urochroa bougueri* (White-tailed Hillstar), and *Grallaria haplonota* (Plain-backed Antpitta). All three were otherwise known in Peru only from single sites south of the Río Marañón in the Departamento de San Martín (Parker and Parker 1982, Davis 1986, Schulenberg unpub.), indicating that these species may be more widespread in the lower Andean slopes across northern Peru. This further suggests that major rivers such the Marañón are not barriers to the dispersal of bird species at mid-elevations, in contrast to their effects at both lower (Snethlage 1913) and higher (Parker et al. 1985) elevations. This is not surprising, given that the Río Marañón becomes greatly constricted as it passes through the lower montane zone in northern Peru, in contrast to the broad valleys formed both upstream and downstream; the effectiveness of the upper Marañón as an impediment to the dispersal of birds of high elevations is further enhanced by the rain shadow effect of this portion of the valley.

The avifauna of the stunted forest on the summit of Cerro Machinaza was a subset of that found on the upper slopes of the escarpment. This avifauna is somewhat different from that found at or below about 1600 m, which reflects both the change in forest structure on the steep walls of the meseta, and the expected transitions in the avifauna that occur at about this elevation elsewhere in the Andes. Basically, the birds found on the meseta represent a typical, but depauperate, montane cloud forest avifauna, similar to but much less rich than, what would be found on comparable elevations in the main Andes. At least 20 such species found at Achupallas were not recorded at Machinaza, although the two sites are at about the same elevation. Due to the difficulties of moving about on top of the meseta at Machinaza, however, only a very limited amount of forest there could be surveyed.

Only a few species recorded on the summit were not also found on the adjacent slopes, although most of these probably also occur there. Two bird species may be restricted to the heathland on the summit. *Knipolegus signatus* (Plumbeous Tyrant) was found at the edges of the stunted forest, and in small stands of shrubs on the

documentó con grabaciones que serán depositadas en la Biblioteca de Sonidos Naturales del Laboratorio de Ornitología de La Universidad de Cornell E.U. No se tendieron redes de niebla para cazar aves aunque se tomó nota de las especies de aves que cayeron en las redes tendidas por los especialistas en mamíferos.

En los altos del valle del Comainas, Schulenberg y Wust concentraron la mayor parte de sus esfuerzos a lo largo del sistema de cumbres en la banda oriental del río Comainas, en alturas entre 1150 m a 2150 m, en la cima del cerro Machinaza. También se dedicó cerca de 23 horas a un sendero a lo largo de la cresta de la cumbre que se halla al oeste del río Comainas por debajo del PV 3, hasta llegar a los 1000 m de altura.

Aves de Achupallas (T. Schulenberg)

Durante el corto período de estadía en este sitio (julio 21-26 1993) se documentaron relativamente pocas especies (aproximadamente 60 especies). Sin embargo de éstas, dos tercios (45 especies) se encontraron en Achupallas y no en las otras localidades cubiertas (Apéndice 5). La mayor parte de estas especies son típicas de zonas altas del subtropico o de las partes menos elevadas de las zonas templadas, y se hallan ampliamente distribuidas por todos los Andes, en áreas de similar elevación. Entre los casos documentados de mayor interés están: *Myiophobus lintoni* (Orange-banded Flycatcher), especie con un rango muy restringido, que se conoce en sólo unas cuantas localidades, cerca de la actual frontera entre Ecuador y Perú; *Nyctibius maculosus* (Andean Potoo), una especie muy poco estudiada que probablemente está muy difundida en todos los Andes pero que se conocía antes sólo en cuatro localidades en el Ecuador. El perico dorado *Leptosittaca branikii* (Golden-plumed Parakeet) fue registrado una sola vez mientras volaba por sobre el bosque en Achupallas. Esta especie que con frecuencia se alimenta de conos de *Podocarpus* spp., a menudo cubre grandes distancias presuntamente en busca de alimentos. Es posible que en los bosques prístinos altos de la Cordillera del Cóndor mantengan una población importante de estas especies amenazadas, aunque

Five species found during the survey had not been recorded previously from Peru.

heath. This species is known from only a few other localities in Peru, and has not been reported at all from Ecuador. One of the most interesting discoveries of the survey was of a population of *Schizoeaca griseomurina* (Mouse-colored Thistletail) in the heathland on the mesa at 2150 m; members of this genus typically are found in páramo at 3500-4000+ m.

Notable for their apparent absence, or at best remarkable scarcity, in the upper Río Comainas are most large-bodied species such as tinamous (none heard, one individual glimpsed), guans and curassows (no records), pigeons (scarce), parrots (uncommon, with no macaws or *Amazona* noted), and toucans (scarce). This is surprising both in light of the apparent absence of human hunting pressure in the region, and in view of the relatively high diversity of smaller birds. As is the case with granivorous mammals (see below), the scarcity of such large birds, most of which feed primarily of large fruits or seeds, may be due to deficiencies in the local resource base. We have no data on whether these deficiencies are merely a seasonal or ephemeral phenomenon, or are a more permanent feature of these forests. At least some bird species (e.g., parrots, toucans), with their greater vagility, potentially would be able to visit the region when and if such resources were available.

Comparison of avifaunal surveys in the Cordillera del Cóndor (T. Schulenberg)

Several sites ranging in elevation from 900 meters (Miazi) to about 2100 meters (Achupallas, Cerro Machinaza) were visited during the two RAP expeditions to the Cordillera del Cóndor. The avifauna of the zones surveyed is similar to that found at comparable elevations in the Cordillera de Cutucú to the north. This is not surprising, since the species composition of humid lower montane forests is similar from southern Colombia south to northern Bolivia (Parker and Bailey 1991). A number of birds recorded during the survey, however, are species with restricted distributions, either elevational, geographic, or both. Two of these, *Cypseloides lemosi* and *Galbula pastazae*, are considered threatened (Collar et al. 1992). An additional eight species at

la brevedad de la intervención en Achupallas no permitió un acercamiento al tamaño de estas poblaciones. Otra especie de interés que se encontró en este sitio es una especie no descrita de *Scytalopus* 'tapaculo', que también es conocida en ecosistemás más altos, en lugares adyacentes de los Andes (Krabbe y Schulenberg en prensa).

Aves de Coangos (T. Schulenberg)

Este área es rica en aves, lo cual se evidencia por la documentación de cerca de 150 especies durante los escasos días (julio 17-21 1993) de permanencia en ella (Apéndice 5). Sin embargo, la mayoría de estas especies se hallan difundidas con relativa amplitud en otros lugares de igual altitud en los Andes. Dos especies de cracidos fueron localizadas durante el breve lapso del diagnóstico, lo cual sugiere que las presiones de la caza son bajas en esta área. En Coangos se registró diariamente el perico *Pyrrhura albipectus* (White-necked Parakeet) que está en peligro de extinción y que se conoce sólo en una pequeña región al sur del Ecuador. También se registró un a otro perico amenazado, *Touit stictoptera*. Quizá la especie más interesante que se encontró en este sitio es una especie de búho enano (*Glaucidium parkeri*) que se conoce sólo en una zona altitudinal muy angosta (500 m) de los Andes (Robbins y Howell 1995) y que aún no ha sido descrita para la ciencia.

Aves de Miazi (Schulenberg)

Tal como se esperaba, la mayor diversidad de aves (210 especies) se documentó en Miazi, el área más baja estudiada. La avifaúna encontrada es de carácter mayormente amazónico. La mayor parte de las especies encontradas son típicas de bosque de planicie aluvial, cerca de su límite de mayor distribución, en Miazi, pero muy altamente distribuidas en la amazonia occidental. La avifaúna residente en este lugar es probablemente de especies. La especie más interesante que se documentó en Miazi es probablemente *Wetmorethraupis sterrhopteron* (Orange-throated Tanager). Esta especie es conocida sólo en una pequeña zona del bosque montañoso del norte del

this site are not immediately threatened, but are found only in (or in only part of) a narrow band of montane forest, increasingly reduced in extent and fragmented, from eastern Colombia or Ecuador south to northern Peru, and are highly vulnerable to habitat destruction within this zone.

About 200 species were recorded on the 1993 survey in the western and northern Cóndor that were not found in 1994 on the eastern slope. Some 70% of these were recorded at a single site (Miazi), which is lower in elevation than any site surveyed on the eastern side and which primarily has an Amazonian, not montane, avifauna. Discounting these species, however, 62 species were recorded between 1600 and 2100 meters at Coangos and Achupallas that were not found in the Comainas valley, whereas 44 species were recorded in the Comainas basin (between 1100 and 2100 meters) that were not found during the 1993 survey.

Several factors may contribute to such apparent inter-site variation. Although the two surveys encompassed roughly the same elevational range, coverage was not comparable at the extremes: a camp was made at Achupallas at 2100 meters, for example, whereas this elevation was barely reached (and poorly sampled) farther south. In spite of such caveats, a comparison of the results of the two surveys results suggest that there is significant inter-site variation within the Cóndor in the presence (or at least local abundances of) a number of montane bird species. Given the high degree of heterogeneity in forest types described by Foster and Beltran (above) in even a small area of the Comainas basin, variation at a local scale in the distribution of montane bird species in the Cóndor may not be surprising. More detailed surveys of montane birds, with explicit reference both to vegetational structure and to plant communities, might prove to be very informative with respect to the habitat preferences of forest species.

Two of the four species described as new to science in the past 20 years from the southern terminus of the Cordillera del Cóndor were found in the portions of the range surveyed by the RAP teams. A single *Otus petersoni* (Cinnamon Screech-Owl) was found in ridge-top elfin forest ('orange ridge forest' of Foster and Beltran,

Perú cerca del río Marañón; el río Nangaritza es el único lugar donde se le conoce en el Ecuador (vea también Marín et al. 1992).

Aves del alto río Comainas (T. Schulenberg y W. Wust)

Más de 200 especies de aves se documentaron en la parte alta del río Comainas durante la expedición. Todas o casi todas las especies residentes probablemente se reproducen en la región aunque solo unas cuántas se encontraban anidando durante nuestra visita. Como se esperaba, Thraupinae (31 especies) y Tirannidae (27 especies) eran las más representadas en la región.

Cinco especies dentro del diagnóstico no se habían identificado antes en Perú: *Leucopternis princeps* (Barred Hawk), *Cypseloides lemosi* (White-chested Swift), *Galbula pastazae* (Coppery-chested Jacamar), *Dysithamnus leucostictus* (White-streaked Antvireo), y *Phylloscartes superciliaris* (Rufous-browed Tyrannulet). Sin embargo entre estas, sólo el vencejo "Swift", una especie muy poco estudiada fué motivo de sorpresa. Las cuatro especies restantes se conocían con anterioridad en la Cordillera de Cutucú (Robbins et al. 1987), y la *Phylloscartes* había sido identificada en ciertas áreas del Cóndor accesibles desde el Ecuador (Krabbe and Sornoza 1994).

Otras tres especies habían sido reportadas sólo una vez en Perú: *Campylopterus villaviscensio* (Napo Sabrewing), *Urochroa bougueri* (White-tailed Hillstar), y *Grallaria haplonota* (Plain-backed Antpitta). Estas tres eran conocidas en el Perú en sólo una localidad, al sur del río Marañón en el departamento de San Martín (Parker y Parker 1982, Davis 1986, Schulenberg sin publicar), lo cual indica que estas especies pueden estar más ampliamente distribuidas en las laderas bajas de los Andes, a lo largo del norte peruano. De la misma forma esto parece indicar que los ríos grandes como el Marañón no constituyen una barrera infranqueable para la difusión de especies de aves de zonas de altitud media, situación cotraria a lo que sucede a menor altitud (Snethlage 1913) y en las zonas más elevadas (Parker et al. 1985). Esto no es sorprendente, ya que el río Marañón se contrae grandemente al pasar por la zona de

A single Otus petersoni was found in ridge-top elfin forest in the upper Río Comainas.

above) in the upper Río Comainas, being mobbed by understory passerines in late morning. This was our only record of the species, although elfin forests never were surveyed at night. *Otus petersoni* was reported to be "remarkably common" on the western slopes of the Cordillera del Cóndor near Chinapinza, northeast of Pachicutza (ca. 04°00'S, 78°34'W; Krabbe and Sornoza 1994). *Henicorhina leucoptera* (Bar-winged Wood-Wren) was common in suitable habitats both at Achupallas, in the northern cordillera, and in the upper Río Comainas. Here it was found in the understory of elfin forests on top of Cerro Machinaza, at the base of the escarpment, and, locally, down to about 1500 meters. This species also was fairly common at Chinapinza (Krabbe and Sornoza 1994).

The two remaining species species described from the southern Cóndor, *Heliangelus regalis* (Royal Sunangel) and *Hemitriccus cinnamomeipectus* (Cinnamon-breasted Tody-Tyrant), were not found by either RAP expedition to the northern portion of the cordillera. The *Hemitriccus* has been recorded, however, on the western slopes of the range near Chinapinza (Krabbe and Sornoza 1994).

More than 280 bird species have been recorded elsewhere in the Comainas/Cenepa drainage (Boster et al. 1986, M. S. Foster and J. P. O'Neill, unpub.), more than 170 of which were not found during the 1994 RAP survey. The majority of these records come from elevations lower than those at which we worked; this is probably an incomplete sample, moreover, of the full diversity at these elevations. These additional species primarily represent Amazonian taxa at or near their upper distributional limit. Among these are three specimens of the threatened *Micrastur buckleyi* (Buckley's Forest-Falcon). This sample also includes records of four species of guan and currasow, which is especially important to note in view of the apparent absence or scarcity of cracids in the upper Río Comainas.

In summary, while the avifauna found in the upper Comainas basin is surprisingly depauperate in large species, this seems to be a strictly local phenomenon, and not characteristic of lower areas in this drainage, nor, as is demonstrated by the records of cracids from the northern Cóndor at

bosque montano bajo en el norte peruano, contrastando con los amplios valles que forma río arriba y también río abajo. La efectividad del Marañón como barrera contra la dispersión de aves de zona alta se acentúa aún más por el efecto de cortina de lluvia en esta parte del valle.

La avifauna del bosque enano en la cima del Cerro Machinaza es un sub-conjunto de la encontrada en las laderas altas del declive. Esta avifauna es distinta a la encontrada en alturas menores de 1600 m, lo cual refleja el cambio en la estructura del bosque en las empinadas paredes de la meseta, así como la transición esperada en la avifauna que ocurre con el cambio de altitud en otras áreas de los Andes. Básicamente la avifaúna de la meseta representa una típica pero empobrecida fauna del bosque montano nublado, similar pero no tan rica como aquella que se encontraría a una altitud similar en el macizo de los Andes. Por lo menos veinte de las especies encontradas en Achupallas no fueron encontradas en Machinaza, aunque ambas localidades se encuentran a más o menos la misma altura. Debido a las dificultad de movilización en la meseta de Machinaza, sólo una pequeña porción del bosque fue objeto del diagnóstico.

Solamente unas cuantas especies documentadas en la cumbre no están representadas en las laderas adyacentes, aunque la mayor parte de éstas probablemente también ocurren allí. Dos especies de aves puede que estén restringidas al breñal en la cumbre. *Knipolegus signatus* (Plumbeous Tyrant) se encontró en las orillas del bosque enano y en pequeños islotes de arbustos en el breñal. Esta especie se conoce en sólo unas cuantas otras localidades en el Perú, y no ha sido reportada en el Ecuador. Uno de los descubrimientos más interesantes de la evaluación fue la presencia de una población de *Schizoeaca griseomurina* (Mouse-colored Thistletail) en el breñal sobre la meseta a 2150 m; los miembros de este género se encuentran típicamente en el páramo a una altura de 3500-4000+ m.

En la parte superior del río Comainas, es notable la ausencia, o por lo menos la gran escasez, de especies de aves de mayor tamaño como son perdices (no se oyó ninguno, se divisó un individuo brevemente), pavas y paujiles (ningún registro), palomás (escasas), loros (poco

Coangos, is this typical of the whole cordillera. Moreover, the diversity of small birds is high throughout all areas surveyed. In addition, a number of birds found here have restricted geographical or elevational distributions (or both), making the forests in the Cordillera del Cóndor an important refuge for a potentially threatened avifauna.

MAMMAL FAUNA OF THE CORDILLERA DEL CÓNDOR

Mammals of Achupallas (L. Albuja and A. Luna)

The study in this location took place 21-26 July 1993. The dense vegetation makes for difficult hiking, and it is challenging to observe mammal tracks without opening machete trails for prospecting. However, two narrow paths were opened from the camp, one to the base of the cliff and the other to the top of the meseta.

Seventy traps of various types and six mist nets were placed in different habitats, within an area of about two km encompassing a total surface area of approximately two km². The bait used in these traps was ground peanut mixed with oats.

More than 30 individuals of 11 species of mammals (Appendix 7) were collected. The most important discovery was a previously unknown species of marsupial rat (*Caenolestes condorensis*). Three specimens were collected, which are the basis for the description of this new species (Albuja and Patterson 1996). These specimens were caught along the ecotone between the edge of the vegetation on the plateau and the cliffside covered by dense and forested vegetation. The traps were placed in small breaks in the vegetation or in hollow trunks. This is the largest known caenolestid ever found, and is closely related to *C. caniventer*. The stomach contained small insects.

The most abundant mammals were leaf-nosed bats (Phyllostomidae), of which six species were recorded, belonging to *Sturnira, Dermanura, Enchisthenes* and *Platyrrhinus*. The most common species was *Sturnira erythromos*, a species that is common on the slopes of the Andes from Venezuela south to Bolivia.

comunes, con ausencia total de guacamayas y *Amazona*) y tucanes (escasos). Esto es notable en vista de la aparente ausencia de presiones de caza por parte de la población humana de la región, además de la relativa diversidad de especies de aves más pequeñas. Como sucede a veces con los mamíferos que se alimentan de granos (ver abajo), la escasez de aves de mayor tamaño consumidores de semillas o frutos grandes, puede responder a deficiencias en la base de recursos en la localidad. No hay datos que indiquen si esta deficiencia es un fenómeno estacional, pasajero o es una característica permanente de estos bosques. Por lo menos algunas especies de aves (v.g. loros, tucanes) con su gran agilidad, podrían potencialmente visitar la región, en caso de que estos recursos estuvieran disponibles.

Una Comparación de los inventarios de avifauna en la Cordillera del Cóndor (T. Schulenberg)

Varios sitios entre 900 metros (Miazi) a 2100 metros aproximadamente (Achupallas, Cerro Machinaza) fueron visitados durante las dos expediciones RAP a la Cordillera del Cóndor. La avifauna de la zona del diagnóstico es similar a la encontrada en la misma altura en la Cordillera de Cutucú, en el norte. Esto no es sorprendente ya que la composición de especies en los bosques montanos bajos es similar desde el sur de Colombia hasta el norte de Bolivia (Parker y Bailey 1991). Sin embargo, un cierto número de aves documentadas pertenecen a especies con distribución restringida, ya sea por altitud o por región geográfica o por ambos factores. Dos de éstas, *Cypseloides lemosi* y *Galbula pastazae* se consideran especies amenazadas (Collar et al. 1992). Otras ocho especies de esta localidad no se consideran particularmente amenazadas, sin embargo se encuentran únicamente en un estrecho corredor (o en partes de él) de bosque montano, cada vez más reducido y fragmentado, que se extiende desde el oriente colombiano o Ecuador hacia el sur hasta el norte del Perú, y son extremadamente susceptibles a la destrucción de sus hábitats.

Cerca a 200 especies que no fueron registradas en el lado este del Cóndor en 1994, fueron registradas en el viaje de 1993 en los lados

We collected four specimens of a sigmodontine mouse (*Akodon aerosus*) in different habitats: the forest/heath ecotone, the forested slopes of the meseta, and the forested "islands" on the meseta. Less common were *Oryzomys albigularis* and *Oryzomys* sp., which were collected in a ravine with very dense forest at the foot of the mountain.

Neither day nor night hikes yielded sightings or tracks of large mammals. However, it is possible that spectacled bears and tapirs live here.

Due to the difficult access to the area and the large distance from human populations, the animal communities are seemingly undisturbed. The results obtained from this rapid biological evaluation are provisional, and warrant further studies in additional habitats in the area of the mesas, which could reach up to 2500 m in altitude.

Mammals of Coangos (L. Albuja and A. Luna)

We surveyed this area from 17-21 July 1993, with the assistance of David Antún (a Shuar guide) and the Ecuadorian Army. Records of mammal species were made by direct observation, tracks, or captured specimens. Approximately 70 traps of different types were placed near the camp. We set five mist nets for bats. Daily surveys were made on the trails to the Río Coangos, the Río Cenepa and to Post (Hito) 12. A total of 45 hours (30 diurnal, 15 nocturnal) was spent on observation walks for mammals and mammal tracks.

Fifty-five specimens were collected, representing 10 species, and we recorded 11 other species on the basis of sight records, feces, tracks, or hides (Appendix 7). An additional nine species were reported by local informants, and may have been present. The 21 species registered in the zone are approximately 23% of those known from the east slopes of the Ecuadorian Andes (Rageot and Albuja 1994).

The mammal fauna primarily is related to that of the adjacent Amazonian lowlands. It also may have a few representatives of the montane Andean fauna, such as the spectacled bear (*Tremarctos ornatus*), which is reported to occur at this site (Appendix 7).

Small mammals include bats and marsupials, such as the common mouse opossum (*Marmosa*

oeste y norte. Cerca del 70% de estos fueron registrados en un solo sitio (Miazi) que es más bajo en elevación que cualquier otro sitio estudiado en el lado este.y que tiene principalmente una avifauna Amazónica no montana. Descontando estas especies, sin embargo, 62 especies fueron registradas entre 1600 y 2100 m en Coangos y Achupallas, las que no fuero registradas en el valle de Comainas, mientras que 44 especies fueron registradas en la cuenca del Comainas (entre 1100 y 2100) que no fueron encontradas en el viaje de 1993.

Varios factores pueden contribuir a esa variación aparente entre sitios. Aunque los dos viajes de reconocimiento, incluyeron, a grandes rasgos, el mismo rango altitudinal, la intensidad de estudio no fue comparable en los extremos: por ejemplo, un campamento fue hecho en Achupallas a 2100 m , por ejemplo, pero esta altitud fue difícilmente muestreada en otros lugares hacia el sur. A pesar de tales trabas, una comparación de los resultados de los dos viajes de reconocimiento sugieren que hay una variación significativa entre los sitios en el Cóndor en la presencia (o al menos abundancia local) de un número de especies de aves montanas. Dado el alto grado de heterogeneidad en tipos de bosque, descritos por Foster y Beltran, aún en una pequeña área de la cuenca del Comainas, la variación a una escala local de las especies de aves montanas en el Cóndor, puede no ser sorprendente. Un reconocimiento más detallado de las aves montanas, con referencia explícita a la estructura de la vegetación y a las comunidades de plantas, sería muy informativo con respecto a las preferencias de hábitats y distribución de las especies del bosque.

Dos de las cuatro especies descritas como nuevas para la ciencia en los últimos 20 años para el extremo sur de la Cordillera del Cóndor fueron encontrados en las porciones del rango recorrido por el equipo RAP. Un solo individuo de *Otus petersoni* (Cinnamon Screech-Owl) fue encontrado en la cima del bosque enano ("bosque naranja de la cima" de Foster y Beltran, arriba), en el alto Río Comainas, siendo molestado por pájaros del sotobosque, tarde en la mañana. Este fue nuestro único registro de la especie, pero debemos decir

noctivaga), which we collected in several traps and even caught by hand while it foraged at night for insects on a tree. Over 40 specimens pertaining to 6 species of bats were collected at Coangos. Most individuals belong to the frugivorous genus *Sturnira* (three species). Other common bats were *Carollia, Dermanura, Artibeus, Anoura* and *Platyrrhinus*. Among the rodents registered were pacas and agoutis. A squirrel (*Sciurus* sp.) was seen in a tree and on the ground in the forest near Río Coangos. The rats collected include *Akodon aerosus,* which was the most common, and small spiny rats (*Neacomys spinosus*). *Neacomys* has a wide distribution in Amazonia and the lower Andes, although Coangos could be near the upper elevational limit for this species.

Among the large mammals that live in the area are peccaries and amazonian tapirs. Ocelots and Oncillas (*Felis pardalis* and *Felis tigrina*) were observed in the Coangos area. Jaguar tracks (*Panthera onca*) were recorded at 1600 m along the trail to Hito 12.

Populations of large and medium-sized mammals may have suffered as a result of hunting pressure from the nearby military post at Coangos. We witnessed the soldiers here hunting several species of animals, including a peccary (*Tayassu pecari*).

Mammals of Miazi (L. Albuja)

At Miazi we surveyed the forest surrounding the military base, in the remnant forest along the banks of rivers, and in the forest in front of the camp, all of which are located on the left margin of the Río Nangaritza. Seventy traps and five mist nets were placed here. We also walked trails in the forest bordering the camp along the right margin of the Río Nangaritza, and at Shaimi, which is five kilometers south of Miazi on the same bank of the river.

We recorded 35 species at this site, representing about a third (35%) of the mammal species known from the upper Amazon region of Ecuador (Rageot and Albuja 1994). Local informants reported an additional 16 species; clearly many other species would be recorded here with additional work.

The diverse mammal fauna here is Amazonian,

que el bosque enano nunca fue recorrido de noche. *Otus petersoni* fue registrada como "notoriamente común" en las laderas occidentales de la cordillera del Cóndor cerca a Chinapinza, noreste de Pachicutza (ca. 04°00' S , 78°34'W; Krabbe and Sornoza 1994). *Henicorhina leucoptera* (Barwinged Wood-Wren) fue común en hábitats apropiados tanto en Achupalla en le norte de la cordillera como en el alto Río Comainas. Ahí fue econtrado en el sotobosque del bosque enano en la cima del cerro Machinaza, en la base del declive y localmente debajo de aproximadamente los 1500 m. Esta especie fue también común en Chinapinza (Krabbe y Sornoza 1994).

Las restantes dos especies descritas para la parte sur del Cóndor, *Heliangelus regalis* (Royal Sunangel) and *Hemitriccus cinnamomeipectus* (Cinnamon-breasted Tody-Tyrant), no fueron encontrados ni por la expedición la parte norte de la cordillera. El *Hemitriccus* ha sido registrado, sin embargo en las laderas occidentales del rango cerca a Chinapinza (Krabbe y Sornoza 1994).

Más de 280 especies de aves se han documentado en otros lugares de la cuenca de los ríos Comainas/Cenepa (Boster et al. 1986, M. S. Foster y J. P. O'Neill, sin pub.), más de 170 de las cuales no se encontraron durante la expedición RAP. La mayoría de estos registros vienen de altitudes menores que el área estudiada; además que es probablemente una muestra incompleta de la diversidad total que existe a estas alturas. Estas especies adicionales representan principalmente taxa amazónica en sus limites de distribución altitudinal. Entre éstas tenemos tres especímenes de la especie amenazada *Micrastur buckleyi* (Buckley's Forest Falcon). Esta muestra también incluye registros de cuatro especies de pavas y paujiles (cracidos), lo cual cobra importancia en vista de la ausencia o escacez de crácidos en lo alto del río Comainas.

En resumen, la avifauna que se encuentra en la parte alta de la cuenca del río Comainas es sorprendentemente pobre en especies de mayor tamaño; sin embargo ésto parece ser un fenómeno localizado, no característico de las parte bajas de esta cuenca, ni típico de la entera Cordillera del Cóndor, como es demostrado por los registros de crácidos de la parte norte de la cordillera. Por otra parte, la diversidad de aves pequeñas es grande.

Un individuo de Otus petersoni *fue encontrado en la cima del bosque enano en el alto Río Comainas.*

with some Andean elements, such as the spectacled bear.

Half of the species recorded at Miazi were bats, of which the most common were phyllostomid bats of the genera *Rhinophylla, Uroderma, Platyrrhinus* and *Sturnira*. Several vampires (*Desmodus rotundus*) were captured with mist nets set next to cattle herds, and we also found vampire bite marks on cattle that we investigated.

Among the rodents were four species of rats, pacas and agoutis, which were abundant in the area. We collected five specimens of the semi-aquatic rat *Nectomys squamipes*. One of these was found in the banana plantations adjacent to the Río Nangaritza, while the other four were caught in crevices and on the surface of a huge rock situated next to the camp, which was home to a colony of the animals.

Three species of monkeys (*Aotus* cf. *vociferans, Ateles belzebuth* and *Cebus albifrons*) were recorded in forests near camp. A fourth species (red howler monkey *Alouatta seniculus*) also was reported to be in the area. Presumably due to hunting pressure, monkeys only were found relatively far from the miliary camp. The same was true for bears and tapirs, which only were found three or four kilometers from the camp in the headwaters of the Río Miazi. Several RAP team members saw an otter (*Lutra longicuadis*) on the Río Nangaritza between Miazi and the site known as La Punta.

In the mountainous forest on the right-hand side of the Nangaritza, according to a Shuar guide (Carlos Womba), there are four salt-licks frequented by mammals. We visited one of these sites, at which various animal trails converge at a circle of approximately 6 m in diameter on a flat landing of a slope. Species seen or identified by tracks were tapir, deer, collared peccary, pacas, agoutis, armadillos and guans; the most abundant tracks were of deer and peccary.

During our tour of the Río Nangaritza we observed that some areas had been colonized while others showed little or no signs of disturbance. The forests on steep slopes remain in a natural state. Presumably such sites maintain populations of the larger mammals, although we can not say if these populations are stable or not. Elsewhere hunting pressure was intense and was

El descubrimiento más importante fué una especie de rata marsupial hasta entonces desconocida (Caenolestes condorensis).

Además, algunas aves que se encuentran aquí tienen distribuciones geográficas o de altitud restringidas (o ambas), convirtiendo al bosque de esta región en un refugio de una avifauna potencialmente amenazada.

MAMÍFEROS DE LA CORDILLERA DEL CÓNDOR

Mamíferos de Achupallas (L. Albuja y A. Luna)

El estudio de esta localidad se llevó a cabo entre julio 21-26 1993. La densa vegetación hace difícil caminar y es un reto seguir las huellas de algún mamífero sin recurrir al machete para abrir trocha. Sin embargo se abrieron dos senderos estrechos partiendo del campamento, uno hasta la base del barranco y otro hasta la cima de la meseta.

Se armaron setenta trampas de varios tipos y se colocaron seis redes de neblina en diferentes hábitats, dentro de un área de aproximadamente 2 kms., abarcando una superficie total de cerca a 2 km². El cebo que se utilizó en estas trampas consistía en maní molido mezclado con avena.

Se colectaron más de 30 individuos de 11 especies de mamíferos (Apéndice 7). El descubrimiento más importante fué una especie de rata marsupial hasta entonces desconocida (*Caenolestes condorensis*). Se coleccionaron tres especímenes en los cuales se basa la descripción de la nueva especie (Albuja y Patterson 1996). Estos especímenes fueron atrapados a lo largo del "ecotono", entre el límite de la vegetación de la meseta y el barranco cubierto por vegetación y bosque. Las trampas se ubicaron en pequeños claros entre la vegetación o en troncos huecos. Este es el caenolestido más grande que se haya encontrado, y tiene un parentesco muy cercano con *C. caniventer*. Sus estómagos contenían pequeños insectos.

Los mamíferos más abundantes son los murciélagos de hoja nasal (phylostomidae), de los cuales se registraron seis especies, pertenecientes a *Sturnira, Dermanura, Enchisthenes* y *Platyrrhinus*. La especie más común es *Sturnira erythromos*, una especie común en las faldas de

practiced as much by the Shuar as by the military and colonists. Practically all medium- and large-sized mammals and birds are hunted for their meat. During our survey, two agoutis and a paca were hunted near the camp, and we were informed of additional game taken farther away. Upon visiting the houses of the Shuars we found skeletons or other remains of monkey, bear, collared peccary and tigrillo.

Mammals of the upper Río Comainas (L. H. Emmons and V. Pacheco)

Introduction

The lowlands at the base of the Peruvian side of the Cordillera del Cóndor, occupied traditionally and presently by the Aguaruna and Huambisa Jivaro, are one of the better-known regions of Peru with respect to mammals. This is largely the result of a series of surveys carried out from 1977 to 1980 by J. L. Patton, in conjunction with ethnobiological studies led by Brent Berlin (Patton et al. 1982). This team inventoried mammals (107 species) at four sites in the general area of the Río Santiago and lower Río Cenepa, up to near the mouth of the Río Comainas at Huampami (across the river from Chávez Valdivia). One of the surveyed sites (Kagka) was at nearly 800 m elevation on the west side of the Cenepa valley, where 31 mammal species were reported (Appendix 9). In 1987 a small group from the Museo Nacional de Historia Natural (Lima) spent a week at Puesto Vigilancia 22 ("Falso Paquisha"), where they collected 14 species of mammals (Vivar and Arana-Cardo 1994). The only other mammal surveys on the slopes of the Cordillera del Cóndor were in regions accessible from Ecuador: the 1976 Ecuadorian-British expedition to the Cueva de Los Tayos at 800 m (Albuja and de Vries 1977, Hill 1980), which yielded recognition of a new species of bat (Lonchophylla handleyi, not endemic), but few publications. The second expedition to survey mammals on the Cordillera from that side was the 1993 RAP Expedition, reported herein (see L. Albuja and A. Luna, above).

Mammal work on the 1994 RAP expedition

los Andes, desde Venezuela hasta Bolivia.

Se colectaron cuatro especies de un ratón sigmodentino (Akodon aerosus) en diferentes hábitats: en el ecotono bosque/breñal, en el bosque que cubre las laderas de la meseta y en los islotes de bosque en la meseta. Menos comunes son los Oryzomys albigularis y Oryzomys sp., que se encontraron en el fondo de un barranco cubierto de vegetación densa, al pie de la montaña.

Ni las caminatas nocturnas ni las diurnas revelaron la presencia de mamíferos grandes, aunque es posible que el oso de anteojos y el tapir ocurran en esta área.

Debido al difícil acceso y la gran distancia de los centros poblados, las comunidades de animales están aparentemente inalterados. Los resultados obtenidos de esta evaluación biológica rápida son provisionales, y merecen ser objeto de mayor estudio en otros hábitats, en el área de las mesetas, que pudieran alcanzar los 2500 m de altura.

Mamíferos de Coangos (L. Albuja y A. Luna)

El diagnóstico de esta área se llevó a cabo entre 17-21 de julio de 1993, con la asistencia del Soldado David Antún (guía Shuar) y dos miembros del ejército ecuatoriano. La documentación de especies de mamíferos se hizo a través de la observación directa, en base a las huellas encontradas o en base a los especímenes capturados. Se colocaron aproximadamente 70 trampas de distintos tipos en los alrededores del campamento. Se colocaron cinco redes de neblina para capturar murciélagos. Se llevaron a cabo observaciones diarias en los senderos que conducen al río Coangos, Cenepa, e hito 12. Se dedicaron un total de 45 horas (30 en el día y 15 por la noche) en caminatas de observación en busca de mamíferos o sus huellas.

Se recogieron 55 especímenes, representativos de 10 especies y se documentaron otras 11 especies en base a observaciones directas, excremento, huellas o pieles (Apéndice 7). Se recibieron informes de los lugareños sobre otras 9 especies que pueden estar presentes en la localidad. Las 21 especies registradas en la zona representan el 23% de las especies conocidas en las faldas orientales de los Andes ecuatorianos (Rageot y Albuja 1994).

was based at three sites on the Río Comainas, from 665 m to 1750 m elevation. It thus covered the higher elevations close to the well-inventoried site of Huampami. For an overview of the mammal fauna of the region we have joined our results to those of the previous expeditions (Appendix 8).

Methods

Mammals were surveyed by Emmons and Pacheco from our base at Puesto Vigilancia 3 from 14-27 July, and by Emmons at Puesto Comainas from 28 July-6 August 1994. Rodents and small marsupials were collected by shotgun or by trapping with Sherman and snap traps, and bats were captured in mist nets. At PV 3, our efforts included 347 trap/nights and 30 net/nights at 1700 m, and 364 trap/nights and 18 net/nights at 1100 m, while at PV Comainas we logged 240 trap/nights and 9 net nights. We surveyed for larger mammals during observation walks along trails, for 12.5 h nocturnal and 3 diurnal hours of walks at PV 3, and 10.5 h nocturnal and 6.9 h diurnal at Comainas. Most diurnal observations were made by the ornithologists, who were able to explore more distant areas by day. We did not collect much information from interviews, as the local informants were not very knowledgeable. This was not surprising, as there were few inhabitants of the region except for the soldiers stationed at the posts, the majority of whom were not from the region.

Results

During the expedition, we identified 46 mammal species among the three elevations that we surveyed. With the addition of those species identified at PV 22 by Vivar and Arana-Cardo (1994), a total of 54 mammals have been recorded thus far in the upper Comainas. This total includes 33 bats and 21 other mammals (Appendix 8). A total of seven nights were spent surveying mammals at PV 3 (1130 m). At this site we identified 18 species of mammals, of which 10 were bats. Returns from trapping and netting were low, but the species diversity of bats was high. About a third of the species that we collected at this locality are typical of lower montane Andean forests,

La mástofauna está principalmente relacionada a la fauna de las zonas colindantes amazónicas bajas. Es también posible que existan representantes de la fauna montano andina, tal como el oso de anteojos (*Tremarctus ornatus*), cuya presencia fue dada por parte de los guías.

Los mamíferos pequeños incluyen la marmosa (*Marmosa noctivaga*), que cayó en varias trampas e inclusive uno fué atrapado por la noche con las manos, mientras buscaba insectos en el tronco de un árbol. Más de 40 especímenes pertenecientes a 6 especies de murciélagos fueron recogidos en Coangos. Las ratas que se recolectaron incluyen *Akodon aerosus*, la cual fué la más común y las ratas espinosas pequeñas (*Neacomys spinosus*). *Neacomys* tiene un área de distribución amplia en la amazonia y en la parte baja de los Andes, aunque Coangos puede estar cerca de ser el límite de distribución por altitud para esta especie.

Entre los mamíferos grandes que habitan el área se encuentran los pecaríes y los tapices amazónicos. En el área de Coangos se pudieron observar ocelotes y oncillas (*Felis pardalis* y *Felis tigrina*). Se registró la presencia de huellas de Jaguar (*Panthera onca*) a 1600 m a lo largo del sendero en dirección al Hito 12. Las poblaciones de mamíferos grandes y medianos pueden haber sufrido debido a la presión ejercida por la caza atribuible a la cercanía del puesto militar en Coangos. Fuimos testigos de la caza de varias especies de animales, incluyendo pecaríes (*Tayassu pecari*), por parte de los soldados.

Mamíferos de Miazi (L. Albuja)

En Miazi se llevó a cabo un diagnóstico del bosque circundante a la base militar, en el bosque remanente a lo largo de la orilla de los ríos, y en el bosque en frente del campamento, todos en la banda izquierda del río Nangaritza. Se colocaron 70 trampas y 6 redes de neblina. También caminamos por senderos que bordean el campamento a lo largo del margen derecho del río Nangaritza y en Shaimi, que queda cinco kilómetros al sur de Miazi sobre el mismo margen del río.

Se registraron 35 especies en esta localidad lo cual representa cerca de un tercio (35%) de las especies de mamíferos conocidas en la región del

while the rest are widespread species that are found in the lowlands as well as in premontane habitats. Small frugivorous and nectar-feeding bats dominated the sampled fauna, and we captured no large fruit-eating bats at this camp. There was an apparent elevational faunal change in small terrestrial mammals at about the level of the Puesto: few individuals were caught on traplines above the camp, while traplines at or below 500 m, along the stream floodplain, were much more successful. This corresponded to a change in the flora to plants typical of richer soils (R. Foster, pers comm.). We hypothesize that soil nutrients may accumulate at the bottom of the slope, and cause higher productivity of fruits of interest to mammals.

We spent four nights at the high camp (1730 m), where traps and mist nets were set. As at PV 3, trapping and netting success was low. This may have been due, in part, to weather conditions, as there were clear skies and bright moonlight during this period; capture rates for small mammals often are greatly reduced under such conditions. Despite what seemed to be a vegetation structure highly favorable for small terrestrial mammals, we captured only a single individual mouse opossum, and no rodents, at this elevation. Bat netting also produced an extremely low return of only eight individuals, which, however, showed a high diversity of seven species. Two of the bats (*Anoura cultrata, Sturnira bidens*) and the marsupial (*Marmosops impavidus*) are montane species that we did not capture at PV 3, although the elevational range of at least the latter species should extend to below 1000 m. The other bat species collected at 1730 m were all lowland species, most of which (with the exception of *Micronycteris megalotis*) were also collected at our lower camps. As at PV 3, small frugivores and nectar-feeding bats predominated in our sample. We did not find any significant higher elevation small mammal fauna in the Comainas valley, but our sampling was insufficient to rule out that such a fauna occurs, especially given the moonlight during our survey period.

There were fresh signs of spectacled bear activity near the high camp and on the mountaintop, and the commanders of the military posts

alto Amazonas en el Ecuador (Rageot y Albuja 1994). Informantes del lugar dieron cuenta de 16 especies adicionales; obviamente otras especies podrian añadirse al intensificar los estudios es esta zona.

La mástofauna del lugar es principalmente amazónica, con algunos elementos andinos, como el caso del oso de anteojos.

La mitad de las especies registradas en Miazi son murciélagos, de los cuales los más comúnes son los murciélagos Phyllostomidos de los géneros *Rhinophylla, Uroderma, Platyrrhinus* y *Sturnira*. Se capturaron varios vampiros (*Desmodus rotundus*) en la cercanía de las manadas de ganado vacuno y también encontramos señales de mordeduras en el ganado que revisamos.

Entre los roedores encontramos cuatro especies de ratas, guantos y guotusos, las cuales son abundantes en el área. Recolectamos cinco especímenes de la rata semi acuática *Nectomys squamipes*. Uno de éstos fué encontrado en las plantaciones de banano adyacentes al río Nangaritza, mientras que los otros cuatro se encontraron en grietas y sobre la superficie de una inmensa roca situada junto al campamento, que albergaba una colonia entera de estos animales (10-15 individuos).

Se registraron tres especies de monos (*Aotus* cf. *vociferans, Ateles belzebuth* y *Cebus albifrons*) en los bosques cercanos al campamento. También se informó de la existencia en el área de una cuarta especie (*Aloutta seniculus*, mono aullador rojo). Los monos se encontraron únicamente en lugares alejados del campamento militar, es de suponer debido a las presiones por la práctica de caza proveniente del mismo campamento. Lo mismo se aplica a los osos y los tapices que sólo se encuentran a tres o cuatro kilómetros de distancia del campamento, cerca a la vertiente del río Miazi. Varios integrantes del equipo RAP pudieron observar una nutria (*Lutra longicaudis*) en el río Nangaritza, entre Miazi y un sitio conocido como La Punta.

En los bosques de montaña en la orilla derecha del río Nangaritza, de acuerdo con un guía Shuar (Carlos Womba), se puede encontrar cuatro depositos de sal frecuentados por mamíferos que llegan a lamer sal. Se visitó uno de estos lugares, en el cual

reported that bears occasionally descend the valley at least as far down as PV Comainas (665 m). Patton et al. (1982) likewise reported the species as low as Huampami (210 m). We observed more monkeys at this high camp, and on trails that climbed other ridges, than we did lower down, where we saw none. This appeared due to greater hunting pressure at low elevations.

In view of the low capture rate for small mammals at the High Camp, and the difficulties involved in camping on the meseta, we elected to spend the final week of the expedition at PV Comainas. Mammal work at PV Comainas (665 m) was limited to the narrow river floodplain of the west bank downstream of the puesto, and to short walks up two ridges. As at the higher elevation sites, mammal trapping success was very low, with no captures in 220 trap/nights in riverside non-flooded forest. Only one rodent species was caught: water rats (*Nectomys squamipes*) were trapped in a tallgrass verge of a riverside banana plantation. In contrast, the bat fauna was both abundant and diverse. The 17 bat species collected included four large-bodied frugivores, a group that was absent at the higher sites.

We saw no primates or large mammals other than pacas (*Agouti paca*) at this locality, but we were not able to survey far from camp. There were tapir tracks on a ridgetop a couple of kilometers from camp, but strangely, none in the valley along the riverside, perhaps because of persecution by hunters. Parties of Aguaruna occasionally visit PV Comainas, but their local hunting forays were stated by the camp commander to be largely unsuccessful.

Summary and comparison of Ecuadorian and Peruvian mammal faunas in the Cordillera del Cóndor (L. H. Emmons, V. Pacheco, and L. Albuja V.)

The two lists of mammals from the eastern side of the Cordillera del Cóndor, including 97 species from the Cenepa (Patton et al. 1982), and 54 from the Comainas (Vivar and Arana Cardo 1994, and present report), total 121 species. The list from the western side in Ecuador (Albuja and Luna present report), with 43 confirmed records and 20 reports

There were fresh signs of spectacled bear activity near the high camp and on the mountain-top.

convergen trochas abiertas por animales sobre un círculo de aproximadamente 6 km de diámetro, localizado en el descanso de una ladera. Ente las especies observadas o identificadas por sus huellas se encuentran tapices, venados, pecaries, guantos, guotusas, armadillos y "guanes"; las huellas más abundantes eran de venados y pecaríes.

Durante nuestro recorrido del río Nangaritza pudimos observar que algunas áreas habían sido colonizadas mientras que otras mostraban muy poca o ninguna intervención. Los bosques localizados sobre laderas empinadas se mantienen en su estado natural. Se puede suponer que estas áreas sostienen poblaciones de mamíferos grandes, aunque no se puede decir si éstas poblaciones son estables o no. En otros lugares la presión de la caza es intensa y es practicada tanto por los Shuar, como por los militares y colones. Para el alimento se cazan prácticamente a todos los mamíferos y aves de tamaño mediano o grande. Mientras se realizaba la evaluación, dos agutíes y una paca fueron cazados cerca del campamento y se nos informó de otros animales que se cazaron en lugares más alejados. Al visitar las viviendas de los Shuar pudimos observar restos de monos, osos, pecaríes y tigrillos.

Mamíferos del alto río Comainas (L. H. Emmons y V. Pacheco)

Introducción

Las tierras bajas en la base del lado peruano de la Cordillera del Cóndor, ocupadas en el pasado y el presente por los jíbaros Aguaruna y Huambisa, constituyen unas de las regiones del Perú mejor conocidas con respecto a su población de mamíferos. Esto se debe en gran parte a una serie de evaluaciones llevadas a cabo entre 1977 y 1980 por J. L. Patton, conjuntamente con estudios etnobiológicos dirigidos por Brent Berlin (Patton et al. 1982). Este equipo hizo un inventario de mamíferos (107 especies) en cuatro localidades en el área general de los ríos Santiago o el bajo Cenepa, hasta la boca del río Comainas en Huampami (al otro lado del río, frente a Chávez Valdivia). Una de las localidades de la evaluación

from informants, is, as expected, highly concordant. Of the 121 species known from the Peruvian side, 113 are typical lowland species, 8 are lower montane species, and only 1 (spectacled bear) is a species normally found at elevations higher than 2000 m. Albuja and Luna sampled a higher elevation on the Ecuadorian side, and recorded two additional lower montane bats, but the most noteworthy mammal yet known from the Cordillera del Cóndor is the new species of shrew opossum (*Caenolestes condorensis*) collected at Achupallas (Albuja and Patterson 1996). It seems likely that this species will also be found on the top of the Cordillera in Peru. The only *Caenolestes* thus far known from Peru (*C. caniventer*) was collected near the Ecuador border in Piura (Barkley and Whitaker 1984).

Our mammal surveys were too short to be able to record more than a fraction of the fauna, and many more species will be added when longer inventories can be undertaken. However, we think that our interpretation that the Cordillera del Cóndor possesses a reduced lower montane fauna, and little cloud-forest fauna, is likely to hold, because the area of terrain above 2,000 m is very small. Based on our surveys, it appeared that as one ascended the slope of the cordillera, the lowland terrestrial fauna was replaced by a depauperate lower montane fauna, with no significant cloud forest mammal fauna to replace this at higher elevations. Rodents typical of Andean cloud forests of 2000 m or higher, such as *Thomasomys* spp., were not discovered. On both the Ecuadorian and Peruvian sides, the montane habitats seemed dominated by small, frugivorous and nectarivorous bats. Granivorous rodents and large frugivorous mammals were rare everywhere on the Comainas. We saw no agoutis (*Dasyprocta*) and few squirrels, and trapped few rats. In contrast, pacas (*Agouti paca*), which eat browse and tubers as well as fruit, were common at both camps in the Comainas drainage. Large terrestrial mammals (deer, peccaries, tapir) were also rare, as were primates. J. Patton (pers. comm.) states that even 20 years ago, in 1977, all larger mammals were rare at Huampami and close to local extirpation, presumably because of hunting. Aguaruna hunting returns confirmed that the diet contained few large

(Kagka) se encuentra a casi 800 m. de altura en el lado oeste del valle del río Cenepa, donde se reportaron 31 especies de mamíferos (Apéndice 9). En 1987 un pequeño grupo del Museo Nacional de Historia Natural de San Marco pasó una semana en puesto vigilancia 22 ("Falso Paquisha"), donde recolectaron 14 especies de mamíferos (Vivar y Arana-Cardo 1994). Las únicas evaluaciones sobre mamíferos realizadas anteriormente en las laderas de la Cordillera del Cóndor se hicieron en áreas accesibles desde el Ecuador: en 1976 la expedición Ecuatoriano-Británica a la Cueva de los Tayos a 800 m (Albuja y de Vries 1977, Hill 1980), que dio como resultado el reconocimiento de una nueva especie de murciélago (*Lonchophylla handleyi*) que aunque no es endémico ha sido reportado en pocas localidades. La segunda expedición para hacer una evaluación de mamíferos en la Cordillera desde ese lado fué la expedición RAP en 1993, sobre la cual se trata en este informe (ver L. Albuja y A. Luna, arriba).

El trabajo del RAP con mamíferos se basó en tres localidades en el río Comainas, a altura entre 665 m y 1750 m. De esta forma, se cubrieron las elevaciones más grandes, cercanas a la localidad de Huampami, la cual ha sido muy bien inventariada . Para obtener una visión general de la mástofauna de la región hemos integrado nuestros resultados a los de las expediciones anteriores (Apéndice 8).

Métodos

Los mamíferos fueron inventariados por Emmons y Pacheco desde nuestra base en Puesto Vigilancia 3 del 14-27 de julio, y por Emmons en Puesto Comainas del 18 de julio al 6 de agosto de 1994. Los roedores y pequeños marsupiales se recolectaron con escopeta o con trampas Sherman o ratoneras y los murciélagos fueron atrapados en redes de niebla. En el PV3 nuestros esfuerzos incluyeron 347 trampeo/noches y 30 captura/noches con redes a 1700 m, y 364 trampeo/noches y 18 captura/noches con redes a 1100 m, mientras que en PV Comainas registramos 240 caza/noches con trampas y 16 caza/noches con redes. Se buscó mamíferos de gran tamaño durante caminatas de observación a lo largo de senderos por 12.5 h noc-

On both the Ecuadorian and Peruvian sides, the montane habitats seemed dominated by small, frugivorous and nectarivorous bats.

mammals, and it is striking that spider monkeys (*Ateles belzebuth*) were not recorded at Huampami (Patton et al. 1982). We only found these monkeys, and the smaller white-fronted capuchins (*Cebus albifrons*) in the higher, more remote regions above PV 3. *Ateles belzebuth belzebuth* (a morphometrically distinctive subspecies; Froehlich et al. 1991) occurs in Peru only north of the Río Marañon, in a small, quite densely populated region where hunting pressure is high. Remote valleys of the Cordillera del Cóndor may thus be some of the last refuges for this primate within the Jivaro-occupied territories of Peru.

REPTILES AND AMPHIBIANS OF THE CORDILLERA DEL CÓNDOR

Overview of the herpetofauna of the western slopes of the Cordillera del Cóndor (A. Almendáriz)

The herpetological material collected in the 1993 expedition to the northern and western slopes of the Cordillera del Cóndor consists of 99 specimens, representing 34 species (Appendix 10). Fifteen additional species were recorded through information from local people and their identifications of photographs.

The herpetofauna above 1000 m in this isolated cordillera maintains a close relationship to the herpetofauna in the eastern slopes of the Cordillera Real, while at lower elevations the fauna is more similar to that of Amazonia. There are three principal components of the herpetofauna: 1) About half are from tropical lowland forest, i.e., of the Amazonian lowlands, whereas the remainder are 2) species related to the herpetofauna of the eastern slopes of the main Andes and 3) species that are endemic to the zone and principally of the sub-tropical east or slopes.

Herpetofauna of Achupallas (A. Almendáriz)

At one of the highest points in the Cordillera del Cóndor, at 2100 m, we established a camp that we called "Achupallas", after the terrestrial bromeli-

turnas y 3 horas diurnas en caminatas por PV 3, y 10.5 h nocturnas y 6.9 h diurnas en Comainas. La mayor parte de las observaciones diurnas fueron hechas por los ornitólogos que podían explorar áreas más distantes durante el día. No recibimos mucha información a través de entrevistas puesto que los informantes del lugar no tenían mucho conocimiento de la materia. Esto no es extraño ya que no existen muchos habitantes en la región excepto los soldados que en su mayoría son de otros lugares.

Resultados

Durante la expedición identificamos 46 especies de mamíferos entre los tres rangos altitudinales evaluados. Añadiendo las especies identificadas en PV 22 por Vivar y Arana-Cardo (1994), se ha documentado hasta el presente un total de 54 mamíferos en alto Comainas. Este total incluye 33 murciélagos y 21 otros mamíferos (Apéndice 8). Se dedicó un total de siete noches para la evaluación en PV 3 (1130 m). En ésta localidad identificamos 18 especies de mamíferos, de las cuales 10 son murciélagos. Los resultados del trampeo y el uso de redes fué bajo, pero la diversidad de especies de murciélagos fué alta. Aproximadamente un tercio de las especies que recolectamos en esta localidad son típicas de bosques montanos bajos andinos, mientras que el resto eran especies ampliamente difundidas que se encuentran en las tierras bajas lo mismo que en hábitats premontanos. Los murciélagos frugívoros y los que se alimentan de néctar dominaron las muestras de fauna, y en este campamento no capturamos ningún murciélago grande que se alimenta de frutas. Fué aparente un cambio altitudinal de la fauna de pequeños mamíferos a la altura de este puesto: muy pocos ejemplares cayeron en la línea de trampas que se colocaron por encima del campamento, mientras que las trampas colocadas en o por debajo de los 500 m, a lo largo de la pradera inundable, dieron mucho mejor resultado. Esto corresponde en un cambio en la flora hacia plantas típicas de suelos más ricos (R. Foster com. pers). Hipotéticamente consideramos que las sustancias nutritivas que sirven de abono se depositan en la base de las laderas, causando una

Cerca del campamento alto en la cima de la montaña, se pudieron observar rastros frescos de osos de anteojos.

ads that were common here. The vegetation (see above), with its abundant bromeliads, is laid over a floor of quartz. This habitat looks as if it would support a diverse herpetofauna, but, perhaps due in part to difficult field conditions, collecting here was not very successful. However, the taxa that were found may be of interest. Of the three species of *Eleutherodactylus* that were collected here, for example, as many as two may represent previously unknown species. Small range extensions were recorded for two species previously known only from small areas on the east slopes of the Andes of Ecuador, the salamander *Bolitiglossa palmata* of central Ecuador and the frog *Eleutherodactylus proserpens* of southern Ecuador. Patterns such as this suggest a close relationship between the herpetofauna of the upper elevations of the Cóndor, and the eastern slopes of the main Andean chain.

Herpetofauna of Coangos (A. Almendáriz)

The Coangos camp is surrounded by a somewhat disturbed forest, whose products are used on a subsistence basis. The vegetation is typical of cloud forest, displaying many bromeliads. Four days were spent collecting at this site. The collections were made in the understory, primarily in bromeliads. The majority of the material collected were *Eleutherodactylus* frogs. *Gastrotheca* frogs were also heard, but were very difficult to collect.

The *Eleutherodactylus* fauna is closely similar to that of the eastern slopes of the main Andes. *Eleutherodactylus galdi*, *E. peruvianus,* and *E. quaquaversus* have very wide latitudinal distributions in the eastern Andes. *Eleutherodactylus bromeliaceus* and *E. cóndor* are known only from southeastern Ecuador. *Eleutherodactylus altamazonicus* primarily is known from Amazonia. Several species of *Eleutherodactylus* collected on the trip remain unidentified; two such species obtained at Coagos may represent undescribed species.

The only species of lizards collected at Coangos, *Alopoglossus copii* and *Neusticurus cochranae*, are known from other sites at comparable elevations in the eastern Andes.

mayor productividad de frutas que son de interés para los mamíferos.

Pasamos cuatro noches en el campamento alto (1730 m), donde se colocaron trampas y redes de niebla. Como en el caso de PV 3 se tuvo poco éxito con las trampas y las redes. Esto puede haber sido en parte a causa del clima, ya que el cielo estaba despejado y en luna llena, condiciones que no son favorables para la captura de pequeños mamíferos. A pesar de que en esta altitud se presenta lo que parecía ser una estructura de vegetación muy favorable para los pequeños mamíferos terrestres, capturamos un solo individuo de marmosa (Zarigüeya) y ningún roedor . La caza de murciélagos con redes también rindió muy poco, sólo ocho individuos, aunque esto demostró una diversidad muy grande puesto que incluían siete especies. Dos de los murciélagos (*Anoura cultrata, Sturnira bidens*) y de los marsupiales (*Marmosops impavidus*) son especies montanas que no capturamos en el PV 3, a pesar que el rango altitudinal de por lo menos esta última especie debería extenderse hasta por debajo de los 1000 m. Los otros murciélagos recolectados a 1730 m eran especies pertenecientes a tierras bajas, la mayor parte de los cuales (excepto *Micronycteris megalotis*) también fueron recolectados en nuestros campamentos más bajos. Como en PV 3 los murciélagos frugívoros y los que se alimentan de néctar predominaron en el muestreo. En el valle de Comainas no se encontró una presencia significativa de pequeños mamíferos de mayor altura, sin embargo nuestro muestreo no fué suficiente como para descartar la posibilidad de que tal presencia exista, especialmente considerando los períodos de plenilunio durante nuestra estadía.

Cerca del campamento alto en la cima de la montaña, se pudieron observar rastros frescos de osos de anteojos y los comandantes del campamento militar informaron que los osos suelen bajar al valle hasta la altura del PV Comainas (665 m). De la misma forma, Patton et al. (1982) informaron sobre la presencia de esta especie más abajo a la altura de Huampami (210 m). En el campamento más alto, así como en los senderos que suben a otras cumbres, observamos la presencia de algunos monos mientras que más abajo no obser-

Consideramos que las sustancias nutritivas que sirven de abono se depositan en la base de las laderas, causando una mayor productividad de frutas que son de interés para los mamíferos.

Herpetofauna of Miazi (A. Almendáriz)

The Miazi military post is located on the left bank of the Río Nangaritza. At this site we worked for a period of six days. The forest immediately surrounding the post is disturbed, although on the slopes the forest still is in good condition. Collections were made on established trails within the forest and along the banks of the Nangaritza and Chumbiritza rivers. While staying at this site, we had the opportunity to visit the Shaimi military post. A specimen of dendrobatid frog (*Colostethus*) was collected here, which is included in the list of specimens obtained at Miazi.

The herpetofauna, especially of the hylid frogs, found at Miazi is typical of the Amazonian lowlands. Southern range extensions were obtained of some species, such as the leptodactylids *Eleutherodacytlus trachyblepharis* and *Phyllonastes lochites*. This last species previously was known only from elevations above 1500 m in the provinces of Morona-Santiago and Napo, and was considered rare. Our material consists of three specimens, suggesting that the species may be more common at Miazi. Likewise, the microhylid *Syncope antenori* was known from the provinces of Napo and Pastaza in Ecuador, and from the Department of Loreto in Perú; hence, its presence in the province of Zamora, documented with our specimens, was expected. Another distributional record was of the recently described dendrobatid *Colostethus cevallosi* (Morales and Schulte 1993), previously known only from material from the Province of Pastaza.

Diurnal amphibians were comparatively scarce at Miazi. In contrast, nocturnal amphibians, such as *Hyla boans* and *H. geographica*, had relatively large populations.

Amphibians and reptiles of the upper Río Comainas, Cordillera del Cóndor (R. P. Reynolds and J. Icochea M.)

Introduction

Available information on the herpetofauna of the Cordillera del Cóndor in Peru is extremely limit-

vamos ninguno. Esto parece deberse a la mayor presión causada por la caza en altitudes menores.

Debido a la dificultad en la captura de pequeños mamíferos en el campamento alto, y a las dificultades que presenta para montar campamento en la meseta, decidimos pasar la última semana de la expedición en el PV Comainas. El trabajo con los mamíferos en el PV Comainas (665 m) se limitó a la estrecha planicie inundable a lo largo de la banda occidental del río, corriente abajo del puesto, y a pequeñas caminatas subiendo hacia dos cumbres. Como fué el caso a mayor altitud, el trampeo dio poco resultado, sin que lográramos atrapar nada en 220 trampeo/noches en el bosque ribereño no inundado. Sólo se atrapó una especie de roedor, una especie de ratón acuatica (*Nectomys squamipes*) en una verja de pasto alto en una plantación de banano a la orilla del río. Contrastando con ésto la fauna de murciélagos es abundante y presenta gran diversidad. Las 17 especies que se colectaron incluyen cuatro frugívoros de osamenta grande, un grupo que está ausente en las localidades más altos.

En esta localidad, no vimos primates u otros mamíferos grandes que no fueran pacas (*Agouti paca*), sin embargo, nuestra investigación se limitó a los lugares cercanos al campamento. Se encontró huellas de tapir en la cuchilla de una loma a aproximadamente un kilómetro del campamento, pero curiosamente no había huellas en el valle a lo largo del río, quizá debido a la persecución por parte de los cazadores. Grupos de Aguarunas visitan ocasionalmente el PV Comainas, aunque sus expediciones de cacería fueron estimadas por el comandante de la guarnición como poco exitosas.

Resumen y comparación de la fauna mamífera peruana y ecuatoriana en la Cordillera del Cóndor (L. Emmons, V. Pacheco y L. Albuja V.)

Las dos listas de mamíferos del lado oriental de la Cordillera del Cóndor, incluyendo 97 especies del Cenepa (Patton et al. 1982) y 54 del Comainas (Vivar y Arana-Cardo 1994, y el presente informe), representan un total de 121 especies. La lista del lado occidental en Ecuador (Albuja y Luna presente informe), con 43 registros confir-

ed and the fauna is poorly known. Prior to the 1994 RAP expedition, no dedicated herpetological surveys had been conducted there. The Harvard Peruvian Expedition of 1916 (Barbour and Noble 1920) surveyed the herpetofauna of northwestern Peru in the departments of Piura, Cajamarca, and Lambayeque. While this survey included the arid valleys of the Chinchipe and Marañon rivers, it did not ascend into the Cordillera del Cóndor. More recently, Duellman and Wild (1993) reported on the extensive anuran collections from the Cordillera de Huancambamba in northern Peru made by field parties from the University of Kansas and Louisiana State University. In 1987, scientists from the Museo de Historia Natural in Lima visited the Cordillera del Cóndor and collected four species of snakes and five species of anurans at Falso Paquisha (= Puesto Vigilancia 22) along the upper Río Comainas, Departamento de Amazonas, Peru. This visit, however, was not directed at surveying herps and the specimens collected were incidental to other work.

In 1972, John E. Simmons accompanied a botanical expedition to the Cordillera del Cóndor in Morona-Santiago Province, Ecuador. During a five day period in the Cordillera del Cóndor, Simmons made a collection at 1800 m elevation of 18 species of anurans, six of which were previously undescribed (Duellman and Simmons 1988; Duellman and Lynch 1988). Duellman and Lynch (1988) tabulated the 18 anuran species collected by Simmons in 1972. Additional specimens collected between 830-1910 m elevation during this visit included 12 species of anurans, 1 species of caecilian, and 16 species of reptiles. In Appendix 11, we present a combined list of species from Simmons' 1972 trip; for anurans as presented in Duellman and Lynch (1988); and for additional anurans, caecilians, and reptiles collected between 830-1910 m from records at the Museum of Natural History, University of Kansas, kindly provided to us by John E. Simmons.

Ana Almendáriz surveyed amphibians and reptiles at three sites in the Cordillera del Cóndor of Ecuador during the 1993 RAP expedition (see above).

mados y 20 citas por parte de informantes, están, como era de esperarse, en gran concordancia. De las 121 especies conocidas del lado peruano, 113 son especies típicas de tierras bajas, 8 son especies de bosques montanos bajos, y sólo una (el oso de anteojos) es una especie normalmente encontrada por encima de los 2000 m de altura. Albuja y Luna hicieron un muestreo en áreas de mayor altura en el lado Ecuatoriano y documentaron dos murciélagos más de bosques montanos bajos, pero el mamífero más notable que hasta hoy encontrado en la Cordillera del Cóndor es la nueva especie de musaraña (*Caenolestes condorensis*) recolectada en Achupallas. Al parecer esta especie también se encuentra en la cima de la Cordillera en Perú. El único *Caenolestes* (*C. caniventer*) conocido en el Perú hasta ahora, fué encontrado cerca de la frontera con el Ecuador en Piura (Barkley y Whitaker 1984).

Nuestra evaluación de mamíferos fué demásiado corta, permiténdonos registrar tan sólo una fracción de la fauna y muchas especies más serán agregadas cuando otros inventarios más prolongados se lleven a cabo. Sin embargo, creemos que nuestra interpretación de que la Cordillera del Cóndor tiene una reducida fauna montano baja, y muy poca fauna de bosque de niebla, seguramente se mantendrá en pie, debido a que el área de terreno por encima de los 2,000 m es muy pequeña. Basado en nuestro diagnóstico parecía ser de que a medida que se asciende por la ladera de la cordillera, la fauna de tierras bajas es reemplazada por una empobrecida fauna montano baja, con una insignificante fauna de bosque de niebla, para reemplazarla a mayores alturas. Los roedores típicos de los bosques de niebla andinos de 2000 m de altura o más, tales como *Thomasomys* spp., no fueron descubiertos. En ambos lados, en el Ecuador y en Perú los hábitats montanos se hallan dominados por murciélagos pequeños que se alimentan de frutas o de néctar. Los roedores granívoros y los mamíferos frugívoros grandes son escasos por todos lados en Comainas. No vimos ni un agutí (*Dasyprocta*), pocas ardillas y atrapamos unas pocas ratas. En contraste, las pacas (*Agouti paca*), que comen pasto así como tubérculos y frutas se encontraron con frecuencia en ambos campamentos de la

En ambos lados, en el Ecuador y en Perú los hábitats montanos se hallan dominados por murciélagos pequeños que se alimentan de frutas o de néctar.

Methods

During the 1994 RAP expedition to the Cordillera del Cóndor in Peru, herpetological surveys were conducted by Reynolds and Icochea at two sites, and by Reynolds at one site, all along the upper Río Comainas. These sites, from highest to lowest elevation, were: 1) base of Cerro Machinaza (1750 m, 03°53'S 78°25'W); 2) Alfonso Ugarte (=Puesto Vigilancia 3, 1138 m, 03°54'S 78°25'W); and 3) Puesto Vigilancia Comainas (665 m, 04°06'S 78°23'W). In addition, a small collection of amphibians and reptiles was made at Falso Paquisha (850 m, 04°01'S 78°24'W) by Hernan Ortega and Walter Wust incidental to their fish and bird survey work.

Reynolds and Icochea surveyed herps at Alfonso Ugarte during 14-16 and 21-27 July, and at the base of Cerro Machinaza during 17-20 July. Amphibians and reptiles were collected primarily during night surveys by searching vegetation along established trails in the forest as well as along the shores of the Río Comainas at Alfonso Ugarte. A total of eight nights were spent surveying herps at Alfonso Ugarte, and four nights at the base of Cerro Machinaza. Additional specimens were collected opportunistically around camp and during diurnal reconnaissance along trails. The survey work at Puesto Vigilancia Comainas was done by Reynolds for a total of eight nights during 28 July-6 August. Night surveys were done on the floodplain and forest trail south of Puesto Vigilancia Comainas along the west bank of the Río Comainas.

Results

A total of 256 amphibian and reptile specimens representing 32 species of anurans and 21 species of reptiles were collected at four sites between 665-1750 m during the 1994 RAP expedition to the Peruvian Cordillera del Cóndor (Appendix 12). The voucher specimens are deposited at the Museo de Historia Natural, Universidad Nacional Mayor de San Marcos in Lima, Peru, and at the United States National Museum, Washington, D.C.

Our field work did not coincide with the steady rains necessary for heightened anuran breeding

32 species of anurans and 21 species of reptiles were collected at four sites between 665-1750 m during the 1994 RAP expedition.

cuenca del Comainas. Los mamíferos grandes (venados, pecarís, tapices) y primates también escasean, J. Patton (pers. comm.) declara que aún hace 20 años en 1977, todos los mamíferos más grandes eran muy raros de encontrar en Huampami y estaban muy cerca de su extirpación de la localidad quizá debido a la cacería. Los botines de caza de los Aguaruna confirmaron que la dieta contiene muy pocos mamíferos grandes, y es notable que los monos araña (*Atleles belzebuth*) no fueron registrados en Huampami (Patton et al. 1982). Sólo encontramos estos monos y los más pequeños capuchinos de frente blanca (*Cebus albifrons*) en las zonas más altas y remotas, por encima del PV 3. *Atleles belzebuth belzebuth* (una subespecie morfométricamente diferenciada; Froehlich et al. 1991) ocurre en el Perú solamente al norte del río Marañón, en una pequeña región altamente poblada y donde las presiones por la cacería son altas. De tal manera que los valles remotos de la Cordillera del Cóndor pueden estar entre los últimos refugios de este primate, en los territorios ocupados por los Jíbaros en el Perú.

REPTILES Y ANFIBIOS DE LA CORDILLERA DEL CÓNDOR

Visión general de la herpetofauna de la Cordillera del Cóndor (A. Almendáriz)

El material herpetológico recolectado en la expedición de 1993 en las laderas norte y occidental de la Cordillera del Cóndor consiste de 99 especímenes, que representan 29 especies. Quince especies más se registraron a través de información proporcionada por la gente del lugar y la identificación de fotografías por parte de estos mismos informantes.

La herpetofauna por encima de los 1000 m de altura en esta aislada cordillera mantiene una relación muy cercana con la herpetofauna en la ladera oriental de la Cordillera Real. Existen tres componentes principales en la herpetofauna: 1) Cerca a la mitad (65% del material recolectado) es del bosque tropical oriental, en las tierras bajas

activity. Therefore, the anuran species recorded from our work must be considered just a sample of the total fauna present. Nevertheless, the total number of amphibian species recorded by us and by Simmons (32 vs. 31) is very similar (Appendices 11 and 12).

There was a striking difference in the pattern of elevational distribution for the frog families Hylidae and Leptodactylidae recorded from our sites. Eleven hylid species were collected at the low elevation site of Comainas whereas only two hylid species were found at Alfonso Ugarte and none at Cerro Machinaza. Conversely, we recorded ten leptodactylid species from the high elevation sites of Alfonso Ugarte and Cerro Machinaza, versus four species at Comainas.

The *Rhamphophryne festae* from Cerro Machinaza and the *Hemiphractus bubalus* from Alfonso Ugarte represent new country records for Peru. Neither species was reported in the recent lists of the amphibians of Peru by Rodriguez et. al. (1993) and Morales (1995). Both species, however, are known from Morona-Santiago, Ecuador: *Hemiphractus bubalus* from the Cordillera del Cóndor and *Rhamphrophryne festae* from the Cordillera de Cutucú (Duellman and Lynch 1988).

A total of 58 species, 35 amphibians and 23 reptiles, were recorded from the eastern side of the Cordillera del Cóndor by the 1987 expedition of the Museo de Historia Natural and the 1994 RAP expedition (Appendix 12). On the western side of the Cordillera, Simmons collected a total of 47 species, 31 amphibians and 16 reptiles (Appendix 11). Combining the two lists results in a total of 88 species broken down as follows: 54 anurans; 1 caecilian; 12 lizards; 1 amphisbaenian; and 20 snakes. Only 13 species (15%) are common to both lists. The 24 anuran species collected at the higher elevation cloud forest sites probably represents a moderately complete representation of the total fauna based on comparisons with other reasonably well studied cloud forest sites, which have recorded between 20-39 species (Duellman 1988). These figures should be viewed cautiously, however, because of the weather-related sampling bias mentioned above, and because of the tentative identifications of the 1994 RAP material (especially of *Eleutherodactylus*). The totals just

amazónicas; 2) 43.3% son especies relacionadas a la ladera oriental del macizo de los Andes; y 3) 27% representan especies que son endémicas a la zona y principalmente del sudoeste sub-tropical o de laderas.

Herpetofauna de Achupallas (A. Almendáriz)

En uno de los puntos más elevados de la Cordillera del Cóndor, a 2100 m, establecimos un campamento llamado "Achupallas", por la abundancia de bromelias terrestres. La vegetación (ver arriba), existente se asienta en un piso de cuarzo. Este hábitat aparentemente debería ser rico en herpetofauna, pero la recolección aquí no fué muy exitosa. Sin embargo la taxa encontradas pueden ser de interés. De las especies de Eleutherodactylus colectadas, dos pueden representar especies desconocidas. La salamandra *Bolitoglossa palmata* se conocía anteriormente sólo del area central de la ladera oriental de los Andes en el Ecuador.

Herpetofauna de Coangos (A. Almendáriz)

El campamento de Coangos está rodeado de un bosque parcialmente alterado cuyos productos se utilizan para la subsistencia. La vegetación es típica de los bosques nublados con presencia de muchas bromelias. En este sitio se colecto en jornadas diurnas y nocturnas por el lapso de cuatro días a lo largo de las picas militares que conducen a los ríos Coangos y Cenepa, Hito 12 y Base Sur. Las recolectas se hicieron en el sotobosque, principalmente entre las bromelias. La mayor parte del material recolectado consiste en ranas *Eleutherodactylus*. Las ranas *Gastrotheca* fueron escuchadas, pero muy difíciles de muestrear. La fauna de *Eleutherodactylus* es muy similar a la de la ladera oriental del macizo de los Andes. *Eleutherodactylus galdi, E. peruvianus* y *E. quaquaversus* tienen una distribución altitudinal muy amplia en los Andes orientales. *Eleutherodactylus bromeliaceus y E. cóndor* son conocidos sólo del sudeste ecuatoriano. Dos especies de *Eleutherodactylus* recolectadas durante el viaje no han sido determinadas y probablemente corresponden a especies aun no descritas.

presented will undoubtedly change as specimen identifications are refined.

ICTHYOFAUNA OF THE CORDILLERA DEL CÓNDOR

Fish fauna of the Río Nangaritza and tributaries (R. Barriga)

The scientific literature related to freshwater fishes of South America is quite extensive. Earlier studies have served as the basis for the systematics of the riverine fishes of Ecuador (e.g., Eigenmann and Allen 1942, Bohlke 1958, Ovchynnyk 1967, Ovchynnyk 1968, Géry 1972, Saul 1975, Orcés-Villagomez 1980). The knowledge of the icthiofauna of southeastern Ecuador owes a great deal to material collected by naturalists from North American and European museums, both in the past century and in this one. The first investigation of the fish fauna in the southeast of Ecuador, however, was made by M. Ibarra and R. Barriga in 1978-1979 (Stewart et al. 1987, Barriga 1991).

The fish fauna of southeastern Ecuador belongs to the upper Río Santiago basin. Major rivers in the northern portion of the this headwaters region are the Upano and Paute, which join to form the Namangoza; these rivers drain the east slopes of the main Andes and the western slopes of the Cordillera de Cutucú. The major river in the southern portion of the headwaters area is the Zamora; the Río Santiago itself is formed by the confluence of the Zamora and the Namangoza. A principal tributary of the Zamora is the Río Nangaritza, which flows between the Cordillera de Tzunantza and the western slopes of the Cordillera del Cóndor. Left bank tributaries of the Nangaritza (i.e., those draining the Tzunantza) include the Shaime, Guaysimi, Wantza, Natentza, and Nanguipa. Right bank tributaries of the Nangaritza, and, lower down, the Zamora/Santiago (i.e., those draining the west slope of the Cóndor) include the Numapatakaime, Miazi, Maycu, Ñayumbe, Yapi, Pachicutza, Mayacu, Quimi, Yunguma and Coangos.

Las únicas especies de lagartos colectadas en Coangos, *Alopoglossus copii* y *Neusticurus cochranae*, son conocidas en otras localidades de altitud comparable en los Andes orientales.

Herpetofauna de Miazi (A. Almedáriz)

El puesto militar de Miazi está en el margen izquierda del Río Nangaritza. En este localidad trabajamos por un período de seis días. El bosque que rodea el puesto está alterado, sin embargo en las laderas el bosque está aún en buenas condiciones. Se hicieron colectas por los senderos ya existentes dentro del bosque y a lo largo de las orillas de los ríos Nangaritza y Chumbiritza. En esta localidad tuvimos la oportunidad de visitar el puesto militar de Shiami. Una especie de rana dendrobatide (*Colostethus*) se recolectó allí, la cual se incluye incluida en la lista de especies recolectadas en Miazi.

La herpetofauna, especialmente las ranas hylides, encontradas en Miazi, son propias de las tierras bajas del Amazonas. Se logró obtener el límite sur del rango de algunas especies tales como las Leptocatylidos *Phyllobates lochites* y *E. trackiblepharis*. Esta última especie se conocía previamente sólo de las localidades de Morona-Santiago y Napo, y era considerada como rara. Nuestro material consta de tres especímenes, lo cual sugiere que la especie puede ser más común en Miazi. De la misma forma, la microhylid *Syncope antenori* se conocía solamente en las provincias de Napo y Pastaza en el Ecuador y en el Departamento de Loreto en el Perú; por ésto, su presencia en la provincia de Zamora era de esperarse, y está documentada con nuestros especímenes. Otro récord de distribución se da con la recientemente descrita dendrobatidae *Colostethus cevallosi*, conocida antes sólo por materiales de la provincia de Pastaza.

Los anfibios diurnos son comparativamente escasos en Miazi. En contraste, los anfibios nocturnos, tal como *Hyla boans* y *H. geographica*, tienen poblaciones relativamente grandes.

Fish were sampled at seven survey points on the upper Río Nangaritza and its tributaries (Appendix 13). Some 650 fish specimens were collected. Thirtyfive species, representing 5.8% of the ichthyofauna known from the Ecuadorian Amazon, were collected during the survey, pertaining to 13 families and 25 genera. The most diverse groups were the Characidae (10 species) and Pimelodidae (6 species).

Five species that were encountered that previously were not known from the region (*Apteronotus albifrons*, *Callichthys callichthys*, *Bryconamericus cismontanus*, *Parodon pongoense*, and *Pimelodella yuncensis*). Additionally, specimens were collected of two taxa that may belong to undescribed species (*Ceratobranchia* sp. and *Cetopsorhamdia* sp.). The species composition was similar at most stations. The number of species recorded at most stations also was similar (29-32 species), except for two sites with significantly fewer species (10-12 species).

Although further field work in the Río Nangaritza drainage undoubtedly would result in records of additional species, several factors probably serve to limit fish diversity in this drainage. The topography of the areas drained by the upper Río Nangaritza is very pronounced and rugged, flooded forests are absent, water temperature is low, and pH is neutral (with a certain inclination towards acidity). Consequently, the fish fauna in the region is not very diverse. The effects of deforestation, mining and over-fishing threaten to reduce this fauna even farther.

Fish Fauna of the upper Río Comainas (H. Ortega and F. Chang)

Knowledge of the ichthyofauna of the Peruvian Amazon drainages primarily comes from important expeditions of the past century, which includes sampling localities along the Amazon River itself and on major tributaries such as the Marañón and Ucayali. A monograph resulting from the Expedition Irwin (Eigenmann and Allen 1942) presents ichthyological information for western South America and includes an inventory of the fish of the Río Marañón and its tributaries,

Anfibios y reptiles del alto río Comainas (R. P. Reynolds y J. Icochea M.)

Introducción

La información disponible sobre la herpetofauna de la Cordillera del Cóndor es extremadamente escasa y la fauna es muy poco conocida. Antes de la expedición RAP de 1994 ningún diagnóstico herpetológico se había realizado en esta área. La expedición Harvard Peruvian Expedition de 1916 (Barbour y Noble 1920) realizó una evaluación de la herpetofauna del noroeste peruano en los departamentos de Piura, Cajamarca y Lambayeque. Mientras que ésta incluyó los valles áridos de los ríos Chinchipe y Marañón no cubrió la Cordillera del Cóndor. Más recientemente, Duellman y Wild (1993) informaron sobre la extensa colección de anuros de la Cordillera de Huancabamba en el norte del Perú lograda por grupos de investigación de campo de las universidades de Kansas y la Universidad del Estado de Louisiana. En 1987, científicos del Museo de Historia Natural de la Universidad Mayor de San Marcos de Lima, hicieron una visita a la Cordillera del Cóndor y recolectaron cuatro especies de reptiles y cinco especies de anuros cerca de Falso Paquisha (Puesto de Vigilancia 22) a lo largo del alto río Comainas, Departamento de Amazonas, Perú. Sin embargo esta visita no estaba orientada a evaluar las poblaciones de reptiles y los especímenes que se recolectarón fueron únicamente de interés secundario a otros trabajos.

En 1972, John E. Simmons acompañó a una expedición botánica a la Cordillera del Cóndor en la provincia de Morona-Santiago en el Ecuador a una altura de 1800 m. Durante una estadía de cinco días en la Cordillera del Cóndor Simmons recolectó, 18 especies de anuros, seis de las cuales no habían sido descritas antes (Duellman y Simmons 1988; Duellman y Lynch 1988). Duellman y Lynch (1988) tabularon las 18 especies de anuros recolectadas por Simmons en 1972. Entre otras especies recolectadas en esta visita entre los 830-1910 m de altura, se hallan 12 especies de anuros, 1 especie de cecilia, y 16 especies de reptiles. En el apendice 11 presenta-

*Specimens were collected of two taxa that may belong to undescribed species (*Ceratobranchia sp. and *Cetopsorhamdia sp.).*

while Fowler (1945) provides a catalog of the fish of Peru. Since then, various publications have included information on Peruvian fish, but only in a sporadic fashion. Fortunately, since the 1970's there has been a resurgence of interest in ichthyological research at the Museo de Historia Natural of the Universidad Nacional Mayor de San Marcos, as a result of which there have been some ichthyological surveys in important areas such as along the Ucayali (Coronel Portillo), Madre de Dios (Manu and Tambopata), and Amazon (Iquitos). Nevertheless, there are several problems limiting a full understanding of the fish species diversity in Peru, including large areas that remain unsurveyed, the difficulty of access to many areas that would be interesting to explore, and the lack of trained personnel to complete such surveys.

Included among these little-known regions of Peru is the Department of Amazonas. In this region there have been isolated expeditions to the lower Río Cenepa. Among the results is the discovery of a new genus and species, *Aguarunichthys torosus* (Stewart 1986), and two new species of the genus *Panaque* (Schaefer and Stewart 1993). During the RAP trip a survey of fish was made from 15-28 July 1994 near PV 22 ("Falso Paquisha"). The results of these surveys indicate an appreciable diversity of fishes, in view of the elevation at the collecting sites, and with special biological and distributional characteristics.

The collecting sites were located along the upper Río Comainas between PV 3 and PV Comainas, but efforts were concentrated near PV 22 (Appendix 14); the elevations of the collecting sites ranged from 850 to 1100 m. Just below PV 3 two rivers of about equal width (five to six meters across) unite to form the upper Río Comainas, in a sharply descending, and, at times, where passing through outcroppings of large rocks, narrow torrent. The water is clear and cold (16° C). The river continues descending steeply for four kilometers to PV 22, where three streams entering from the left bank double the size of the river. Three kilometers farther downstream the Río de los Cuatro enters on the right bank, and again doubles the size of the Comainas. Two more small streams enter from the left bank about a kilometer downstream from this confluence.

mos una lista combinada de las especies del viaje de Simmons en 1972, para los anuros, como fuera presentada por Duellman y Lynch (1988); y para los anuros adicionales, cecilias y reptiles, recolectados entre los 830 y 1910 m de los registros del Museo de Historia Natural de la Universidad de Kansas, amablemente provistos por E. Simmons.

Ana Almendáriz hizo un diagnóstico de los anfibios y reptiles en tres localidades de la Cordillera del Cóndor durante la expedición RAP en 1993 (ver arriba).

Métodos

Durante la expedición del RAP en 1993 a la Cordillera del Cóndor en el Perú, las evaluaciones herpetológicas fueron conducidas por Reynolds e Icochea en dos localidades y por Reynolds en otra localidad; todas a lo largo del río Comainas. Estas zonas en orden descendente de elevación son: 1) La base del Cerro Machinaza (1750 m, 03° 53'S 78°25' W); 2) Alfonso Ugarte (=PV 3, 1138 m, 03°54'S 78°25' W); 3) PV Comainas (665 m, 04°06'S 78°24' W). Además, se hizo una pequeña colección de anfibios y reptiles en Falso Paquisha (= PV 22, 850 m, 04°01'S 78°24' W) por Hernan Ortega y Walter Wust de manera incidental a su trabajo con peces y aves.

Reynolds e Icochea hicieron una evaluación de reptiles en Alfonso Ugarte entre el 14-16 y 21-27 de julio, y al pie del Cerro Machinaza entre el 17 y 20 de julio. Los anfibios y reptiles se recolectaron principalmente de noche revisando la vegetación que borda los senderos establecidos en el bosque, así como a las orillas de las cabeceras del río Comainas en Alfonso Ugarte. Se dedicó un total de ocho noches a la observación de reptiles en Alfonso Ugarte y cuatro noches al pie del Cerro Machinaza. Otros especímenes adicionales fueron recolectados de manera oportunista alrededor del campamento y en caminatas diurnas de reconocimiento por los senderos.

El trabajo de diagnóstico en el Puesto de Vigilancia Comainas lo realizó Reynolds en ocho noches entre el 28 de julio y el 6 de agosto. Se realizaron investigaciones nocturnas en la planicie inundarle y los senderos del bosque al sur de dicho puesto, a lo largo de la banda occidental del río Comainas.

In the study area the riverine vegetation was largely undisturbed, apart from an area of about three hectares near the military post, which was primarily under cultivation.

Fish were mainly captured in drag nets (two, four, and six m long) with three to six mm mesh; with hand nets with a 50 cm diameter purse and mesh size of 2 mm; a 3 m diameter cast net; and with line and hook. Collections were made both in the Río Comainas and in small tributary streams, with sampling at different times and under different environmental conditions (e.g., before and after rains).

The 638 specimens contain at least 16 species of fish, representing 3 orders, 7 families, 13 genera and 16 species (Appendix 14). Characiforms included four species in four genera of Characidae and one genus and species of Lebiasinidae. Among the caracids are *Creagrutus kunturus*, which is a new species to science (Vari et al. 1995), and *Melanocharacdium rex*, a new record for Peru. Among Siluriformes, the Loricariidae are well represented with 3 genera and 5 species. These fish are generally adapted to torrents and feed upon sessile green algae. Pimelodidae is represented by two predatory species. There also are two species of Astroblepidae, which have modifications to allow them to attach to hard surfaces; they usually live under rocks where they feed on small insects. A single miniature species, still unidentified, of Trichomycteridae was found in the sandy margins of streams near PV 22.

Among the species that can be classified in terms of diet, the majority are insectivores (*Creagrutus, Melanocharacidium, Lebiasina, Hemibrycon* and *Astroblepus*) followed by the microphagous species (*Chaetostoma, Hemiancistrus* and *Hypostomus*), and finally by omnivores (*Brycon* and *Pimelodella*) and piscivores (*Rhamdia* and *Crenicichla*).

The species composition encountered in the Río Comainas is consistent with montane habitats and is similar to the fauna known to the headwaters of the Santiago and Tigre rivers in Ecuador.

Resultados

Un total de 256 especímenes de anfibios y reptiles representando 32 especies de anuros y 21 de reptiles fueron recolectadas en cuatro localidades entre los 665-1750 m, durante la expedición RAP de 1994 a la Cordillera del Cóndor en el Perú (Apéndice 12). Los especímenes colectados están depositados en el Museo de Historia Natural de la Universidad Mayor de San Marcos, Lima, Perú y en el Museo Nacional de Historia Natural de los Estados Unidos, Washington D.C.

Nuestro trabajo de campo no coincidió con la época de lluvias intensas necesarias para aumentar la actividad reproductiva de los anuros. Debido a ésto las especies de anuros documentadas en nuestro trabajo, deben considerarse sólo como una muestra del total de esa fauna presente. Sin embargo el número total de especies registradas por nosotros y por (32 vs. 31) Simmons es muy similar (Apéndice 11 y 12).

Es de notar la marcada diferencia en los patrones de distribución altitudinal entre las familias Hylidae y Leptodactylidae registradas en nuestras localidades. Once especies de Hylidos se recolectaron en la parte baja en Comainas, mientras que sólo dos especies de Hylidos se encontraron en Alfonso Ugarte y ninguna en el Cerro Machinaza. De modo inverso, recolectamos diez leptodactilidos en las partes altas (Alfonso Ugarte y Cerro Machinaza) contra cuatro especies en Comainas.

La *Rhamphophryne festae* del Cerro Machinaza y la *Hemiphractus bubalus* de Alfonso Ugarte representan nuevos registros para el Perú. Ninguna de estas dos fué reportada en las listas recientes de anfibios del Perú de Rodríguez et al. (1993) y Morales (1995). Sin embargo, ambas especies se conocen en Morona-Santiago, Ecuador: *Hemiphractus bubalus* de la Cordillera del Cóndor y *Rhamphophryne festae* de la Cordillera de Cutucú (Duellman y Lynch 1988).

Un total de 58 especies, 35 anfibios y 23 reptiles, fueron documentadas en el lado oriental de la Cordillera del Cóndor por la expedición de 1987 del Museo de Historia Natural y la expedición RAP de 1994 (Apéndice 2). En el lado occidental de la Cordillera, Simmons recolectó un total de 48

32 especies de anuros y 21 de reptiles fueron recolectadas en cuatro localidades entre los 665-1750 m, durante la expedición RAP de 1994.

January 1997

LEPIDOPTERA OF THE CORDILLERA DEL CÓNDOR (G. Lamas)

The butterfly fauna of the Cordillera del Cóndor, lying on the border between Perú and Ecuador, has been surveyed on three separate occasions. The first inventory took place between 21 October -3 November 1987, in the neighborhood of "Puesto de Vigilancia 22" (PV 22), in the central portion of the Peruvian side of the Cordillera, at 04°01'S, 78°24'W, at elevations of 800-900 m. Three hundred and twenty-two species were recorded there by G. Lamas while participating in an expedition organized by the Museo de Historia Natural, Universidad Nacional Mayor de San Marcos, and sponsored by the Consejo Nacional de Ciencia y Tecnología, Lima.

Between 17-28 July 1993, while performing an ornithological survey for Conservation International, the late T. A. Parker made a small collection of butterflies at my request at three separate locations on the Ecuadorian side of the Cordillera: 1) Miazi, 900 m; 2) Coangos, 1500-1600 m; and 3) Achupallas, 2100-2200 m. Forty-four species were obtained in the first site, 32 in the second, and only 6 in the third.

Finally, during the joint Conservation International/Museo de Historia Natural, Universidad Nacional Mayor de San Marcos expedition to the Peruvian side of the Cordillera, between 14-25 July 1994, work was carried on in three more sites: 1) vicinity of "Puesto de Vigilancia 3" (PV 3), 1000-1200 m; 2) 2-3 km N PV 3, 1600-1750 m; and 3) 5 km north of PV 3, 2100 m. The first site yielded 168 species, the second 36, and the third only one. Most of the specimens were collected by G. Lamas, but some were provided by A. Forsyth and W. Wust, the latter collecting the single individual recorded from the third site, at 2100 m which, incidentally, proved to be a new species for science.

The complete list of 474 species of butterflies recorded in the Cordillera del Cóndor is presented in Appendix 15, in the form of a table, with columns discriminating the seven collecting sites (four in Peru and three in Ecuador). In addition Appendix 15 gives a list of the species of moths

especies, 31 anfibios y 17 reptiles (Apéndice 11). La combinación de las dos listas da un total de 88 especies divididas de la siguiente manera: 54 anuros, 1 cecilia, 12 lagartijas, 1 anfisbenido, y 20 serpientes. Sólo 13 (15%) especies son comunes a ambos lados de la Cordillera. Las 25 especies de anuros recolectadas en los lugares más elevados en los bosques de niebla, probablemente son una representación moderadamente completa de la fauna total, basándose en comparaciones con otros bosques de nieblas razonablemente bien estudiados, en los cuales se han registrado entre 20 a 29 especies (Duellman 1988). Sin embargo, estas cifras deben tomarse con precaución, debido al sesgo impuesto por las condiciones climáticas expuestas arriba y por la naturaleza tentativa de las identificaciones del material del RAP de 1994 (especialmente *Eleutherodactylus*). Los totales aquí presentados seguramente cambiarán a medida que las identificaciones de especímenes se refinen más.

ICTIOFAUNA DE LA CORDILLERA DEL CÓNDOR

Fauna de peces en el río Nangaritza y sus tributarios (R. Barriga)

La literatura científica relacionada con los peces de agua dulce de Sudamérica es muy extensa. Los estudios anteriores han servido de base para la sistematización de los peces ribereños del Ecuador. El conocimiento de la ictiofauna del sudeste del Ecuador debe mucho al material recolectado por naturalistas de museos norteamericanos y europeos, tanto en el siglo pasado como el presente. Sin embargo, la primera investigación de la fauna de peces en el Ecuador, se realizó por M. Ibarra y R. Barriga en 1978-1979. (Stewart et al. 1987, Barriga 1991).

La fauna de peces del sudeste ecuatoriano pertenece a la cuenca del alto río Santiago. Dos ríos de mayor importancia en la parte norte de estas cuencas son el Upano y el Paute, que se unen para formar el Namangoza; estos ríos pertenecen a la vertiente oriental del macizo de los Andes y la vertiente occidental de la

of the families Sphingidae and Saturniidae that were collected at a mercury-vapor lamp at PV 3, during the nights of 14-25 July 1994 by G. Lamas.

An analysis of the biogeographical affinities of the butterfly species found at the Cordillera del Cóndor clearly indicates five different groups: 1) Widespread lowland and lower montane species; 2) Widespread montane; 3) Localized (i.e. endemic) lowland and lower montane; 4) Endemic montane; and 5) Endemic upper montane (see Lamas 1982).

The first group includes species that are not particularly restricted to forests, but occupy mainly open habitats (forest canopy and edges, scrub, disturbed areas, etc.), and are widely distributed in the Neotropics, such as most of the Nymphalinae, Limenitidinae, Apaturinae, Lycaenidae, Pieridae, Papilionidae and Hesperiidae. Interestingly, virtually no "weedy" species (that is, those that are ubiquitous and synanthropic in highly disturbed places throughout the Neotropics) were found, indicating that the area is almost free of human disturbance. The only "weedy" species found were *Arawacus separata* (Lycaenidae); *Phoebis argante*, *Eurema albula*, *Leptophobia aripa* (Pieridae); *Heraclides anchisiades* (Papilionidae); and *Urbanus dorantes*, *U. teleus*, *Anthoptus epictetus*, *Cymaenes hazarma* and *Pompeius pompeius* (Hesperiidae), and all of them had very low population densities. It is noteworthy that the common, "weedy" species of such genera as *Anartia*, *Junonia*, *Vanessa* (Nymphalinae); *Danaus* (Danainae); *Rekoa*, *Leptotes* (Lycaenidae); *Ascia* (Pieridae); and *Pyrgus*, *Hylephila* and *Panoquina* (Hesperiidae) were absent in the area.

The second group comprises species adapted to montane open habitats, which are widely distributed in the Andes, usually from Venezuela to northern Argentina, at elevations between 500-2000 m, exhibiting little or no subspecific differentiation along this vast area. Examples of these are found among *Hypanartia*, *Anthanassa*, *Telenassa* (Nymphalinae); *Diaethria*, *Adelpha* (Limenitidinae); *Polygrapha*, *Fountainea*, *Noreppa* (Charaxinae); *Oressinoma*, *Steroma* (Satyrinae); and *Lieinix*, *Eurema*, *Hesperocharis*, *Pereute* and *Perrhybris* (Pieridae).

Cordillera de Cucutú. El río más importante en la parte sur de la cuenca es el Zamora; el río Santiago se forma luego con la confluencia del Zamora y el Namangoza. El principal tributario del río Santiago es el Nangaritza que fluye entre la Cordillera de Tzunantza y la ladera occidental de la Cordillera del Cóndor. Entre los tributarios por la banda izquierda del Nangaritza (que acarrean las aguas de la Cordillera de Tzunantza) están: el Shaime, el Guaysimi, el Wantza, el Natentza y el Nanguipa. Entre los tributarios de la banda derecha del Nangaritza y más abajo del Zamora/Santiago (que acarrean las aguas de la vertiente occidental del Cóndor) están: el Numapatakaime, el Miazi, el Maycu, el Ñayumbe, el Yapi, el Pachicutza, el Mayacu, el Quimi, el Yunguma, y el Coangos.

Se recolectaron especímenes de peces en siete puntos del alto río Nangaritza y sus tributarios (Apéndice 13). Unos 650 especímenes de peces fueron recolectados. Durante la evaluación se recolectaron treinta y cinco especies, representando el 5.8% de la ictiofauna conocida en el Amazonas ecuatoriano . Estas pertenecen a 13 familias y 25 géneros. Los grupos más diversificados son los Characidae (10 especies) y los Pimelodidae (6 especies).

Se encontraron cinco especies que no eran conocidas en la región anteriormente (*Apteronotus albifrons*, *Callichthys callychthys*, *Bryconamericus cismontanus*, *Paradon pongoense*, y *Pimelodella yuncensis*). Además se recolectó especímenes de dos taxas que pueden pertenecer a especies no descritas (*Ceratobranchia* sp. y *Cetopsorhamdia* sp.). La composición de las especies es similar en todas las estaciones de observación. El número de especies registradas en cada estación es también similar (29-32 especies), con excepción de dos localidades con un número significativamente menor de especies (10-12 especies).

Aunque la continuación de trabajos de campo en la cuenca del río Nangaritza sin duda dará por resultado la documentación de nuevas especies, existen varios factores que seguramente contribuyen a limitar la diversidad de peces en la misma. La topografía de las áreas drenadas por el alto río Nangaritza es muy pronunciada y

Se recolectó especímenes de dos taxas que pueden pertenecer a especies no descritas (Ceratobranchia sp. y Cetopsorhamdia sp.).

The prediction made by Lamas (1982), that endemic upper montane forest forms should be found in the Cordillera del Cóndor, seems to have been fulfilled.

The localized (endemic) lower montane forms include subspecies (rarely, species) mostly characteristic of the "Sucúa" endemism center of Brown (1979), which surrounds the base of the Cordillera del Cóndor, being bounded by the rivers Chinchipe, Paute, and Santiago, and including the watersheds of the Nangaritza, Zamora, Coangos and Cenepa rivers. In contrast, some the lowland forms are characteristic of the "Napo" and others of the "Ucayali" centers of Brown (1979); these are the "Napo" and "Yurimaguas" biogeographical units, respectively, of Lamas (1982). Easily recognizable members of the "Sucúa" center are found among the Heliconiinae and Ithomiinae, whose detailed distribution patterns are better known than in most other butterflies. Certain forms of Satyrinae, Pieridae and Riodinidae can also be assigned with confidence to this center.

The montane endemics are found above 1500 m. On the Peruvian side of the cordillera, where an altitudinal transect between 1000 and 1750 m was traversed repeatedly, a sharp contrast in species composition of the butterfly communities was noted at about 1500 m elevation, meaning that very few species found above 1500 m also occurred at lower elevations, and vice versa. Apparently, all montane endemics discovered so far in the area belong to the Ithomiinae, Satyrinae and Hesperiidae, and most represent new species or subspecies. However, they are not restricted exclusively to the Cordillera del Cóndor, as some of the Ithomiinae are known from nearby areas in southern Ecuador and northern Perú, and a few of the Satyrinae have also been found very recently at Parque Nacional Podocarpus, Zamora-Chinchipe, Ecuador (T. Pyrcz, pers. comm.).

Concerning the upper montane elements, only seven species were collected in the *tepui*-like bromeliad sward on top of the Cordillera, above 2000 m. Of those obtained in Ecuador, the new species of *Hypanartia* is known all along the Andes of Perú, south to western Bolivia, thus belonging properly to the second group mentioned above; *Corades pannonia* ssp. n. has been found as well in P. N. Podocarpus; and *Lerema viridis* was described from a single male from the vicinity of Baños (Tungurahua, Ecuador). The unique male collected by Ted Parker seems to be the sec-

escabrosa, los bosques inundables están ausentes, la temperatura del agua es baja y el PH es neutral (con la tendencia hacia la acidez). En consecuencia, la ictiofauna de la región no está muy diversificada. Los efectos de la deforestación, la minería y la sobre pesca amenazan con reducir esta diversificación aún más.

Ictiofauna del alto río Comainas (H. Ortega & F. Chang)

El conocimiento de la ictiofauna de la Amazonía peruana se remota al siglo pasado. Desde que naturalistas extranjeros realizaron expediciones en Río Amazonas y tributarios importantes como el Marañón y Ucayali, que concluyeron con la descripción de varias especies nuevas (Cope 1878). Posteriormente, se describió la composición de la ictiofauna hallada durante la expedición Irwin, en varias cuencas del Perú (Eigenmann y Allen 1942). En 1945, Fowler publica un catálogo de los peces del Perú. Paulatinamente, después de estos trabajos, la información sobre la ictiofauna peruana siguió incrementado e incluyendo otras áreas.

Actualmente, el Museo de Historia Natural de la Universidad Mayor de San Marcos continua con las investigaciones de ictiofauna en aguas continentales y general información sobre las diferentes cuencas del país; entre ellas el Río Ucayali (Coronel Portillo), Madre de Dios (Manu y Tambopata), y el Río Amazonas (Iquitos). Sin embargo, el conocimiento de la diversidad de peces del Perú esta limitado principalmente por la extensión de las cuencas, inaccesibilidad a las áreas poco estudiadas, y escasez de personal capacitado para realizar evaluaciones ícticas.

El Departamento de Amazonas es una de las áreas pobremente conocidas, habiéndose realizado expediciones hasta el bajo Río Cenepa. Entre los resultados obtenidos se describió un genero y especie nueva, *Aguarunichthys torosus* (Stewart 1986), y dos especies nuevas del genero *Panaque* (Schaefer y Stewart 1993). Durante el viaje RAP, entre el 15-28 de julio de 1994, el primer autor realizó el inventario de los peces en los alrededores del Puerto de Vigilancia (PV) 22. Los resultados indican que la diversidad y distribución de

92   CONSERVATION INTERNATIONAL   **Rapid Assesment Program**

ond specimen known in the world (Evans 1955). The single satyrine collected on the Peruvian side represents an undescribed species of *Yphthimoides*, which is quite surprising, as most members of the genus dwell in lowland, savanna-like habitats. The latter species, as well as *Pedaliodes* sp. nr. *phthiotis* and *Penrosada* sp. n. 1 may prove to represent the only true upper montane endemics found so far in the Cordillera.

The distributional patterns described herein are in close conformity with those described earlier (Lamas 1982) for other areas in Perú, except that the lower montane forest elements of the Cordillera del Cóndor do not belong to the "Marañón" unit, but to a previously unrecognised unit for Perú, equivalent to Brown's (1979) "Sucúa" center. The prediction made by Lamas (1982), that endemic upper montane forest forms should be found in the Cordillera del Cóndor, seems to have been fulfilled.

No biogeographic inferences can be drawn from the Sphingidae and Saturniidae collected, as most of their species are widespread in South America. However, in terms of diversity, it is interesting to note that only two species less of sphingids were obtained at PV 3 in 12 nights (50 collecting hours) than at the Tambopata Reserved Zone (Madre de Dios, Perú) during six years (Lamas 1985, 1989). This does not necessarily mean that PV 3 may have a higher sphingid diversity than Tambopata, only that a rather intensive survey, employing a powerful mercury-vapor lamp as at PV 3, can give better results than the sporadic collecting at low-power white incandescent lights, as done in Tambopata. In any case, the sphingid diversity at PV 3 must certainly be higher than that found at San Carlos de Río Negro, Venezuela, where 33 species were collected during 13 nights (Fernández 1978), and La Trinidad, Venezuela, where 46 species were recorded in an 11-year period (Fleming 1947). On the other hand, the 34 species of Saturniidae recorded at PV 3 are certainly meager compared to the 65 found at Tambopata (Lamas 1989), but most of the latter (58) were collected at blacklight traps during one month of intensive field work, totaling over 300 hours.

especies esta influenciada por la altitud, y características físicas y biológicas de la cuenca.

Las estaciones de colecta estaban distribuidas a lo largo de la parte alta del Río Comainas, entre el PV 3 y PV Comainas, pero el esfuerzo de pesca se concentró alrededor del PV 22 (Apéndice 14). Las colectas se realizaron entre 850-1100 m de latitud. El alto Río Comainas nace de la confluencia de dos quebradas, y su torrente discurre abruptamente entre grandes rocas. El agua es cristalina y fría (16° C). El río continua su descenso por cuatro km hasta el PV 22, en donde 3 arroyos de la margen izquierda confluyen al río y duplican su volumen. Tres kilómetros, río abajo, el Río de los Cuatro desemboca por la margen derecha, incrementando otra vez el caudal del Comainas. Un kilometro abajo de esta confluencia, 2 arroyos pequeños, de la margen izquierda, se unen al río.

La vegetación riberña del area de estudio no estaba perturbada, con excepción de una parcela cultivada (aproximadamente 3 ha) cerca del puesto militar. Los peces fueron capturados con redes de arrastre (de 2, 4 y 6 m de largo, y 3-6 mm de malla), red de mano, con bolsa de 50 cm de diámetro y malla de 2mm, red de lance de 3 m de diámetro, anzuelos y lineas. Se hicieron colectas en el Río Comainas y arroyos tributarios, a diferentes horas y condiciones climaticas.

Se colectaron 638 especímenes que pertenecen a 3 ordenes, 7 familias, 13 géneros y 16 especies (Apéndice 14). Characiformes esta conformado, por Characidae, con 4 géneros y 4 especies, y Lebiasinidae, con un genero y una especie. Entre los caracidos *Creagrutus kunturus* es nueva para la ciencia (Vari et al. 1995) y *Melanocharacdium rex* se registró por primera vez en el Perú. De los Siluriformes, las Loricariidae están representados con 3 géneros y 5 especies adaptadas a los torrentes. Pimelodidae está representada por dos especies depredadoras. Hay dos especies de Astroblepidae, con modificaciones que les permite adherirse a superficies duras, viven bajo las rocas y se alimentan principalmente de insectos acuáticos. Una especie de Trichomycteridae con una especie que vive en zonas arenosas. Los Perciformes están representados por una especie de Cichlidae.

De acuerdo a su dieta los peces se pueden clasificar en insectívoros (*Creagrutus,*

THE COPROPHAGOUS SCARABAEINAE (COLEOPTERA, SCARABAEIDAE) COMMUNITY OF THE CORDILLERA DEL CÓNDOR
(A. Forsyth and S. Spector)

The coprophagous Scarabaeinae (Coleoptera, Scarabaeidae) community of the Cordillera del Cóndor was surveyed in 1994 by running series of baited pitfall traps at two localities, PV 3 (1000 m) and along the crest of ridge below Cerro Machinaza (1500 m). This proved to be an interesting but, from the perspective of biodiversity conservation, not particularly significant community. This community was characterized by low diversity (18 spp.), low abundance and dominated by relatively widespread species (Appendix 16). Only one species of a relatively poorly understood genus (*Uroxys*) was undescribed, although three other species could not be assigned definite specific identity. The low diversity and abundance is ecologically consistent with Emmons' and Pacheco's characterization of the mammal fauna of the region (above).

Methods

The pitfall trapping methods followed were consistent with those outlined in Peck and Forsyth (1982). Traps consisted of large plastic cups buried so that the rim of the cup was even with the substrate surface. Traps were baited with 50-100 g of human dung wrapped in a double layer of cheesecloth and suspended over the cup. The cup was half filled with a solution of water, salt and detergent and a large leaf was placed over the cup and bait in order to protect the trap from flooding during rainfall. In order to obtain a separation of the diurnal and nocturnal communities, the traps were emptied at roughly 6:00 and again at 18:00 hr. Taxonomic determinations were completed by Dr. Bruce D. Gill of Agriculture Canada.

Richness

The low observed species richness is somewhat surprising given the proximity to the lowland

Melanocharacidium, Lebisasina, Hemibrycon y *Astroblepus*), micrófagos (*Chaetostoma, Hemiancistrus* e *Hypostomus*), y omnívoros (*Brycon* y *Pimelodella*) y piscívoros (*Rhamdia* y *Crenicichla*).

La composición de especies encontrada del Río Comainas es propia de los ambientes de montaña, y se asemeja a la fauna de las cabaceras de los ríos Santiago o Tigre (en el Ecuador).

LEPIDOPTEROS DE LA CORDILLERA DEL CÓNDOR (G. Lamas)

La fauna de mariposas de la Cordillera del Cóndor, situada en la frontera entre Ecuador y Perú ha sido objeto de inventarios en tres ocasiones distintas. El primero se hizo entre el 21 de octubre y el 3 de noviembre de 1987, en los entornos del Puesto de Vigilancia 22 (PV 22), del lado peruano de la cordillera, a 04 01'S, 78 24'W, a 800-900 m de altura. Trescientas veintitrés especies fueron registradas por G. Lamas en este lugar, mientras participaba en una expedición organizada por el Museo Nacional de Historia Natural de la Universidad Nacional Mayor de San Marcos, y auspiciada por el Consejo Nacional de Ciencia y Tecnología de Lima.

Entre el 17 y 28 de julio de 1993, mientras se realizaba una evaluación ornitológica para Conservation International, el fallecido ornitólogo Ted Parker efectuó una pequeña recolección de mariposas, cumpliendo con un pedido personal, en tres localidades, el lado ecuatoriano de la Cordillera: 1) Miazi, 900 m (04°17'S, 78°38'W); 2) Coangos, 1500-1600 m (03°29'S, 78°14'W); y 3) Campamento Achupallas, 2100-2200 m (03° 27'S, 78°21'W). Cuarenta cuatro especies fueron obtenidas en la primera localidad, 32 en la segunda, y sólo 6 en la tercera.

Finalmente, durante la expedición conjunta Conservation International/Museo Nacional de Historia Natural de la Universidad Nacional Mayor de San Marcos, al lado peruano de la Cordillera, entre el 14-25 de julio de 1994, se trabajó en otras tres localidades: 1) alrededor del Puesto de Vigilancia 3 (PV 3), 1000-1200 m (03° 55'S, 78°26'W); 2) 2-3 km N PV 3, 1600-1750 m

Amazonian basin faunas where communities of 50, 60 or more species are commonly recorded. Further, sampling other Neotropical forests at 1000 m normally results in much greater diversity and abundance (personal observations). The low species richness of the cordillera probably reflects the marginal climatic conditions and the low availability of food in this site.

The Chao 2 statistical indicator of species richness (Colwell and Coddington 1994) indicates that our effort of 25 trap/days adequately sampled the species richness of the site, as does the species accumulation curve, which approached a plateau after three trap-days of sampling effort. However, the baited pitfall method of sampling may have missed or grossly underestimated certain elements of the Scarabaeinae fauna. For example, *Dendropaemon*, which feeds in bromeliad debris, is best sampled using flight intercept traps. In such a community where mammals are scarce and epiphytes are abundant, this group may be more significant than in lowland communities. We suggest that flight intercept traps always be run in conjunction with baited pitfall traps (see Peck and Davies 1980).

The low diversity of this insect guild stands in sharp contrast to the results of G. Lamas (above), who collected Lepidoptera and recorded greater than 500 species in two relatively brief collecting periods. Species diversity in Lepidoptera is more directly associated with plant species diversity, while diversity in Scarabaeinae probably is correlated with other features of the environment such as soil, rainfall and mammalian communities. This highlights the need to look at a variety of invertebrate indicator taxa in any survey of this nature as well as the need for further research to illustrate the associations between various insect taxa and abiotic ecosystem characteristics.

Composition

The community exhibited the hallmarks of a montane cloud forest community, even at 1000 m, reflecting the relatively constant cloud cover and cool conditions characteristic of the slope of the Cordillera del Cóndor. The dominant beetles were relatively massive *Dichotomius*, *Deltochilum* and

(03°54'S, 78°26'W); y 3) 5 km N PV 3, 2100 m (03°53'S, 78°26'W). En el primer lugar se colectaron 168 especies, el segundo 36, y en el tercero una. La mayor parte de los especímenes fueron recolectados por G. Lamas, pero algunos fueron obtenidas por A. Forsyth y W. Wust, este último habiendo recolectado el único individuo registrado en la tercera localidad, 2100 m, que, coincidencialmente, resultó ser una especie nueva para la ciencia.

La lista completa de 474 especies documentadas en la Cordillera del Cóndor se halla en el Apéndice 15, en forma de tabla, con columnas que especifican las siete localidades de recolección (cuatro en Perú y tres en Ecuador). Además el Apendice 15 da una lista de especies de polillas de las familias Sphingidae y Saturniidae que fueron recolectadas por G. Lamas en una lámpara de vapor de mercurio en PV 3, en las noches del 14-25 de julio de 1994.

Un análisis de las afinidades biogeográficas de las especies encontradas en la Cordillera del Cóndor indica claramente cinco grupos diferentes: 1) Especies de tierras bajas y de bosque montano bajo ampliamente difundidas; 2) Montana ampliamente distribuidas; 3) Localizadas (v.g. endémicas) de tierras bajas y montañas; 4) Montanas endémicas; y 5) Montanas altas endémicas (ver Lamas 1982).

El primer grupo incluye especies que no son particularmente restringidos a los bosques, pero ocupan sobre todo hábitats abiertos (dosel y orillas del bosque, matorrales, áreas perturbadas, etc.), y se hallan ampliamente distribuidas en el neotrópico, como la mayor parte de las Nymphalinae, Limenitidinae, Apaturinae, Lycaenidae, Pieridae, Papilionidae y Hesperiidae. Es interesante que no se encontró prácticamente ninguna especie ubicua (aquellas que son abundantes y "sinantrópicas" en los lugares altamente perturbados a través de los neotrópicos), lo cual indica que el área se halla casi totalmente libre de perturbación por acción humana. Las únicas especies ubicuas que se encontraron fueron *Arawacus separata* (Lycaenidae), *Phoebis argante, Eurema albula, Leptophobia aripa* (Pieridae); *Heraclides anchisiades* (Papilionidae); y *Urbanus dorante, U. teleus, Anthoptus epicte-*

The dominant beetles were relatively massive Dichotomius, Deltochilum *and* Cprophaneus *species that show an ability to thermoregulate their body temperature and remain active at low ambient air temperatures.*

Coprophaneus species that show an ability to thermoregulate their body temperature and remain active at low ambient air temperatures.

Typical of communities that are low in species richness, a few species were relatively dominant in the community. The two most common species, *Sylvicanthon candezei* and *Dichotomius quinquelobatus*, account for 490 of the 755 specimens collected (64.9%) and 39.74 g of the total 66.76 g of specimen biomass (59.5%). In addition, *Deltochilum mexicanum, Eurysternus caribaeus* and *Eurysternus velutinus* are geographically widespread species ranging from Central America into southern Amazonia. Thus there was little evidence of the richness and endemism that apparently characterizes the plant communities of the Cordillera del Cóndor. There is also a much greater degree of ecological dominance than is typical of more diverse lowland communities (Howden and Nealis 1975; Peck and Forsyth 1982).

Interestingly, several significant genera that are common in other Neotropical sites, such as *Phaneus* and *Canthon,* were absent in the Cóndor. At this time we are unable to offer insight into the lack of these genera in the Cóndor community, but it does hints at the unique character of the Cóndor ecosystem.

Productivity

Trapping at the 1500 m camp proved so unproductive, with virtually no beetle activity, that attention was focused on the lower elevation site. The forests seemed to be remarkably unproductive in terms of the mammalian biomass that sustains this group of beetles. In the Cóndor, 24-hour trap samples yielded an average of 30.2 beetles with an average biomass of 2.65 g, whereas a productive lowland site in Peru such as Tambopata typically yielded an order of magnitude more biomass or individuals.

tus, Cymaenes hazarma y *Pompeius pompeius* (Hesperiidae), todas ellas con una densidad poblacional muy baja. Es de notar que las especies comunes de géneros tales como el *Anartia, Junonia, Vanessa* (Nymphalinae); *Danaus* (Danainae); *Rekoa, Leptotes* (Lycaenidae); *Ascia* (Pieridae); y *Pyrgus, Hylephila* y *Panoquina* (Hesperiidae) no se hallan en el área.

El segundo grupo incluye especies adaptadas a hábitats montanos abiertos, que están ampliamente distribuidas por los Andes, generalmente desde Venezuela hasta el norte argentino, a alturas entre 500-2000 m, sin exhibir ninguna o muy poca diferenciación subespecífica a lo largo de esta vasta extensión. Los ejemplos de éstas se hallan entre *Hypanartia, Anthanassa, Telenassa* (Nymphalinae); *Diaethria, Adelpha* (Limenitidinae); *Polygrapha, Fountainea, Noreppa* (Charaxinae); *Oressinoma, Steroma* (Satyrinae); y *Lieinix, Eurema, Hesperocharis, Pereute* y *Perrhybris* (Pieridae).

Las formás localizadas (endémicas) montanas bajas incluyen subespecies (rara vez, especies) principalmente características del centro endémico "Sucúa" de Brown (1979), que rodea la base de la Cordillera del Cóndor, delimitada por los ríos Chinchipe, Paute y Santiago, incluyendo las cuencas de los ríos Nangaritza, Zamora, Coangos y Cenepa. En contraste, algunas formás de tierras bajas son características del los centros de Brown (1979) del "Napo" y otras de los del "Ucayali"; éstas son las unidades biogeográficas de "Napo" y "Yurimaguas", respectivamente, según Lamas (1982). Representantes fácilmente reconocibles del centro "Sucúa" se hallan entre las Heliconiinae e Ithomiinae, cuyos patrones detallados de distribución se conocen mejor que los de la mayor parte de las otras mariposas. Ciertas formás de Satyrinae, Pieridae y Riodinidae pueden ser asignadas con confianza a este centro.

Las montanas endémicos se hallan por encima de los 1500 m. En el lado peruano de la Cordillera, donde un transecto longitudinal entre 1000 y 1750 m fué recorrido repetidamente, se observó un cambio abrupto en la composición de las comunidades de mariposas a la altura de 1500 m, o puesto de otra forma, muy pocas de las especies que ocurren

AN ONYCHOPHORAN IN THE CORDILLERA DEL CÓNDOR, AMAZONAS, PERU (J. Icochea M.)

Onychoprans (Phyllum Onychophora) are very rarely found in nature. These animals are of special interest because of questions surrounding their evolutionary history, as they have characters linking them both to arthropods and to annelid worms. The morphology of the living species of onychoprans does not appear to have changed much since the Cambrian. Currently, it is estimated that about there are about 80 species of onychophorans worldwide, in two families, Peripatidae and Peripatopsidae (Brusca and Brusca 1990). Of these, five have been recorded to date in Peru.

While searching for amphibians and reptiles near PV 3, I caught a specimen of onycophoran. This specimen had 37 pairs of feet, with 4 papillae per foot, 5 plantar arcs per foot, dorsal folds of the same width, and a length of 4 cm. Using the key of Peck (1975), this appears to be a species of *Oroperipatus* (Peripatidae), as it is similar to *O. quitensis* (Bouvier 1905, Read 1986). In any case, it is a new record for Peru.

The onychophoran fauna of Peru is very poorly-known, and it is important to report all records of this interesting group of invertebrates. Table 1 lists records of onycophora in Peru.

por encima de los 1500 m , se hallan también en lugares menos elevados y viceversa. Al parecer, todas las especies montanas endémicas descubiertas en el área pertenecen a Ithomiinae, Satyrinae y Hesperiidae, y la mayor parte representan nuevas especies o subespecies. Sin embargo éstas no están restringidas exclusivamente a la Cordillera del Cóndor, ya que algunas de las Ithomiinae se conocen también en áreas cercanas al sur ecuatoriano y el norte del Perú, y algunas de las Satyrinae también han sido encontradas recientemente en el Parque Nacional Podocarpus, Zamora-Chinchipe, Ecuador (T. Pyrcz, com.pers.).

En cuanto a los elementos montanos altos, solamente siete especies fueron recolectadas en los campos de bromelias en las formaciones de tipo *tepui* en la cima de la Cordillera, por encima de los 2000 m. De las obtenidas en el Ecuador, la nueva especie de *Hypanartia* ocurre a lo largo de los Andes peruanos, hacia el sur hasta el occidente de Bolivia y así pertenece al segundo grupo mencionado arriba.; *Corades pannonia* ssp. n. ha sido hallada también en el P. N. Podocarpus; y *Lerema viridis* fue descrita de un solo individuo macho de los alrededores de Baños (Tungurahua, Ecuador). El único espécimen recolectado por Ted Parker parece ser el segundo espécimen que se conoce en el mundo (Evans 1955). El único Satirino recolectado en el lado peruano representa un especie no descrita de *Yphthimoides*, lo cual es bastante sorprendente, puesto que la mayor parte de los miembros de este género ocurren en hábitats de llanura de tipo sabana. La última especie mencionada, lo mismo que *Pedaliodes* sp. ca. *phthiotis* y *Pedaliodes* sp. n. 2. pueden ser las únicas verdaderamente endémicas que se haya encontrado hasta ahora en la Cordillera.

Los patrones de distribución descritos aquí se hallan en estrecha conformidad con aquellos descritos con anterioridad (Lamas 1982) para otras áreas del Perú, excepto que los elementos montanos bajos de la Cordillera del Cóndor, no pertenecen a la unidad "Marañón", pero a una unidad antes no descrita para el Perú, equivalente al centro "Sucúa" de Brown (1979). La predicción hecha por Lamas (1982), que las formás montanas altas endémicas debían hallarse en la Cordillera del Cóndor, parece haberse confirmado.

La predicción hecha por Lamas (1982), que las formás montanas altas endémicas debían hallarse en la Cordillera del Cóndor, parece haberse confirmado.

Table 1. Onychophora of Peru

Family Peripatidae
  Oroperipatus bluntschlii (Fuhrman, 1915)
  Distribution: depto. Loreto, Río Samiria, 120 m.
  Oroperipatus koepckei Zilch, 1954
  Distribution: depto. Piura, at Km 35 on the
  Olmos-Jaén highway, 1400 m.
  Oroperipatus omeyrus Marcus, 1952
  Distribution: depto. Cuzco, Sahuayaco in the
  Urubamba valley (between Abancay and
  Maras), 800 m; depto. Cajamarca, San José de
  Lourdes, above the Río Chirimos, 1000 m.
  Oroperipatus peruvianus (Brues, 1917)
  Distribution: depto. Cajamarca, Tabaconas,
  near Huancabamba, 2000 m.
  Oroperipatus sp. (cf. *quitensis*)
  Distribution: depto. Amazonas, upper Río
  Comainas, 1100 m.
  Oroperipatus weyrauchi Marcus, 1952
  Distribution: depto. Ucayali, Yúrac, above the
  Río Aguaytía, left-bank tributary of the Río
  Ucayali, 300 m.

Ninguna inferencia biogeográfica puede ser deducida de las Sphingidae y Saturniidae recolectadas, ya que la mayor parte de sus especies se hallan ampliamente difundidas en Sudamérica. Sin embargo, en términos de diversidad cabe notar que sólo dos especies menos de esfíngidos fueron obtenidas en el PV 3 en 12 noches (50 horas de colecta) que las obtenidas en Zona Reservada Tambopata (Madre de Dios, Perú) durante seis años (Lamas 1985, 1989). Esto no significa que PV 3 tenga una diversidad de esfíngidos más grande que Tambopata, sólo que una evaluación más intensa, empleando una lámpara poderosa de vapor de mercurio en PV 3, puede dar mejores resultados, que el uso esporádico de una lámpara incandescente como se hizo en Tambopata. En todo caso la diversidad de esfíngidos en PV 3 debe con seguridad ser más alta que la encontrada en San Carlos de Río Negro, Venezuela, donde se recolectó 33 especies en 13 noches (Fernández 1978), y La Trinidad, Venezuela, donde se documentó 46 especies durante un tiempo de once años (Fleming 1947). Por otro lado, las 34 especies de Saturniidae encontradas en PV 3 arrojan un resultado pobre comparadas con las 65 encontradas en Tambopata (Lamas 1989), pero la mayor parte de estas últimás (58) fueron recolectadas con trampas de luz negra durante un mes de intenso trabajo de campo, con un total de 300 horas.

LA COMUNIDAD ESCARABAJOS COPROFAGOS (COLEOPTERA, SCARABAEIDAE) EN LA CORDILLERA DEL CÓNDOR (A. Forsyth y S. Spector)

En 1994 se realizó una investigación de la comunidad de Escarabajos coprofagos (Coleoptera, Scarabaeidae) de la Cordillera del Cóndor, utilizando una serie de trampas de cebo en dos localidades, PV 3 (1000 m) a lo largo de la cresta del farallón por debajo del Cerro Machinaza (1500 m). Aunque interesante, esta comunidad no resultó ser significativa desde el punto de vista de la conservación de la biodiversidad; se caracterizó por su baja diversidad (18 spp.), baja en población y dominada por especies ampliamente difundidas (Tabla 1). Sólo una especie, perteneciente a un género poco estudiado (*Uroxys*), no había sido descrita antes,

aunque no se pudo asignar una identidad específica a otras tres especies. En términos ecológicos, la baja diversidad y población es consistente con la caracterización de la fauna mamífera de la región hecha por Emmons y Pacheco (ver arriba).

Métodos

Los métodos de trampeo con fosas utilizados son consistentes con los delineados por Peck y Forsyth (1982). Las trampas consistían en un tazón plástico enterrado de manera que el borde del recipiente quedara al ras del suelo. Se utilizó como cebo 50-100 gr. de excremento humano envuelto en una doble capa de estopilla y suspendido sobre el recipiente. Se llenó el tazón hasta la mitad con una solución de agua, sal y detergente y se colocó una hoja grande encima de la trampa para evitar que le entrara agua en caso de lluvias. Para lograr una separación entre las comunidades diurnas y las nocturnas se vaciaron las trampas a las 6 a.m. y luego a las 6:00 p.m., aproximadamente. Las determinaciones taxonómicas fueron completadas por el Dr. Bruce D. Gill del Ministerio de Agricultura de Canada .

Riqueza

Ha sido sorprendente la poca diversidad (riqueza) observada, sobre todo si se considera la proximidad a la fauna de las tierras bajas Amazónicas, donde con frecuencia se registran 50- 60 o más especies. Más aún, el muestreo en bosques neotropicales a 1000 m de altura, por lo general resulta en mucho mayor diversidad y abundancia (observaciones personales). La riqueza baja de especies en la Cordillera del Cóndor seguramente refleja las condiciones climáticas marginales y la escasa disponibilidad de alimentos observada en el área.

El indicador estadístico de riqueza de especies Chao 2 (Colwell and Coddington 1994) indica que los 25 trampeo/días proporcionaron un muestreo adecuado de la riqueza del lugar, tanto como la curva de acumulación de especies que llegó a su cumbre después de tres días de trampeo. Sin embargo, el método de trampeo con fosas puede haber sido enefectivo subestimando algunos elementos de la fauna Scarabaeinae. Por

ejemplo, *Dendropaemon*, que se alimenta de desechos de bromelias, es mejor captada con trampas que interceptan su vuelo. En este tipo de comunidad, donde los mamíferos son escasos y las epífitas son abundantes, este grupo puede ser más significativo que en las comunidades de tierras bajas. Por esta razón se sugiere se use siempre trampas que capten insectos al vuelo, además de las trampas de fosas (ver Peck y Davies 1980).

La insuficiente diversidad de este registró por encima de las 500 especies en dos períodos de recolección relativamente cortos. La diversidad de especies de Lepidóptera está probablemente más vinculada a la diversidad de especies de plantas, mientras que la diversidad de Scarabaeinae está probablemente correlacionada con otras características del medio, como son los suelos, las lluvias y las comunidades de mamíferos. Esto hace resaltar la necesidad de observar una variedad de indicadores de taxa de invertebrados en cualquier evaluación de esta naturaleza, a la vez que indica la necesidad de mayores estudios que ilustren los vínculos correlativos entre las diferentes taxas de insectos y las características abióticas de los ecosistemás.

Composición

Esta comunidad presenta el sello característico de las comunidades de bosque nublado montano, aún a 1000 m, lo cual refleja la cobertura nubosa relativamente constante y el clima frío característicos de la ladera de la Cordillera del Cóndor. Las especies dominantes de escarabajos, *Dichotomius*, *Deltochilum* and *Coprophaneus* son relativamente corpulentas y manifiestan la capacidad de regular su temperatura interna y de permanecer activos en temperaturas ambientales bajas.

Como es típico en las comunidades de baja riqueza de especies, unas pocas especies son relativamente dominantes. Las dos especies más comunes, *Sylvicanthon candezei* y *Dichotomius quinquelobatus* sumaron 490 de los 775 especímenes recolectados (64.9%) y 39.74g de un total de 66.76 g la biomása de los mismos (59.5%). Además, *Deltochilum mexicanum*, *Eurysternus caribaeus* y *Eurysternus velutinus* son especies de amplia distribución geográfica, desde Centro-

Las especies dominantes de escarabajos, Dichotomius, Deltochilum *and* Coprophaneus *son relativamente corpulentas y manifiestan la capacidad de regular su temperatura interna.*

américa hasta el sur de la amazonia; lo cual demuestra muy poca evidencia de la riqueza y el endemismo que al parecer caracteriza a las comunidades de plantas de la Cordillera del Cóndor. Tambien hay más dominación ecológica que es típica de las comunidades más diversas en tierras bajas (Howden and Nealis 1975; Peck and Forsyth 1982).

Es interesante notar que varios géneros importantes que ocurren comúnmente en otras localidades del neotrópico, como *Phaneus* y *Canthon*, están ausentes en el Cóndor. Actualmente no es posible ofrecer una explicación a la carencia de estos géneros en la comunidad del Cóndor, sin embargo, ésto nos da una pauta sobre el carácter único del ecosistema.

Productividad

Ya que el trampeo a 1500 m resultó tan improductivo (no se detectó casi ninguna actividad de escarabajos) la atención se centró en la localidad de menor altura. El bosque parece ser marcadamente inproductivo en cuanto a la biomása mamífera que sostiene a este grupo de escarabajos. En el Cóndor un trampeo de 24 horas rindió un promedio de 30.2 escarabajos con una biomása promedio de 2.65 g, mientras que un área productiva de las tierras bajas en el Perú, como Tambopata, rendiría típicamente un resultado mucho mayor en biomása y cantidad de individuos.

UN ONICOFORO EN LA CORDILLERA DEL CÓNDOR (J. Icochea M.)

Los Onicoforos (Phyllum Onychophora) muy rara vez se hallan en estado natural. Estos animales presentan interés especial por las interrogantes que envuelven su historia evolutiva, ya que comparten características tanto de los artrópodos como de los gusanos anélidos. La morfología de las especies vivientes de Onychophora parecen no haberse modificado desde el período cámbrico. Al presente, se estima que en todo el mundo hay unas 80 especies de Onychophoran, distribuidas en dos familias, Peripatidae y Peripatopsidae (Brusca y Brusca 1990). De éstas, cinco han sido registradas hasta la fecha en el Perú.

Mientras se buscaba anfibios y reptiles cerca de OV 3, se encontró un onicoforo de 4 cm de longitud, que tenía a 37 pares de pies, con cuatro papilas y cinco arcos plantares por pie, y pliegues dorsales del mismo ancho. Usando la clave de Beck (1975) , parece corresponder a una especie de *Oroperipatus* (Peripatidae), similar a *O. quitensis* (Bouvier 1905, Read 1986). En todo caso, constituye un nuevo registro para el Perú.

La fauna de onicoforos del Perú es muy poco conocida y es importante informar sobre todos los registros de este grupo de invertebrados. Los registros de Onycophora en Perú aparecen en la Tabla 1:

Tabla 1. Onychophora del Perú

Familia Peripatidae
Oroperipatus bluntschlii (Fuhrman, 1915)
Distribution: depto. Loreto, Río Samiria, 120 m.
Oroperipatus koepckei Zilch, 1954
Distribution: depto. Piura, at Km 35 on the Olmos-Jaén highway, 1400 m.
Oroperipatus omeyrus Marcus, 1952
Distribution: depto. Cuzco, Sahuayaco in the Urubamba valley (between Abancay and Maras), 800 m; depto. Cajamarca, San José de Lourdes, above the Río Chirimos, 1000 m.
Oroperipatus peruvianus (Brues, 1917)
Distribution: depto. Cajamarca, Tabaconas, near Huancabamba, 2000 m.
Oroperipatus sp. (cf. *quitensis*)
Distribution: depto. Amazonas, upper Río Comainas, 1100 m.
Oroperipatus weyrauchi Marcus, 1952
Distribution: depto. Ucayali, Yúrac, above the Río Aguaytía, left-bank tributary of the Río Ucayali, 300 m.

CONSERVATION INTERNATIONAL

LITERATURE CITED

Albuja V., L., and B. D. Patterson. 1996. A new species of northern shrew-opossum (Paucituberculata: Caenolestidae) from the Cordillera del Cóndor, Ecuador. Journal of Mammalogy 77:41-53.

Albuja V., L., and T. de Vries. 1977. Aves colectadas y observadas alreador de la Cueva de Los Tayos, Morona-Santiago, Ecuador. Revista de la Universidad Católica, No. 16:199-215.

Albuja, L., M. Ibarra, J. Urgilés, and R. Barriga. 1980. Estudio preliminar de los vertebrados ecuatorianos. Escuela Politécnica Nacional, Quito.

Barbour, T., and G. K. Noble. 1920. Some amphibians from northwestern Peru, with a revision of the genera *Phyllobates* and *Telmatobius*. Bulletin of the Museum of Comparative Zoology 63:395-427.

Barkley, L. J., and J. O. Whitaker, Jr. 1984. Confirmation of *Caenolestes* in Peru with information on diet. Journal of Mammalogy 65: 328-330.

Barriga, R. 1991. Lista de peces de agua dulce del Ecuador. Politécnica 16(3):7-56.

Berlin, B., and E. Berlin. 1983. Adaptation and ethnozoological classification: Theoretical implications of animal resources and diet of the Aguaruna and Huambisa. Pages 301-328. In: Hames, R., and W. Vickers (Eds.), Adaptive responses of native amazonians. New York: Academic Press.

Bohlke, J. E. 1958. Studies on fishes of the family Characidae. No.14. A report on several extensive recent collections from Ecuador. Proceedings of the Academy of Natural Sciences of Philadelphia: 110:1-121.

Boster, J. 1984. Inferring decision making from preferences and behavior: An analysis of Aguaruna Jivaro manioc selection. Human Ecology 12:343-358.

Boster, J., B. Berlin, and J. P. O'Neill. 1986. The correspondence of Jivaroan to scientific ornithology. American Anthropology 88:569-583.

Bouvier, E.-L. 1905. Monographie des Onychophores. Annales des Sciences Naturelles (Zoologie) (9)2: 1-383.

Brown, K. S., Jr. 1979. Ecologia geográfica e evolução nas florestas neotropicais. São Paulo, Universidade Estadual de Campinas.

Brown, M. 1984. Una paz incierta. Lima: Centro Amazónico de Antropología y Aplicación Practica (CAAAP).

Brusca, R. C., and G. J. Brusca. 1990. Invertebrates. Sunderland, Massachusetts: Sinauer.

Carbajal, J. L. 1994. Diagnóstico sicio-económico de la Cordillera del Cóndor. Lima: Conservación Internacional. Internal document.

Carbajal, J. L., and M. Chang. 1995. Situación actual de la provincia de Condorcanqui y del distrito de Imaza de la Provincia de Bagua. Lima: Conservación Internacional. Internal document.

Collar, N. J., L. P. Gonzaga, N. Krabbe, A. Madroño Nieto, L. G. Naranjo, T. A. Parker III, and D. C. Wege. 1992. Threatened birds of the Americas: the ICBP/IUCN Red Data Book. Cambridge, U. K.: International Council for Bird Preservation.

Colwell, R. K., and J. A. Coddington. 1994. Estimating terrestrial biodiversity through extrapolation. Philosophical Transanctions of the Royal Society of London B 345:101-118.

Davis, T. J. 1986. Distribution and natural history of some birds from the Departments of San Martín and Amazonas, northern Peru. Cóndor 88:50-55.

Davis, T. J., and J. P. O'Neill. 1986. A new species of antwren (Formicariidae: *Herpsilochmus*) from Peru, with comments on the systematics of other members of the genus. Wilson Bulletin 98:337-352.

Duellman, W.E. 1988. Patterns of species diversity in anuran amphibians in the American tropics. Annals of the Missouri Botanical Garden 75:79-104.

Duellman, W. E., and J. D. Lynch. 1988. Anuran amphibians from the Cordillera de Cutucú, Ecuador. Proceedings of the Academy of Natural Sciences of Philadelphia 140:125-142.

Duellman, W. E., and J. E. Simmons. 1988. Two new species of dendrobatid frogs, genus *Colostethus,* from the Cordillera del Cóndor, Ecuador. Proceedings of the Academy of Natural Sciences of Philadelphia 140:115-124.

Duellman, W. E., and E. R. Wild. 1993. Anuran amphibians from the Cordillera de Huancamba, northern Peru: systematics, ecology, and biogeography. University of Kansas Museum of Natural History Occasional Papers No. 157:1-53.

Eigenmann, C. H., and W. R. Allen. 1942. Fishes of western South America. Lexington, Kentucky: University of Kentucky.

Evans, W. H. 1955. A catalogue of the American Hesperiidae indicating the classification and nomenclature adopted in the British Museum (Natural History). Part IV. Hesperiinae and Megathyminae. London: British Museum (Natural History).

Fernández, F. 1978. Lista preliminar de los Sphingidae (Lepidoptera) de San Carlos de Río Negro, Territorio Federal Amazonas, Venezuela. Boletin Entom. Venez. (N.S.) 1(2):21-24.

Fitzpatrick, J. W., and J. P. O'Neill. 1979. A new tody-tyrant from northern Peru. Auk 96:443-447.

Fitzpatrick, J. W., and J. P. O'Neill. 1986. *Otus petersoni,* a new screech-owl from the eastern Andes, with systematic notes on *O. columbianus* and *O. ingens.* Wilson Bulletin 98:1-14.

Fitzpatrick, J. W., J. W. Terborgh, and D. E.

Willard. 1977. A new species of wood-wren from Peru. Auk 94:195-201.

Fitzpatrick, J. W., D. E. Willard, and J. W. Terborgh. 1979. A new species of hummingbird from Peru. Wilson Bulletin 91:177-186.

Fleming, H. 1947. Sphingidae (moths) of Rancho Grande, north central Venezuela. Zoologica 32:133-145.

Fowler, H. W. 1945. Los peces del Perú. Catálogo sistemático de los peces que habitan en aguas peruanas. Lima: Museo de Historia Natural "Javier Prado", Universidad Nacional Mayor de San Marcos.

Froehlich, J. W., J. Supriatna, and P. H. Froehlich. 1991. Morphometric analyses of *Ateles:* systematic and biogeographic implications. American Journal of Primatology, 25:1-22.

Géry, J. R. 1972. Contribution a l'étude des poissons characoides de l'Equateur. Acta Humboldtiana, Series Geologica, Paleontologica, et Biologica 2:1-110.

Guallart, J. M. 1981. Fronteras Vivas. Poblaciones indígenas en la Cordillera del Cóndor. Lima: Centro Amazónico de Antropología y Aplicación Práctica.

Harner, M. J. 1972. The Jívaro. University of California Press. Berkeley.

Hill, J. E. 1980. A note on *Lonchophylla* (Chiroptera: Phyllostomatidae) from Ecuador and Peru, with the description of a new species. Bulletin of the British Museum (Natural History), (Zoology Series) 38:233-236.

Holdridge, L. R. 1967. Life zone ecology. San José, Costa Rica: Tropical Science Center.

Howden, H. F., and V. G. Nealis. 1975. Effects of clearing in a tropical forest on the composition of the coprophagous scarab beetle fauna (Coleoptera). Biotropica 7:77-83.

Ideele. 1995. Revista del Instituto de Defensa Legal 72: Feb-Mar.

Instituto Nacional de Estadistica e Informática (INEI). 1994. Compendio estadístico 1993-1994. Lima: Dirección Nacional de Censos y Encuestas.

Krabbe, N., and T. S. Schulenberg. In press. Species limits and natural history of *Scytalopus* tapaculos (Rhinocryptidae) of Ecuador, with descriptions of three new species and notes on extralimital forms. Ornithological Monographs.

Krabbe, N., and F. Sornoza M. 1994. Avifaunistic results of a subtropical camp in the Cordillera del Cóndor, southeastern Ecuador. Bulletin of the British Ornithologists' Club 114:55-61.

Lamas, G. 1982. A preliminary zoogeographical division of Peru, based on butterfly distributions (Lepidoptera, Papilionoidea). Pp. 336-357. In: Prance, G.T. (Ed.), Biological Diversification in the Tropics. New York: Columbia University Press.

Lamas, G. 1985. The Castniidae and Sphingidae (Lepidoptera) of the Tambopata Reserved Zone, Madre de Dios, Perú: a preliminary list. Revista Peruana de Entomologia 27:55-58.

Lamas, G. 1989. Lista preliminar de los Saturniidae, Oxytenidae, Uraniidae y Sematuridae (Lepidoptera) de la Zona Reservada de Tambopata, Madre de Dios, Perú. Revista Peruana de Entomologia 31:57-60.

Marín A., M., J. M. Carrión B., and F. C. Sibley. 1992. New distributional records for Ecuadorian birds. Ornitología Neotropical 3:27-34.

Mora, C., T. Mora, and A. Chirif. 1975. Apreciaciones socioculturales de los grupos etnolingüísticos aguaruna y huambisa. In: Marginación y futuro. Lima: Dirección General de Organizaciones Rurales/SINAMOS.

Morales, V. R. 1995. Checklist and taxonomic bibliography of the amphibians from Peru. Smithsonian Herpetological Information Service 107:1-20.

Morales, V., and R. Schulte. 1993. Dos especies nuevas de *Colostethus* (Anura, Dendrobatiadae) en las vertinetes de la Cordillera Oriental del Perú y del Ecuador. Alytes 11(3):97-106.

Orcés-Villagómez, G. 1980. Contribuciones al conocimiento de los peces del Ecuador. II. Distribución de algunos géneros de peces en los ríos ecuatorianos. Politécnica 5(1):53-63.

Ortega, H. 1991. Adiciones y correcciones a la lista anotada de los peces continentales del Perú. Publicaciones del Museo de Historia Natural, Universidad Nacional Mayor de San Marcos, (A) 39: 1-6.

Ortega, H., and R. P. Vari. 1986. Annotated checklist of the freshwater fishes of Peru. Smithsonian Contributions to Zoology No. 437:1-25.

Ovchynnyk, M. M. 1967. Freshwater fishes of Ecuador. Monograph Series No.1. Latin American Studies Center, Michigan State University.

Ovchynnyk, M. M. 1968. Annotated list of the freshwater fishes of Ecuador. Zoologischer Anzeiger 181:237-268.

Palacios, W. A. 1994. Especies nuevas de Meliaceae del Ecuador y areas adyacentes. Novon 4: 155-164.

Parker, T. A., III, and B. Bailey. 1991. A biological assessment of the Alto Madidi region and adjacent areas of northwest Bolivia. RAP Working Papers No. 1. Washington, D.C.: Conservation International.

Parker, T. A., III, and S. A. Parker. 1982. Behavioural and distributional notes on some unusual birds of a lower montane cloud forest in Peru. Bulletin of the British Ornithologists' Club 102:63-70.

Parker, T. A., III, T. S. Schulenberg, G. R. Graves, and M. J. Braun. 1985. The avifauna of the Huancabamba region, northern Peru. Pp. 169-197. In: Buckley, P. A. et al. (Eds.), Neotropical Ornithology. Ornithological Monographs No. 36.

Patton, J. L., B. Berlin, and E. A. Berlin. 1982. Aboriginal perspectives of a mammal community in Amazonian Perú: knowledge and utilization patterns among the Aguaruna Jívaro. Pp. 111-128. In: Mares, M. A., and H. H. Genoways (Eds.), Mammalian biology in South America. Pymatuning Symposia in Ecology No. 6.

Peck, S. B. 1975. A review of the New World Onychophora with the description of a new cavernicolous genus and species from Jamaica. Psyche 82:341-358.

Peck, S. B., and A. E. Davies. 1980. Collecting small beetles with large area "window" traps. Coleopterists' Bulletin 34:237-239.

Peck, S. B., and A. Forsyth. 1982. Composition, structure and competitive behaviour in a guild of Ecuadorian rain forest dung beetles (Coleoptera: Scarabaeidae). Canadian Journal of Zoology 60:1624-1634.

Rageot, R., and L. Albuja. 1994. Mamíferos de un sector de la Alta Amazonía Ecuatoriana: Mera, Provincia de Pastaza. Politécnica 19 (2):165-208.

Read, St. J. 1986. Clave para identificación de los onicóforos del Ecuador. Publicaciones del Museo Ecuatoriano de Ciencias Naturales 7:87-90.

Rivadeneira, J. 1996. Caracterización de la Zona Sur de la Amazonia Ecuatoriana, en particular de la Cordillera del Cóndor. Quito: Fundación Natura. Internal Document.

Robbins, M. B., and S. N. G. Howell. 1995. A new species of pygmy-owl (Strigidae: *Glaucidium)* from the eastern Andes. Wilson Bulletin 107:1-6.

Robbins, M. B., R. S. Ridgely, T. S. Schulenberg, and F. B. Gill. 1987. The avifauna of the Cordillera de Cutucú, Ecuador, with comparisons to other Andean localities. Proceedings of the Academy of Natural Sciences of Philadelphia 139:243-259.

Rodriguez, L. O., J. H. Córdova, and J. Icochea. 1993. Lista preliminar de los anfibios del Peru. Pubicaciones del Museo de Historia Natural, Universidad Nacional Mayor de San Marcos (A) 45:1-22.

Saul, W. G. 1975. An ecological study of fishes at a site in Upper Amazonian Ecuador. Proceedings of the Academy of Natural Sciences of Philadelphia 127:93-134.

Sauer, W. 1965. Geología del Ecuador. Ed. Ministerio de Educación. Quito, Ecuador.

Schaefer, S. A., and D. J. Stewart. 1993. Systematics of the *Panaque dentex* species group (Siluriformes: Loricariidae), wood-eating armored catfish from tropical South America. Ichthyological Exploration of Freshwaters 4:309-342.

Snethlage, E. 1913. Über die Verbreitung der Vogelarten in Unteramazonien. Journal für Ornithologie 61:469-539.

Snow, B. K. 1979. The oilbirds of Los Tayos. Wilson Bulletin 91:457-461.

Snow, B. K., and M. Gochfeld. 1977. Field notes on the nests of the Green-fronted Lancebill *Doryfera ludoviciae* and the Blue-fronted Lancebill *Doryfera johannae*. Bulletin of the British Ornithologists' Club 97:121-125.

Stewart, D. J. 1986. Revision of *Pimelodina* and description of a new genus and species from the Peruvian Amazon (Pisces: Pimelodidae). Copeia 1986:653-672.

Stewart, D. J., R. Barriga, and M. Ibarra. 1987. Ictiofauna de la cuenca del río Napo, Ecuador Oriental: lista anotada de especies. Politécnica 12(4):9-63.

Stotz, D. F., J. W. Fitzpatrick, T. A. Parker III, and D. K. Moskovits. 1996. Neotropical birds: ecology and conservation. Chicago: University of Chicago Press.

Vari, R. P., A. S. Harold, and H. Ortega. 1995. *Creagrutus kunturus*, a new species from western Amazonian Peru and Ecuador (Teleostei: Charadriformes: Characidae). Ichthyological Exploration of Freshwaters 6:289-296.

Vivar, E. and R. Arana-Cardo. 1994. Lista preliminar de los mamíferos de la Cordillera del Cóndor, Amazonas, Peru. Publicaciones del Museo de Historia Natural, Universidad Nacional Mayor de San Marcos (A) 46:1-6.

Wilson, D. E., and D. M. Reeder. 1993. Mammal species of the world. Second Ed. Washington, D.C.: Smithsonian Institution Press.

GAZETTEERS AND ITINERARIES

Most coordinates were taken with a hand-held GPS receiver, and compiled by Jaqueline Goerck.

Personnel, Main Team: Luis Albuja, Ana Almendáriz, Alwyn H. Gentry, Jaqueline Goerck, Alfredo Luna, Theodore A. Parker III.

Banderas. 03°28'S, 78°15'W, 1350 m. Province of Morona-Santiago, Canton of Gualaquiza. A small cleared area along the Río Coangos, a few Shuar houses nearby. Gentry collected plants on a 'ridge above Banderas', 16 July.

First Meseta.
An abandoned airstrip on top of the Cordillera del Cóndor. Stunted vegetation with several orchid species. Parker and Goerck collected butterflies, 16 July.

Coangos. 03°29'S, 78°14'W, 1500-1600 m. Province of Morona-Santiago. Small army post. Surrounding cloud forests are largely intact, except for a small amount of cutting for fuel for the base. 16-21 July.

Achupallas. 03°27'S, 78°21'W, 2100 m. Province of Morona-Santiago, 15 km E of Gualaquiza. Uninhabited ridge at one of the highest points in the northern Cordillera del Cóndor. *Tepui*-like bromeliad-dominated herbazales. 21-26 July.

Ridgetop East of Achupallas. 03°22'S, 78°20'W, 2500 m. High montane forest and bromeliad-dominated herbazales. Gentry collections, 26 July.

Miazi. 04°17'S, 78°38'W, 900 m. Province of Zamora-Chinchipe, Canton of Nangaritza. Army post on the left (west) bank of the Río Nangaritza. Floodplain forest at 850 m, forested slopes above camp to 1000 m, dense montane thicket on quartzite substrate from 1070-1090 m. 27 July-1 August.

Aquatic Team: R. Barriga. See Appendix 15 for descriptions of collecting stations.

1994 RAP EXPEDITION

Most coordinates were taken with hand held GPS receivers, and data were compiled by Louise H. Emmons and Robin B. Foster.

Perú: Departamento de Amazonas, upper Río Comainas, Cordillera del Cóndor

Personnel

14 July-7 August: Hamilton Beltran, Louise Emmons, Robin Foster, Robert Reynolds, Thomas Schulenberg.

14-28 July: Kim Awbrey, Adrian Forsyth, Javier Icochea, Gerardo Lamas, Hernan Ortega, Victor Pacheco, Walter Wust.

28 July-7 August: Moises Cavero.

Puesto Visitado 'Alfonso Ugarte' (PV 3).
03°54'S, 78°25'W, 1150 m. Base camp at army post at the junction of two large streams, at the headwaters of the Río Comainas. Small clearings near the post, some cutting in forest, otherwise surrounding forests largely intact. Trails were worked below the post, along the ridge due north of the post, and along a long, high ridge to the northwest. Awbrey, Beltran, Cavero, Emmons, Foster, Icochea, Lamas, Pacheco, Reynolds, Schulenberg, and Wust, in various combinations, 14 July-7 August.

Ridge Camp. No coordinates, 1738 m.
Camp in forest on crest of ridge behind (north of) PV 3, just below south-facing cliffs of Cerro Machinaza. Awbrey, Beltran, Cavero, Emmons, Foster, Icochea, Lamas, Pacheco, Reynolds, Schulenberg, and Wust, in various combinations, between 16 July-3 August.

Cerro Machinaza. 03°53'S, 78°26'W, 2150 m.
A large table mountain at the head of the Comainas valley, ascended with ropes. Summit visited by Beltran, Cavero, Foster, Schulenberg, and Wust, principally 30 July-2 August.

Puesto Visitado 22, (PV 22). 04°01'S, 78°24'W, 716 m. Surveyed only for fish (Ortega), 14-28 July.

Puesto Visitado Comainas. 04°06'S, 78°23'W, 665 m. Army post on the west (right) bank of the Río Comainas. Herpetological and mammal surveys only (Emmons and Reynolds), 28 July-7 August.

1. *Otoglossum* sp.
   Plant #6715

2. *Maxillaria* sp.
   Plant #1626

3. *Elleanthus* sp.
   Plant #1614

4. *Elleanthus* sp.
   Plant #1658

5. *Maxillaria* sp.
   Plant #1642

6. *Pterichis* sp.
   Plant #1631

7. *Gompichis*
   Plant #1635

8. *Maxillaria attennata*
   Plant #1657

9. *Pleurothallis* sp.
   Plant #1612

10. *Odontoglossum*
    Plant #1616

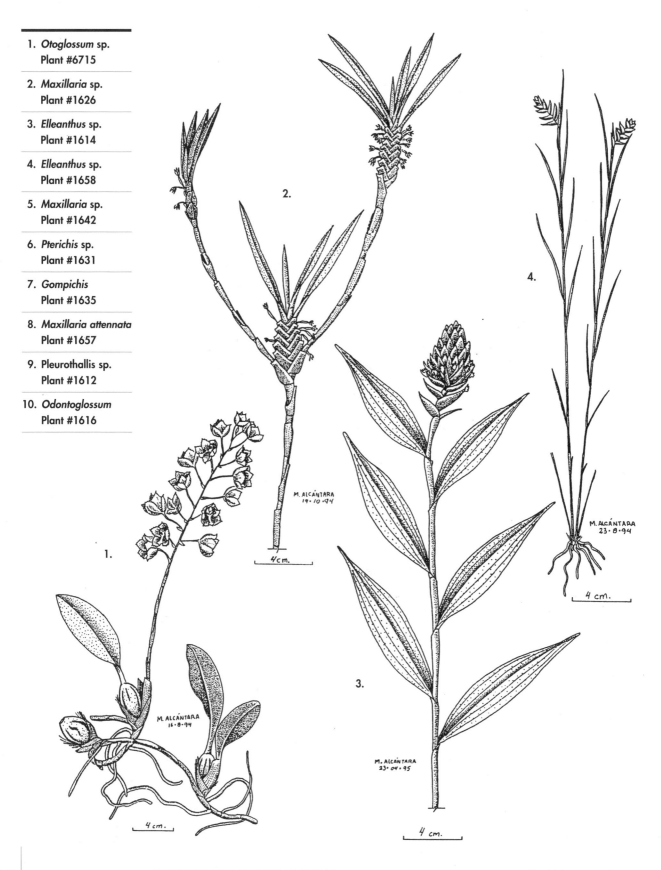

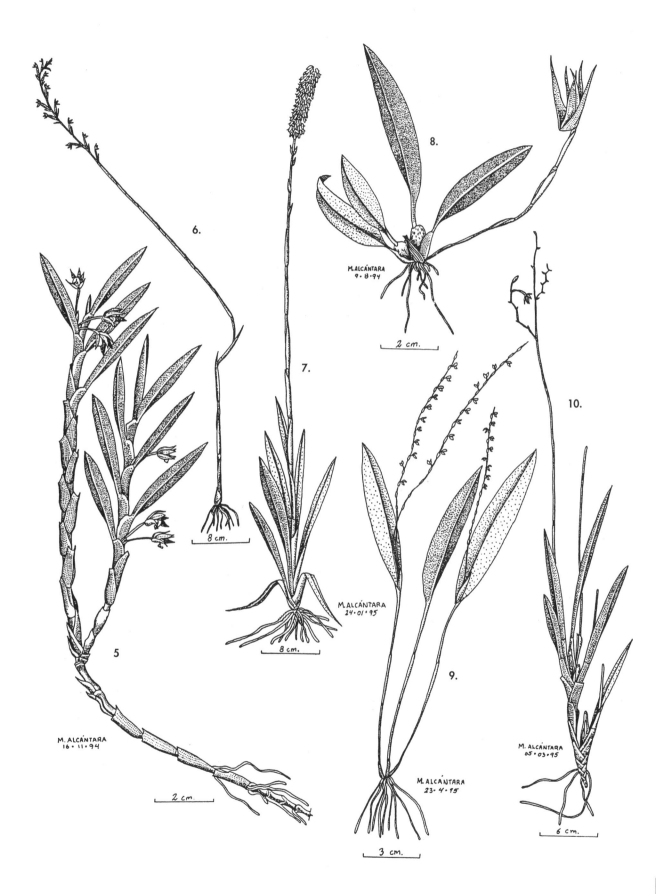

5
M. ALCÁNTARA
16 · 11 · 94

2 cm.

6.

7.

8 cm.

8.

M.ALCÁNTARA
9 · 8 · 94

2 cm.

M.ALCÁNTARA
24 · 01 · 95

8 cm.

9.

M. ALCÁNTARA
23 · 4 · 95

3 cm.

10.

M. ALCÁNTARA
05 · 03 · 95

6 cm.

11. *Epidendrum* sp.
Plant #1641

12. *Pleurothallis* sp.
Plant #1653

13. *Sobralia suaveolens*
Plant #1648

14. *Lepanthes* sp.
Plant #1645

15. *Cryptocentrum pseudobulbosum*
Plant #1655

16. Pleurothallis sp.
#1652

17. *Epidendrum* sp.
Plant #1633

18. *Pachyphyllum* sp.
Plant #1629

19. *Epidendrum alsum*
Plant #1630

20. Pleurothalis sp.
Plant #1611

21. *Maxillaria* sp.
Plant #1639

22. *Lepanthes* sp.
Plant #1646

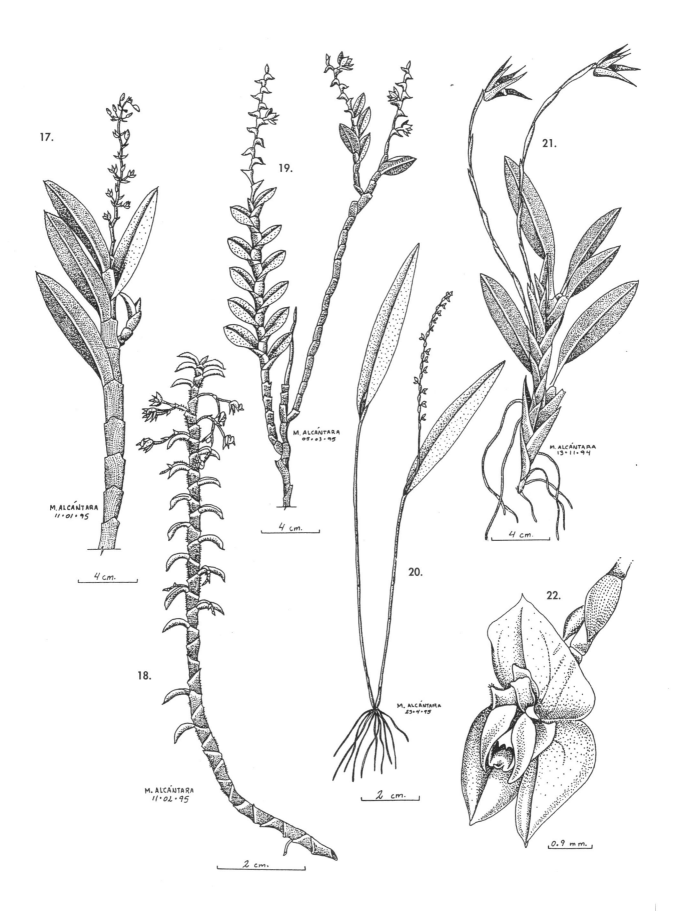

17.

M. ALCÁNTARA
11·01·95

4 cm.

18.

M. ALCÁNTARA
11·02·95

2 cm.

19.

M. ALCÁNTARA
05·03·95

4 cm.

20.

M. ALCÁNTARA
23·4·95

2 cm.

21.

M. ALCÁNTARA
13·11·94

4 cm.

22.

0.9 mm.

APPENDICES

Plant Collections from the Río Nangaritza Basin, Cordillera del Cóndor

Walter A. Palacios

For certain taxonomic groups, such as *Piper, Anthurium, Psychotria, Inga, Weinmannia, Ilex* and others, only those species that have been identified are listed.

PTERIDOPHYTA

Adiantum fuliginosum	Palacios et al. 8720
Adiantum peruvianum	Palacios & Neill 6773
Adiantum terminatum	Palacios 8211
Adiantum erinacea H. Karst	Palacios 6608
Adiantum pauciflora	Palacios 6719
Antrrhophyum cajenense (Desv.) Spreng	van der Werrf et al. 13348
Asplenium auriculatum (Thunb.)	Palacios et al. 8605
Asplenium haprophyllum	Palacios & Neill 6686
Asplenium laetum	Palacios et al. 8698
Asplenium macrunum Michel & Stolze	van der Werff et al. 13153
Asplenium pearcei	Palacios 8214
Aspplenium pteropus	van der Werff 13039
Asplenium rutaceum (Willd.)	Neill 9576
Asplenium serra Langsd. & Fisher	Palacios et al. 8696
Asplenium serrata	Palacios 6628
Asplenium uniseriale	Neill & Palacios 9687
Blechnum divergens Kuntze	van der Werff et al. 13037
Blechnum gracile	Palacios et al. 8649
Blechnum occidentale	Palacios & Neill 6766
Campyloneurum ophiocaulum (Klotszsch)	Palacios 8224
Campyloneurum repens (Aubl.)	Neill 9638
Cnemidaria ewanii (Alston)	van der Werff et al. 13248
Cnemidaria serrulatum (Sw.)	Palacios & Neill 6678
Cyathea bipinnatifida (Baker)	Palacios 6499
Cyathea lechleri	Palacios 6667
Cyathea muscilaginosa	Palacios 8204
Cyathea palaciosii R. C. Moran	Palacios ⸻
Cyathea pilossisima (Baker)	Palacios & Neill 6502
Cyathea tortuosa R. C. Moran	Neill & Palacios 9563

Cyathea ulei (H. Christ)	van der Werff et al. 13110
Danaea elliptica	Palacios & Neill 6708
Danaea humillis	van der Werff et al. 13300
Danaea trichomaniodes	Neill & Palacios 9629
Dicranoglossum furcatum L.	van der Werff et al. 13405
Dicranopteris pectinata (Willd.)	Palacios 67229
Diplazium bombonasae	Palacios et al. 8718
Diplazium cristatum (Desr.)	Palacios 6640
Diplazium obscuratum	Palacios & Neill 6582
Diplazium pinnatifidum	Palacios 8201
Diplazium trianae (Mett.)	Neill & Palacios 9562
Diplazium vastum (Mett.)	van der Werff 13146
Elaphoglossum apodum	Palacios et al. 8632
Elaphoglossum erinaceum (Fée)	Palacios 6745
Elaphoglossum lechlerianum (Mett.) Moore	Palacios & Neill 6698
Elaphoglossum lingua (Raddi)	Palacios & Neill 6670
Elaphoglossum nigrescens (Hook.)	Neill 9648
Elaphoglossum peltatum (Sw.)	Palacios & Neill 6482
Elaphoglossum pseudoboryanum	van der Werff et al. 13319
Elaphoglossum raywaense (Jenman)	van der Werff et al. 13325
Grammitis bryophila (Maxon)	van der Werff et al. 13107
Huperzia curvifolia (Kuntze)	van der Werff et al. 13173
Huperzia ericifolia (Presl)	Palacios & Neill 6705
Lastreopsis sp.	van der Werff et al. 13073
Lellingeria subsssesilis (Baker)	van der Werff 13106
Lindsaea guianensis (Aubl.)	Palacios 6735
Lindsaea hemiglossa	Neill & Palacios 9619
Lycopodium sp.	van der Werff et al. 13051
Megalastrum hirsutosetosum (Hieron)	Palacios et al. 8766
Micrialgramma percussa (Cav.)	van der Werff et al. 13265
Micropolypodium sp.	van der Werff et al. 13103
Nephrolepis pectinata (Willd.)	Palacios et al. 8603
Pecluma consimilis (Mett.)	van der Werff et al. 13178
Polybotrya caudata	van der Werff et al. 13113

Polybotrya lechleriana	Neill & Palacios 9631
Polybotrya osmundacea	Palacios et al. 8725
Polypodium fraxinifolium	Palacios & Neill 6457
Polystichum platyphyllum (Willd.)	van der Werff et al. 13156
Pteris sp.	Palacios 8227
Pterozonium brevifrons	van der Werff et al. 13193
Pterozonium reniforme (Mart.)	van der Werff et al. 13185
Saccoloma inaequale (Kuntze)	Palacios 6600
Saccoloma squamossum	Palacios 6721
Selaginella anceps (C. Presl.)	Palacios & Neill 6676
Selaginella articulata (Kuntze)	Palacios & Neill 6557
Selaginella asperula	Palacios 6728
Selaginella flagellata	Palacios & Neill 6775
Selaginella haematodes (Kuntze)	Palacios et al. 8609
Selaginella parkeri (Hook. & Grev.)	Palacios & Neill 6460
Solanopteris bifrons (Hook.)	Neill 9645
Sticherus bifidus (Willd.)	Palacios & Neill 6446
Tectaria incisa	Palacios & Neill 6446
Thelypteris gigantea (Mett.)	Palacios 6637
Thelypteris leprieurii (Hook.)	Palacios & Neill 6702
Thelypteris pinnatifida	van der Werff et al. 13165
Trichomanes angustatum	Palacios & Neill 6707
Trichomanes bicorne	Palacios 6713
Trichomanes cristatum	Palacios & Neill 6666
Trichomanes elegans Rich.	Palacios 6743
Trichomanes fimbriatum Backh. ex T. Moore	Palacios & Neill 6700
Trichomanes pellucens	van der Werff et al. 13177
Trichomanes rigidum	Palacios & Neill 6668
Trichomanes trollii	Neill & Palacios 9630
Vittaria stipitata	Palacios & Neill 6487

GYMNOSPERMAE

PODOCARPACEAE

Podocarpus guatemalensis Standley	Neill & Palacios 13297

ACANTHACEAE

Aphelandra sp.	Neill 9656
Justicia stuebelii Lindau	Palacios 6662

ACTINIDIACEAE

Saurauia sp.	Palacios 8203

AMARANTHACEAE

Celosia grandifolia Moquin	Palacios & Neill 6762
Chamissoa sp.	van der Werff & Freire 13352

AMARYLLIDACEAE

Bomarea sp.	Palacios et al. 8786

ANACARDIACEAE

Mauria sp.	Neill & Palacios 9616
Tapirira	Palacios et al. ——

ANNONACEAE

Crematosperma sp.	Neill 9589
Duguetia sp.	Palacios & Neill 6752
Guatteria sp.	Palacios & Neill 6701

APIACEAE

Eryngium foetidum	Palacios et al. 8737

APOCYNACEAE

Aspidosperma sp.	Palacios et al. ——
Himatanthus sp.	Neill & Palacios ——
Lacmellea sp.	Neill & Palacios 9548
Mesechites trifida (Jacquin) Muell. Arg.	Neill 9676
Tabernaemontana sananho R. & P.	Palacios et al. 8715

AQUIFOLIACEAE

Ilex sp.	Palacios & Neill 6683

ARACEAE

Anthurium acrobates Sodiro	Palacios 8229
Anthurium balslevii Croat sp. nov.	Palacios 6650
Anthurium effusilobum Croat sp. nov.	Palacios 6658
Anthurium harlingianum Croat sp. nov.	Neill & Palacios 9560
Anthurium mindense Sodiro	Neill & Palacios 9698
Anthurium triphyllum Brongn. ex Schott	Palacios & Neill 6467
Anthurium truncicolum Engl.	Palacios & Neill 6478

Caladium sp.	Neill & Palacios 9633
Homalomena crinipes Engl.	Palacios et al. 8699
Monstera lechleriana Schott	Palacios et al. 8768
Monstera subipinnata (Shcott) Engl.	Palacios et al. 8688
Philodendron colombianum R. E. Schultes	Palacios 6635
Philodendron crassipeliolatum Croat & Bogner, sp. nov.	Palacios et al. 8769
Philodendron micranthum Poepp. & Schott	Palacios & Neill 6492
Philodendron wurdackii	Neill & Palacios 9617
Rhodospata latifolia Poepp.	Palacios et al. 8637
Spathiphyllum cannaefolium (Dryander) Schott	Neill 9649
Spathiphyllum juninensi K. Krause	Palacios & Neill 6679
Spathyphyllum minor Bunting,	van der Werff et al. 13166
Stenospermatium amonifolium (Poepp.) Schott	van der Werff et al. 13062
Xanthosoma viviparum Madison	Palacios & Neill 6760
ARALIACEAE	
Oreopanax sp.	Palacios & Neill 6567
Schefflera diplodactyla Harms	Palacios et al. 8690
ARECACEAE	
Catoblastus sp.	Palacios & Neill 6746
Ceroxylon sp.	Palacios et al. ——
Chamaedorea pinnatifrons (Jacquin) Oerst.	Palacios et al. 8597
Chamaedorea poeppigiana (C. Martius) A. Gentry	Palacios et al. 8685
Geonoma deversa (Poiteau) Kunth	Palacios & Neill 6501
Geonoma interrupta (R. & P.) C. Martius	Neill 9635
Geonoma triglochin Burret	Palacios et al. 8223
Prestoea ensiformis (R. & P.) H. E. Moore	Palacios et al. 8747
Wettinia augusta Poepp. & Endl.	Palacios & Neill 6690
ASTERACEAE	
Adenostema fosbergii R. M. King & H. Rob.	Palacios & Neill 6475
Liambum amplexicaule Poepp. & Endl.	Palacios et al. 8596
Mikania micrantha H. B. K.	Neill 9677
Pollalesta discolor (H. B. K.) Aristeg.	Neill & Palacios 9510
Stenopadus colombianus Cuatrec. & Steyerm.	Palacios 6712
BALANOPHORACEAE	
Scybalium depressum (Hooker f.) Eichler in DC.	Palacios et al. 8724

BEGONIACEAE

Begonia glabra Aublet	Palacios 6739
Begonia maynensis A. DC.	Palacios 6664

BIGNONIACEAE

Lundia puberula Pittier	Neill & Palacios 9715
Paragonia pyramidata (Richard) Bureau	Neill 9661
Pithecoctenium crucigerum (L.) A. Gentry	Palacios et al. 8800
Roentgenia bracteomana (Schumann ex Sprague) Urban	Palacios et al. 8717

BOMBACACEAE

Gyranthera sp.	Palacios & Neill 6747
Matisia sp.	Palacios et al. 8633

BORAGINACEAE

Cordia nodosa Lamarck	Neill 9657
Tournefortia bicolor Swartz	Palacios et al. 8797

BROMELIACEAE

Aechmea angustifolia Poepp & Endl.	Palacios et al. 8743
Aechmea drakeana André	Palacios et al. 8722
Aechmea strobilacea L. B. Sm.	Neill 9578
Guzmania acuminata L. B. Sm.	Palacios et al. 8235
Guzmania asplundii L. B. Sm.	Palacios et al. 8732
Guzmania condorensis H. Luther.	Palacios & Neill 6597
Guzmania globosa L. B. Sm.	Palacios 6710
Guzmania madisonii H. Luther.	Neill & Palacios 9543
Guzmania melinonis Regel	Palacios et al. 8226
Vriesea zamorensis (L.B. Smith) L. B. Sm.	Neill & Palacios 9495

BURSERACEAE

Trattinnickia rhoifolia Will.	Palacios & Neill 6561

CACTACEAE

Centropogon sp.	Neill & Palacios 9567
Centropogon silvaticus E. Wimmer	Palacios 8440

CARICACEAE

Carica microcarpa Jacq.	Palacios et al. 8713

CHLORANTHACEAE

Hedyosmum sp.	Palacios & Neill 6591

Hedyosmum racemosum (R. & P.) G. Don	Palacios et al. 8709
Hedyosmum sprucei Solms-Laubach	Neill 9640
CHRYSOBALANACEAE	
Couepia macrophylla Spruce ex Hooker f.	Palacios 8450
Licania heteromorpha var. *heteromorpha*	Palacios 6709
CLUSIACEAE	
Calophyllum brasiliense Cambessedes	Palacios et al. 8729
Chrysochlamys sp.	Palacios et al. 6627
Clusia haughtii Cuatrec.	Palacios et al. 8613
Marila alternifolia Tr. & Pl.	Neill 9670
Quapoya peruviana (Poeppig) Kuntze	Palacios et al. 8462
Tovomita weddelliana Tr. & Pl.	Neill & Palacios 9532
Tovomitopsis membranacea (Pl. & Tr.) D'Arcy	Palacios et al. 8656
Vismia glaziovii Ruhland	Neill 9490
COMMELINACEAE	
Dichorisandra hexandra (Aubl.) Standley	Palacios et al. 8756
CUCURBITACEAE	
Gurania sp.	Neill & Palacios 9694
Psiguria sp.	Palacios et al. 8767
CUNONIACEAE	
Weinmannia sp.	Palacios et al. 6735
CYCLANTHACEAE	
Asplundia helicotricha (Harl.) Harling	Palacios et al. 8234
Asplundia schizotepala Harling	Palacios et al. 8763
Cyclanthus bipartitus Poit.	Palacios 6610
DICHAPETALACEAE	
Tapura peruviana var. *petioliflora* Prance	Palacios et al. 8652
ELAEOCARPACEAE	
Sloanea sp.	Palacios 6720
ERICACEAE	
Cavendishia sp.	Van der Werff 13215
Cavendishia complectens subsp. *striata* (A. C. Smith) Luteyn	Neill & Palacios 9683
Cavendishia isernii var. *isernii*	Neill & Palacios 9622
Psammisia roseiflora Sleumer	Neill & Palacios 9620
Satyria panurensis (Benth.) Benth. & Hook.	Palacios 6614

Sphyrospermum cordifolium Bentham	Palacios & Neill 6489
EUPHORBIACEAE	
Acalypha cuneata Poeppig	Neill 9582
Alchomea coelophylla Pax & Hoffmann	Palacios & Neill 6498
Alchomea glandulosa Poeppig	Neill & Palacios 9541
Alchomea latifolia Swartz	Palacios & Neill 6782
Aparisthmium cordatum (Adr. Juss.) Baillon	Palacios & Neill 6442
Croton sp.	van der Werff et al. 13322
Hieronyma alchomeoides Allemao	Palacios & Neill 6755
Hieronyma oblonga Cuatrec.	Palacios 6726
Mabea maynensis Muell. Arg.	Neill & Palacios 9713
Maprounea guianensis Aublet	Palacios 6736
Richeria sp.	van der Werff et al. 13140
Sapium sp.	van der Werff et al. 12994
Tetrorchidium sp.	Neill & Palacios 9512
FABACEAE	
Calliandra canaria Benth.	Neill & Palacios 9710
Clitoria sp.	Neill & Palacios 6570
Dalbergia sp.	Neill & Palacios 9716
Dalbergia riparia (Mart.) Benth.	Neill 9636
Desmodium axillare var. *stoloniferum* (Richard ex Poiret) B.G. Schubert	Palacios et al. 8779
Dioclea sp.	Neill & Palacios 9714
Inga sp.	van der Werff et al. 13020
Inga fastuosa (Jacq.) Willd.	Neill & Palacios 9681
Inga leiocalycina Benth.	Palacios et al. 8614
Inga macrophylla Humb. & Bonpl. ex Willd.	Neill & Palacios 9706
Inga nobilis Willd.	Neill & Palacios 9709
Inga punctata Willd.	Palacios 8442
Inga quaternata Poeppig	Palacios & Neill 6779
Inga semialata (Vell. Conc.) C. Martius	Neill 9652
Inga thibaudiana DC.	Palacios et al. 8701
Mucuna sp.	Neill & Palacios 9503
Pithecellobium longifolium (H. & B. ex Will.) Standley	Palacios 8443
Platymiscium stipulare Benth.	Palacios et al. 8615
Pterocarpus sp. Jacq.	Neill & Palacios 9691

Sclerolobium sp.	Neill & Palacios 9707
Senna bacillaris var. *benthamiana* (J. F. Macbr.) H. Irwin & Barneby	var der Werff et al. 13189
Senna ruiziana (G. Don) H. Irwin & Barneby	Neill et al. 9598
Swartzia sp.	Neill & Palacios 9505

FLACOURTIACEAE

Casearia sp.	Palacios 6651
Mayna odorata Aubl.	Palacios et al. 6655
Neosprucea Sleumer	Palacios et al. 8702
Tetrathylacium macrophyllum Poepp.	Palacios et al. 8748

GENTIANACEAE

Macrocarpaea sodiroana Gilg	Neill & Palacios 9496
Voyria sp.	van der Werff et al. 13056

GESNERIACEAE

Besleria sp.	Palacios et al. 8189
Columnea ericae Mansfeld	van der Werff et al. 13152
Columnea sp.	Palacios et al. 8734
Cremosperma sp.	van der Werff et al. 13064
Drymonia Mart.	Neill & Palacios 9508
Gasteranthus sp.	Neill 9488
Monopyle sp.	van der Werff et al. 13349
Pearcea sp.	van der Werff 13314

HAEMODORACEAE

Xiphidium sp.	van der Werff et al. 13343

ICACINACEAE

Citronella sp.	Palacios 6644
Citronella incarum (Macbr.) Howard	Palacios et al. 8772
Matteniusa tessmanniana (Sleumer) Sleumer	Neill & Palacios 9697

LACISTEMATACEAE

Lozania sp.	Palacios 6615

LAURACEAE

Aniba sp.	Palacios & Neill 6750
Cinnamomum sp.	Palacios & Neill 6783
Endlicheria sp.	Palacios & Neill 6572
Endlicheria formosa A. C. Smith	Palacios et al. 8644
Endlicheria sericea Nees	Palacios 6732

Nectandra sp.	Neill & Palacios 9689
Nectandra hihua (R. & P.) Rohwer	Palacios et al. 8721
Nectandra olida Rohwer	Palacios & Neill 6563
Nectandra reticulata (R. & P.) Mez	Neill & Palacios 9719
Ocotea aciphylla (Nees) Mez	Palacios & Neill 6579
Ocotea cernua (Nees) Mez	Palacios & Neill 6500
Ocotea skutchii C.K. Allen	Palacios et al. 8634
Persea sp. nov.	Palacios & Neill 6706
Persea americana Mill.	van der Werff et al. 13136
Pleurothyrium cuneifolium Nees	van der Werff et al. 13336
Pleurothyrium trianae (Mez) Rohwer	Palacios et al. 8703
LECYTHIDACEAE	
Gustavia macarenensis Philipson	Neill & Palacios 9502
LENTIBULARIACEAE	
Utricularia sp.	van der Werff et al. 13082
LORANTHACEAE	
Phoradendron chrysocladon A. Gray	Palacios et al. 8741
Phoradendron crassifolium (Pohl ex DC.) Eichler	Neill & Palacios 9511
Psittacanthus sp.	Palacios 6604
LYTHRACEAE	
Cuphea bombonasae Sprague	Palacios 8451
MALPIGHIACEAE	
Banisteriopsis polygama (Niedenzu) B. Gates	Neill & Palacios 9549
Byrsonima sp.	Palacios 6630
Stigmaphyllon maynense Huber	Neill 9565
MARANTACEAE	
Calathea sp.	Neill 9673
Ischnosiphon annulatus Loesener	Neill & Palacios 9700
Monotogma laxum (Poepp. & Endl.) Schumann	Neill & Palacios 9498
MARCGRAVIACEAE	
Marcgravia sp.	Neill & Palacios 9535
Souroubea sp.	Neill 9650
MELASTOMATACEAE	
Adelobotrys tessmannii Markgraf	Neill & Palacios 9501
Blakea ciliata Markgraf	Palacios & Neill 6503

Blakea hispida Markgraf	Palacios & Neill 9679
Blakea rosea (R. & P.) D. Don	Neill & Palacios 9552
Centronia laurifolia D. Don	Palacios & Neill 6685
Clidemia capitellata var. *capitellata*	Palacios & Neill 6445
Clidemia serpens (Tr.) Cogn. in DC.	Palacios & Neill 6463
Conostegia superba D. Don ex Naud.	Neill 9603
Graffenrieda intermedia Tr.	Neill & Palacios 9610
Leandra dichotoma (D. Don) Cogn.	Palacios 6636
Miconia bubalina (D. Don) Naud.	Palacios et al. 8700
Miconia calvencens DC.	Palacios & Neill 6778
Miconia glaucencens Tr.	Palacios & Neill 6586
Miconia lamprophylla Tr.	Palacios et al. 8727
Miconia matthaei Naud.	Palacios et al. 8738
Miconia multispicata Naud.	Palacios & Neill 6491
Miconia pilgeriana Ule	Palacios 6741
Miconia punctata (Desr.) D. Don ex DC.	Palacios 6612
Miconia stelligera Cogn.	Palacios 6639
Miconia tenensis Makgraf	Palacios et al. 8625
Miconia triplinervis R. & P.	Palacios 6634
Miconia venulosa	Palacios 6609
Mouriri grandiflora (Mart.) DC.	Palacios 6653
Ossaea quadrisulca (Naud.)	Wurdack Palacios 6654
Phainantha sp.	Palacios 6744
Salpinga maranonensis Wurdack	
Tibouchina pentamera (Ule) Macbr.	
Topobea induta Markgraf	Palacios & Neill 6671
Topobea multiflora (D. Don) Tr.	Neill & Palacios 9539
Topobaea pittieri Cogn.	Neill & Palacios 9533
MELIACEAE	
Guarea guidonia (L.) Sleumer	Neill 9671
Guarea macrophylla Vahl	Palacios ——
Guarea pterorhachis Harms	Palacios et al. 8760
Guarea riparia W. Palacios	Palacios 8444
Trichilia elegans C. DC.	Neill & Palacios 9692
Trichilia pallida Sw.	Palacios 6626

Trichilia rubra C. DC.	Palacios 6598
MENISPERMACEAE	
Borismene japurensis (Mart.) Barneby	Palacios & Neill 6566
Odontocarya floribunda Diels	Neill & Palacios 9547
MONIMIACEAE	
Siparuna pauciflora (Beurl.) A. DC.	Neill 9574
MORACEAE	
Batocarpus orinocenis Karste	Palacios & Neill 6480
Cecropia ficifolia	Neill & Palacios 9504
Cecropia marginalis Cuatrec.	Neill 9703
Cecopia montana Warburg ex Snethlage	Neill 9704
Clarisia biflora R. & P.	Palacios & Neill 6562
Clarisia racemosa R. & P.	Palacios et al. 8705
Coussapoa crassivenosa Mildbr.	Palacios 6714
Coussapoa orthoneura Standley	Palacios & Neill 6568
Ficus citrifolia Miller	Palacios & Neill 6761
Ficus guianensis Desvaux	Palacios et al. 8629
Ficus paraensis (Miquel) Miquel	Palacios 8458
Ficus pertusa L. f.	Palacios et al. 8694
Ficus trigona L. f.	Palacios et al. 8787
Helicostylis tomentosa (P. & E.) Macbride	Palacios & Neill 6754
Helicostylis ulei (Warburg) Ducke	Neill & Palacios 9513
Pourouma bicolor Mart.	Palacios et al. 8638
Pourouma guianensis Aubl.	Palacios et al. 8795
MUSACEAE	
Heliconia vellerigera P.	Neill 9642
MYRISTICACEAE	
Compsoneura capitellata (A. DC) Warburg	Palacios et al. 8654
Iryanthera juruensis Warburg	Palacios & Neill 6455
Iryanthera lancifolia Ducke	Palacios et al. 8619
Otoba parvifolia (Markgraf) Gentry	Neill & Palacios 9554
Virola elongata (Benth.) Warburg	Neill & Palacios 9494
MYRSINACEAE	
Ardisia sp.	Palacios 6620

MYRTACEAE

Calyptranthes bipennis O. Berg	Palacios 6624
Eugenia sp.	Palacios 6625
Myrcia sp.	Palacios 6618

NYCTAGINACEAE

Neea sp.	Palacios 6599

OLACACEAE

Heisteria acuminata (H. & B.) Engler	Neill 9599

ORCHIDACEAE

Ackermania palorae (Dodson & Hirtz) Dodson & Escobar	
Brassia R. Br.	van der Werff et al. 13015
Corymborchis sp.	van der Werff et al. 13035
Elleanthus sp.	van der Werff et al. 13214
Encyclia sp.	Palacios & Neill 6699
Epidendrum sp.	van der Werff et al. 12993
Epidendrum paniculatum R. & P.	Palacios et al. 8617
Epidendrum spruceanum Lindley	Palacios 8452
Epilyna hirtzii Dodson	Palacios 6742
Huntleya sp.	van der Werff et al. 13244
Lepanthes sp.	Palacios et al. 8761
Lycaste macrophylla (Poepp. & Endl.) Lindley	Palacios et al. 8631
Maxilaria chartacifolia Ames & C. Schweinfurth	Palacios 8231
Maxilaria grayi Dodson	van der Werff et al. 13169
Oncidium sp.	van der Werff et al. 13306
Peristeria lindenii Rolfe	Neill & Palacios 9634
Pleurothallis sp.	van der Werff et al. 13013
Stelis sp.	Palacios & Neill 6488

OXALIDACEAE

Oxalis artgiesii Regel	Palacios et al. 8757

PASSIFLORACEAE

Passiflora adenopoda DC.	Palacios et al. 8746
Passiflora pergrandis Holm-Nielsen & Lawesson	van der Werff et al. 13084

PHYTOLACACEAE

PIPERACEAE

Peperomia distachya (Sw.) DC.	van der Werff et al. 13000
Piper aduncum L.	van der Werff et al. 13335
Piper appendiculatum C. DC.	van der Werff et al. 13012
Piper arboreum Aubl.	Palacios 6601
Piper augustum Rudge	van der Werff et al. 13137
Piper immutatum Trelease	van der Werff et al. 12999
Piper macrotrichum C. DC.	van der Werff et al. 13175
Piper obliquum R. & P.	van der Werff et al. 13144
Piper obtusilimbum C. DC.	van der Werff et al. 13118
Piper stiliferum Yuncker	van der Werff et al. 13007
Piper tenuistylum C. DC.	van der Werff et al. 13131

POLYGALACEAE

Bredemeyera sp.	Palacios 6731
Monnina sp.	van der Werff et al. 13053

RUBIACEAE

Alibertia pilosa Krause	Neill 9590
Bathysa peruviana Krause	Palacios & Neill 6573
Cephaelis gentryi Dwyer	Palacios et al. 8630
Cinchona parabolica P. in Howard	
Coussarea brevicaulis	Palacios et al.8686
Elaeagia mariae Weddell	Palacios & Neill 6447
Elaeagia pastoense Mora	Palacios & Neill 6575
Exostema maynense Poepp.	van der Werff et al. 13327
Faramea eurycarpa	J. D. Smith
Fernindusa chlorantha (Wedd.) Standl.	Palacios & Neill 6697
Geophila repens (L.) I. M. Johnston	Palacios & Neill 6481
Guettarda crispiflora Vahl	van der Werff et al. 13345
Hippotis scarlatina Krause	Palacios 6606
Hippotis tubiflora Spruce ex Schumann	van der Werff et al. 13016
Hoffmaniana sprucei Standl.	Palacios et al. 8776
Jossia umbellifera Karsten	Neill & Palacios 9542
Ladenbergia oblongifolia (Mutis) L. Andersson	Palacios et al. 8735
Ladenbergia riveroana (Wedd.) Standl.	Neill 9492
Palicourea conferta (Benth.) Sandwith	Neill 9658

Palicourea subspicata Huber	Palacios 6643
Psychotria copensis Dwyer	Neill & Palacios 9625
Psychotria lateralis Steyerm.	Palacios et al. 8611
Psychotria lucentifolia (Blake) Steyerm.	van der Werff et al. 13282
Psychotria microbotrys R. ex Standl.	Palacios & Neill 6585
Psychotria orchideanum Standl.	Neill & Palacios 9607
Psychotria ownbeyi Standl.	Neill 9641
Psychotria polyphlebia J. D. Smith	Palacios 6621
Psychotria tinctoria R. & P.	Palacios & Neill 6595
Psychotria trivialis Rusby	Palacios & Neill 6465
Psychotria umbriana (Standl.) Steyerm.	Palacios et al. 8598
Rustia occidentalis (Benth.) Hemsley	Palacios 6616
Sabicea velutina Benth.	Palacios & Neill 6444
Stilpnophyllum grandifolium L. Andersson	Palacios et al. 8563
Stilpnophyllum revolutum L. Andersson	Neill & Palacios 9520
Warscewiczia coccinea (Vahl) Klotzsch	Neill & Palacios 9621

RUTACEAE

Esenbeckia sp.	Palacios et al. 8706

SAPINDACEAE

Allophylus sp.	Palacios et al. 6756
Serjania grabrata Kunth	Neill 9665
Serjania leptocarpa Radl.	Neill & Palacios 9678

SAPOTACEAE

Micropholis sp.	
Pouteria sp.	

SIMAROUBACEAE

Picramnia sp.	Palacios et al. 8621
Simarouba sp.	

SOLANACEAE

Acnistus arborescens (L.) Schlechtendal	Palacios et al. 8749
Cestrum megalophyllum Dunal in DC.	van der Werff et al. 13115
Cyphomandra endopogon Bitter	Neill 9568
Markea sp.	Palacios & Neill 6784
Solanum mite R. & P.	Palacios 6607
Solanum sessile R. & P.	Neill 9597

Solanum ternatum R. & P.	Palacios 8188
STERCULIACEAE	
Byttneria sp.	van der Werff 13154
Sterculia rebeccae E. L. Taylor	Neill 9566
THEACEAE	
Gordonia sp. J. Ellis	———————
Ternstroemia sp.	Neill & Palacios 9612
THEOPHRASTACEAE	
Clavija sp.	Palacios et al. 8783
TILIACEAE	
Mollia gracilis Spruce ex Benth.	Neill & Palacios 9506
URTICACEAE	
Pilea sp.	Palacios & Neill 6767
Urera caracasana (Jacq.) Gaudic. ex Griseb.	Palacios et al. 8793
VIOLACEAE	
Leonia sp.	Palacios et al. 8714
VITACEAE	
Cissus sp.	Palacios et al. 8689
VOCHYSIACEAE	
Erisma uncinatum Warming	Palacios et al. 8697
Vochysia sp.	———————
ZINGIBERACEAE	
Renealmia thyrsoidea subsp. *thyrsoidea*	Neill 9575

Plant Collections from Cerro Machinaza and the Upper Río Comainas, Cordillera del Cóndor

Hamilton Beltran & Robin Foster

ACANTHACEAE	
Cylindrosolenium sprucei Lind.	Beltran & Foster 1038
Odontonema?	Beltran & Foster 1118
Ruellia chartacea (T. Anders.) Wassh.	Beltran & Foster 1041
Ruellia puri Nees	Beltran & Foster 1360
Sanchezia oxysepala Mildbr.	Beltran & Foster 1039
ACTINIDACEAE	
Saurauia prainiana Buscalioni	Beltran & Foster 1048
AMARANTHACEAE	
Iresine	Beltran & Foster 1288
Iresine	Beltran & Foster 1542
ANNONACEAE	
Annona	Beltran & Foster 1107
Guatteria coeloneura cf. Diels	Beltran & Foster 1009
	Beltran & Foster 1576
APOCYNACEAE	
Aspidosperma	Beltran & Foster 1290
Aspidosperma	Beltran & Foster 1589
AQUIFOLIACEAE	
Ilex boliviana cf. Britt.	Beltran & Foster 1004
Ilex microphyllum Hook.	Beltran & Foster 1503
Ilex ovalis (R. & P.) Loes.	Beltran & Foster 1444
Ilex teratopus Loes.	Beltran & Foster 1513
Ilex	Beltran & Foster 1159
Ilex	Beltran & Foster 1453
Ilex	Beltran & Foster 1483
ARACEAE	
Anthurium amoenum Kunth & Bouché	Beltran & Foster 1121
Anthurium amoenum Kunth & Bouché var. *humile*	Beltran & Foster 1279
Anthurium bogotense cf. Schott.	Beltran & Foster 918
Anthurium breviscapum Poepp.	Beltran & Foster 785
Anthurium cordiforme Sodiro	Beltran & Foster 814

Anthurium dombeyanum cf. Brongn. ex Schott	Beltran & Foster 861
Anthurium fasciale Sodiro	Beltran & Foster 809
Anthurium fasciale Sodiro	Beltran & Foster 825
Anthurium formosum or *nymphaeifolium*	Beltran & Foster 1125
Anthurium giganteum Engler	Beltran & Foster 1024
Anthurium griseum cf. Croat	Beltran & Foster 850
Anthurium griseum cf. Sodiro	Beltran & Foster 976
Anthurium harlingianum Croat	Beltran & Foster 1282
Anthurium harlingianum cf. Croat	Beltran & Foster 868
Anthurium lechlerianum cf. Schott	Beltran & Foster 1581
Anthurium mindense Sodiro	Beltran & Foster 791
Anthurium mindense Sodiro	Beltran & Foster 940
Anthurium mindense Sodiro	Beltran & Foster 1585
Anthurium penningtonii Croat	Beltran & Foster 1074
Anthurium santiagoense Croat	Beltran & Foster 974
Anthurium santiagoense Croat	Beltran & Foster 1355
Anthurium sp. nov.	Beltran & Foster 973
Anthurium sp. nov.	Beltran & Foster 1155
Anthurium sp. nov.	Beltran & Foster 1281
Anthurium sp. nov.	Beltran & Foster 1387
Anthurium trinerve Mique	Beltran & Foster 1873
Anthurium trinerve? Mique	Beltran & Foster 1818
Anthurium triphyllum Brongn. ex Schott	Beltran & Foster 805
Anthurium triphyllum Brongn. ex Schott	Beltran & Foster 1103
Anthurium truncicolum Engl. var. nov	Beltran & Foster 1101
Anthurium truncicolum Engler var. nov.	Beltran & Foster 1122
Anthurium truncicolum Engl.	Beltran & Foster 1280
Anthurium truncicolum cf. Engler	Beltran & Foster 795
Anthurium uleanum Engler	Beltran & Foster 1235
Anthurium	Beltran & Foster 905
Anthurium	Beltran & Foster 1484
Caladium bicolor (Ait.) Vent.	Beltran & Foster 1277
Chlorospatha sp. nov.	Beltran & Foster 1278
Dieffenbachia macrophylla Poeppig	Beltran & Foster 1624

Dieffenbachia sequine cf.	Beltran & Foster 804
Dracontium loretense K. Krause	Beltran & Foster 1111
Philodendron colombianum R. Sch.	Beltran & Foster 1120
Philodendron megalophyllum Schott	Beltran & Foster 1102
Philodendron ruizii cf. or sp. nov.	Beltran & Foster 808
Philodendron sp. nov.	Beltran & Foster 963
Rhodospatha latifolia Poepp.	Beltran & Foster 1357
Spathiphyllum ? *humboldtii* or *juninense*	Beltran & Foster 1229
Stenospermation multinervium or *multiovulatum*	Beltran & Foster 835
Stenospermation robustum Engl.	Beltran & Foster 1211
Stenospermation ulei or *wallisii*	Beltran & Foster 826
Stenospermation	Beltran & Foster 984
Stenospermation	Beltran & Foster 1548
Stenospermation	Beltran & Foster 1582
Syngonium podophyllum Schott	Beltran & Foster 1244
Xanthosma poeppigii Chod.	Beltran & Foster 1609

ARALIACEAE

Schefflera moyobambae cf. Harms	Beltran & Foster 1136
Schefflera moyobambae cf. Harms	Beltran & Foster 1533
Schefflera sandiana cf. Harms	Beltran & Foster 1095
Schefflera ulei or *sprucei*	Beltran & Foster 732
Schefflera violacea Cuatr.	Beltran & Foster 830
Schefflera	Beltran & Foster 978
Schefflera	Beltran & Foster 1123
Schefflera	Beltran & Foster 1141
Schefflera	Beltran & Foster 1325
Schefflera	Beltran & Foster 1544
Schefflera	Beltran & Foster 1557

ARECACEAE

Aiphanes weberbaueri Burr.	Beltran & Foster 908
Aiphanes weberbauer Burret	Beltran & Foster 970
Catoblastus (Wettinia)	Beltran & Foster 865
Ceroxylon	Beltran & Foster 1508
Chamaedorea	Beltran & Foster 1425

PLANT COLLECTIONS FROM CERRO MACHINAZA
AND THE UPPER RIO COMAINAS, CORDILLERA DEL CÓNDOR

Geonoma cuneata cf. H. A. Wend. ex Spruce	Beltran & Foster 773
Geonoma cuneata cf. H. A. Wend. ex Spruce	Beltran & Foster 831
Geonoma dicranospadix cf. Burret	Beltran & Foster 1025
Geonoma interrupta (R. & P.) C. Mart.	Beltran & Foster 859
Geonoma trigona (R. & P.) A. Gentry	Beltran & Foster 1143
Geonoma	Beltran & Foster 1207
Hyospathe elegans C. Martius	Beltran & Foster 968
Hyospathe elegans ? C. Martius	Beltran & Foster 1380
Pholydostachys synanthera (C. Mart.) H. Moore	Beltran & Foster 1416
Prestoea carderi	Beltran & Foster 1388
Prestoea	Beltran & Foster 1408

ASCLEPIADACEAE

Blepharodon ?	Betran & Foster 1494
Blepharodon ?	Beltran & Foster 1504
Tassadia obovata Decaisne	Beltran & Foster 1593

ASTERACEAE

Amboroa wurdackii King & H. Robinson	Beltran & Foster 1080
Baccharis genistelloides	Beltran & Foster 1460
Baccharis trinervis (Lam.) Pers.	Beltran & Foster 1043
Baccharis	Beltran & Foster 1310
Baccharis	Beltran & Foster 1564
Clibadium	Beltran & Foster 1432
Hieracium	Beltran & Foster 1446
Mikania banisteriae DC.	Beltran & Foster 1014
Mikania bulbisetifera Cuatr.	Beltran & Foster 1132
Mikania carnea or sp. nov.	Beltran & Foster 1493
Mikania stereodes ? B. Robinson	Beltran & Foster 1003
Mikania szyszylowiczii Hieron.	Beltran & Foster 1324
Munnozia chachapoyensis H. Rob.	Beltran & Foster 1144
Munnozia hastifolia (Poepp.) H. Rob. & Brett.	Beltran & Foster 1595
Munnozia senecionidis Benth.	Beltran & Foster 1497
Pentacalia tarapotensis cf. (Cab.) Cuatr.	Beltran & Foster 1313
Piptocarpha asterotrichia (Poepp.) Baker	Beltran & Foster 927
Pseudonoseris chachapoyensis H. Rob.	Beltran & Foster 1464

Vernonia pycnantha Benth.	Beltran & Foster 1194
Vernonia	Beltran & Foster 910
Vernonia	Beltran & Foster 1471
Vernonia	Beltran & Foster 1516
Wedelia	Beltran & Foster 1369
	Beltran & Foster 1133

BALANOPHORACEAE

Langsdorfia hypogaea C. Martius	Beltran & Foster 1389

BEGONIACEAE

Begonia gesneriodes cf. L.B. Smith & Schub.	Beltran & Foster 800
Begonia	Beltran & Foster 1612

BIGNONIACEAE

Distictella	Beltran & Foster 1587

BOMBACACEAE

Quararibea	Beltran & Foster 1023

BORAGINACEAE

Tournefortia glabra cf. or sp. nov.	Beltran & Foster 1628

BROMELIACEAE

Aechmea	Beltran & Foster 833
Guzmania	Beltran & Foster 874
Pitcairnea corallina Lind. & André	Beltran & Foster 1051
Pitcairnea	Beltran & Foster 860
Pitcairnea	Beltran & Foster 1094
Pitcairnea	Beltran & Foster 1246
Pitcairnea	Beltran & Foster 1567
Tillandsia complanata cf. Benth.	Beltran & Foster 1496
Tillandsia deppeana or *flenderi*	Beltran & Foster 883
Tillandsia ionochroma cf. André ex Mez	Beltran & Foster 1176
Tillandsia	Beltran & Foster 765
Tillandsia	Beltran & Foster 857
Tillandsia	Beltran & Foster 881
Tillandsia	Beltran & Foster 988
Tillandsia	Beltran & Foster 1019
	Beltran & Foster 828

	Beltran & Foster 840
	Beltran & Foster 853
	Beltran & Foster 855
	Beltran & Foster 862
	Beltran & Foster 872
	Beltran & Foster 879
	Beltran & Foster 885
	Beltran & Foster 887
	Beltran & Foster 903
	Beltran & Foster 904
	Beltran & Foster 931
	Beltran & Foster 951
	Beltran & Foster 989
	Beltran & Foster 1016
	Beltran & Foster 1017
	Beltran & Foster 1117
	Beltran & Foster 1161
	Beltran & Foster 1189
	Beltran & Foster 1209
	Beltran & Foster 1265
	Beltran & Foster 1312
	Beltran & Foster 1318
	Beltran & Foster 1331
	Beltran & Foster 1385
	Beltran & Foster 1449
	Beltran & Foster 1450
	Beltran & Foster 1509
	Beltran & Foster 1510
	Beltran & Foster 1511
	Beltran & Foster 1521
	Beltran & Foster 1558
	Beltran & Foster 1561
	Beltran & Foster 1625

BRUNELLIACEAE

Brunelli	Beltran & Foster 1474

BURMANNIACEAE

Burmannia kalbreyerii Oliver	Beltran & Foster 1210
Dictyostega orobanchoides (Hook.) Mier.	Beltran & Foster 1031

BURSERACEAE

	Beltran & Foster 1575

CACTACEAE

Epiphyllum	Beltran & Foster 934
Rhipsalis	Beltran & Foster 1242

CAMPANULACEAE

Centropogon cornutus (L.) Druce	Beltran & Foster 751
Centropogon cornutus (L.) Druce	Beltran & Foster 1397
Centropogon gamosepalus A. Zahlbr.	Beltran & Foster 754
Centropogon granulosus C. Presl.	Beltran & Foster 1026
Centropogon	Beltran & Foster 1114
Siphocampylus angustiflorus cf. Schlecht.	Beltran & Foster 1467
Siphocampylus	Beltran & Foster 1175
Siphocampylus	Beltran & Foster 1543

CAPPARACEAE

Capparis macrocarpa cf. R. & P.	Beltran & Foster 1276
Podandrogyne brachycarpa (DC.) Woodson	Beltran & Foster 1438

CHLORANTHACEAE

Hedyosmum racemosum (R. & P.) G. Don	Beltran & Foster 1560
Hedyosmum sprucei Solms-Laubach	Beltran & Foster 1358
Hedyosmum sprucei cf. Solms-Laubach	Beltran & Foster 1231

CHRYSOBALANACEAE

Licania	Beltran & Foster 1588

CLETHRACEAE

Clethra castaneifolia Meissner	Beltran & Foster 1188
Clethra ovalifolia Turcz.	Beltran & Foster 1518
Clethra scabra Pers.	Beltran & Foster 1556

CLUSIACEAE

Chryso chlamys	Beltran & Foster 775
Chryso chlamys	Beltran & Foster 1070

Clusia ducuoides cf. Engler	Beltran & Foster 1525
Clusia elliptica cf. H.B.K.	Beltran & Foster 1452
Clusia weberbaueri Engler	Beltran & Foster 731
Clusia weberbauerii cf. Engler	Beltran & Foster 1577
Clusia	Beltran & Foster 819
Clusia	Beltran & Foster 930
Clusia	Beltran & Foster 1248
Clusia	Beltran & Foster 1327
Clusia	Beltran & Foster 1335
Clusia	Beltran & Foster 1534
Clusia ?	Beltran & Foster 820
Clusia ?	Beltran & Foster 1165
Clusia ?	Beltran & Foster 1196
Hypericum	Beltran & Foster 1443
Tovomita ?	Beltran & Foster 1304
Vismia	Beltran & Foster 1160
	Beltran & Foster 955

COMMELINACEAE

Floscopa peruviana C. B. Clarke	Beltran & Foster 1627

CUCURBITACEAE

Psiguria	Beltran & Foster 1597

CUNONIACEAE

Weinmannia fagaroides H.B.K.	Beltran & Foster 1129
Weinmannia fagaroides H.B.K.	Beltran & Foster 1456
Weinmannia pubescens H.B.K.	Beltran & Foster 1477
Weinmannia	Beltran & Foster 1130
Weinmannia	Beltran & Foster 1376

CYCLANTHACEAE

Asplundia	Beltran & Foster 898
Asplundia	Beltran & Foster 1349
Sphaeradenia	Beltran & Foster 890

CYPERACEAE

	Beltran & Foster 1274
	Beltran & Foster 1486

CYRILLACEAE

Purdiaea nutans Planchon	Beltran & Foster 1148
Purdiaea nutans Planchon	Beltran & Foster 1514

DIOSCOREACEAE

Dioscorea chagallaensis Knuth.	Beltran & Foster 1086
Dioscorea	Beltran & Foster 1322
Dioscorea	Beltran & Foster 1565

DROSERACEAE

Drosera	Beltran & Foster 1488

ERICACEAE

Bejaria aestuans L.	Beltran & Foster 1479
Cavendishia complectens Hemsl.	Beltran & Foster 1596
Cavendishia	Beltran & Foster 1097
Diogenesia floribunda (A. C. Smith) Smith	Beltran & Foster 902
Disterigma acuminatum (H.B.K.) Nied.	Beltran & Foster 1185
Disterigma acuminatum (H.B.K.) Nied.	Beltran & Foster 1517
Disterigma empetrifolium (H.B.K.) Drude	Beltran & Foster 1445
Gaultheria	Beltran & Foster 1527
Macleania	Beltran & Foster 1546
Orthaea	Beltran & Foster 811
Orthaea	Beltran & Foster 842
Psammisia	Beltran & Foster 1106
Psammisia	Beltran & Foster 1203
Sphyrospermum cordifolium Benth.	Beltran & Foster 1298
Sphyrospermum cordifolium Benth.	Beltran & Foster 1620
Themistoclesia peruviana cf. A. C. Smith	Beltran & Foster 1531
Themistoclesia	Beltran & Foster 849
Vaccinium floribundum H.B.K.	Beltran & Foster 1492
	Beltran & Foster 803
	Beltran & Foster 1326
	Beltran & Foster 1522

ERICACEAE ROSACEAE

	Beltran & Foster 1501

PLANT COLLECTIONS FROM CERRO MACHINAZA
AND THE UPPER RIO COMAINAS, CORDILLERA DEL CÓNDOR

ERIOCAULACEAE	
Paepalanthus ensifolius (H.B.K.) Kunth	Beltran & Foster 1156
Paepalanthus ensifolius (H.B.K.) Kunth	Beltran & Foster 1451
Paepalanthus	Beltran & Foster 1498
EUPHORBIACEAE	
Acalypha cuneata Poepp.	Beltran & Foster 971
Acalypha peruviana M.Arg.	Beltran & Foster 1090
Alchornea triplinervia cf. (Spreng.) M. Arg.	Beltran & Foster 987
Alchornea triplinervia cf. (Spreng.) M. Arg.	Beltran & Foster 1002
Alchornea triplinervia cf. (Spreng.) M. Arg.	Beltran & Foster 1287
Tetrochidium macrophyllum Muell.Arg	Beltran & Foster 1040
	Beltran & Foster 1173
FABACEAE-CAES ALPINIOIDEAE	
Senna	Beltran & Foster 1045
Tachigali	Beltran & Foster 746
Tachigali	Beltran & Foster 938
Tachigali	Beltran & Foster 1569
FABACEAE-MIMOSOIDEAE	
Inga	Beltran & Foster 1269
Inga	Beltran & Foster 1579
Pithecellobium	Beltran & Foster 812
	Beltran & Foster 1553
FLACOURTIACEAE	
Banara guianensis Aublet	Beltran & Foster 733
Lozania	Beltran & Foster 1334
GENTIANACEAE	
Macrocarpaea salicifolia cf. Ewan.	Beltran & Foster 1204
Macrocarpaea sodiroana Gilg.	Beltran & Foster 1197
Macrocarpaea	Beltran & Foster 845
Symbolanthus calygonus (R. & P.) Griseb.	Beltran & Foster 1008
Tapeinostemon zamoranum Steyermark	Beltran & Foster 906
Voyria aphylla (Jacq.) Pers.	Beltran & Foster 793
GESNERIACEAE	
Alloplectus schultzei Mans.	Beltran & Foster 917
Alloplectus	Beltran & Foster 755

Alloplectus	Beltran & Foster 756
Alloplectus	Beltran & Foster 1075
Besleria barbata cf. (Poepp.) Hanst.	Beltran & Foster 1109
Besleria solanoides Kunth	Beltran & Foster 758
Besleria	Beltran & Foster 900
Besleria	Beltran & Foster 961
Besleria	Beltran & Foster 1230
Columnea angustata (Wiehler) Skog	Beltran & Foster 1033
Columnea ericae cf. Mans.	Beltran & Foster 1623
Columnea guttata cf. Poeppig	Beltran & Foster 1580
Columnea strigosa Benth.	Beltran & Foster 1180
Columnea	Beltran & Foster 1253
Drymonia	Beltran & Foster 781
Drymonia	Beltran & Foster 925
Drymonia	Beltran & Foster 959
Drymonia	Beltran & Foster 1053
Episcia ?	Beltran & Foster 1099
Episcia ?	Beltran & Foster 1607
Monopyle sodiroana Fritsch.	Beltran & Foster 1098
Nautilocalyx minutiflorus L. Skog	Beltran & Foster 1604
Paradrymonia	Beltran & Foster 939
Parakohleria sprucei (Britton) Wiehler	Beltran & Foster 1035
Parakohleria	Beltran & Foster 792
	Beltran & Foster 744
	Beltran & Foster 892
	Beltran & Foster 1065
	Beltran & Foster 1392
	Beltran & Foster 1394
	Beltran & Foster 1395

GNETACEAE

Gnetum nodiflorum cf. Brongnart.	Beltran & Foster 1584

HELICONIACEAE

Heliconia chartacea Lane ex Barr	Beltran & Foster 1437
Heliconia scarlatina cf. Abalo & Morales	Beltran & Foster 1403

Heliconia subulata R. & P.	Beltran & Foster 1027
HIPPOCRATEACEAE	
Peritassa huanucana cf. (Loesn.) A. C. Smith	Beltran & Foster 771
ICACINACEAE	
Metteniusa tessmanniana (Sleumer) Sleumer	Beltran & Foster 1621
	Beltran & Foster 1317
LACISTEMATACEAE	
Lacistema aggregatum (Berg.) Rusby	Beltran & Foster 1050
Lacistema aggregatum (Berg.) Rusby	Beltran & Foster 1538
Lozania klugii (Mansf.) Mansf.	Beltran & Foster 810
Lozania klugii ? (Mansf.) Mansf.	Beltran & Foster 1271
LAURACEAE	
Nectandra	Beltran & Foster 1154
Nectandra	Beltran & Foster 1618
Ocotea	Beltran & Foster 839
Ocotea	Beltran & Foster 994
	Beltran & Foster 1113
	Beltran & Foster 1570
	Beltran & Foster 1573
	Beltran & Foster 1574
LENTIBULARIACEAE	
Utricularia jamesoniana Oliver	Beltran & Foster 877
Utricularia jamesoniana Oliver	Beltran & Foster 1346
Utricularia unifolia R. & P.	Beltran & Foster 1519
Utricularia	Beltran & Foster 822
LILIACEAE	
Bomarea brachycephala Benth.	Beltran & Foster 1500
Bomarea pardina Herbert	Beltran & Foster 1400
Excremis coarctata (R. & P.) Baker	Beltran & Foster 1506
Excremis corctata (R. & P.) Baker	Beltran & Foster 1505
Isidrogalvia falcata R. & P.	Beltran & Foster 1168
Isidrogalvia falcata R. & P.	Beltran & Foster 1459
LOGANIACEAE	
Desfontainia spinosa R. & P.	Beltran & Foster 1457

LORANTHACEAE

Aetanthus dichotomus (R. & P.) Kuijt	Beltran & Foster 1139
Phthirusa robusta Rusby	Beltran & Foster 1316
Phthirusa	Beltran & Foster 1551
Struthanthus orbicularis (H.B.K.) Blume	Beltran & Foster 1475
Tripodanthus acutifolius (R. & P.) Van Tiegh.	Beltran & Foster 1171
	Beltran & Foster 1490

LYTHRACEAE

Cuphea bombonasae Sprague	Beltran & Foster 1049

MALPIGHIACEAE

Banisteriopsis martiniana cf. (Adr. Juss) Cuatr.	Beltran & Foster 1537

MARANTACEAE

Calathea	Beltran & Foster 1037
Calathea	Beltran & Foster 1042
	Beltran & Foster 1363

MARCGRAVIACEAE

Marcgravia	Beltran & Foster 1018
Marcgravia	Beltran & Foster 1472
Souroubea guianensis Aublet	Beltran & Foster 1029

MELASTOMATACEAE

Adelobotrys tessmannii Markgr.	Beltran & Foster 957
Blakea bracteata cf. Gleason	Beltran & Foster 752
Blakea rosea (R. & P.) D. Don	Beltran & Foster 753
Blakea spruceana cf. Cogn.	Beltran & Foster 1218
Blakea	Beltran & Foster 897
Brachyotum campanulare cf. (Bonp.) Triana	Beltran & Foster 1455
Clidemia dimorphica cf. J. F. Macbr.	Beltran & Foster 772
Clidemia sessiliflora (Naud.) Cogn.	Beltran & Foster 946
Clidemia sessiliflora (Naud.) Cogn.	Beltran & Foster 1264
Clidemia	Beltran & Foster 1423
Leandra glandulifera cf. (Triana) Cogn.	Beltran & Foster 944
Miconia barbeyana cf. Cogn.	Beltran & Foster 1545
Miconia centrodesma Naudin	Beltran & Foster 738
Miconia coelestis Pavón ex Naudin	Beltran & Foster 1540

PLANT COLLECTIONS FROM CERRO MACHINAZA
AND THE UPPER RIO COMAINAS, CORDILLERA DEL CÓNDOR

Miconia hamata Cogn.	Beltran & Foster 1295
Miconia noriifolia Triana	Beltran & Foster 1454
Miconia pennellii Gleason	Beltran & Foster 1206
Miconia polytopica cf. Wurd.	Beltran & Foster 1320
Miconia polytopica cf. Wurd.	Beltran & Foster 1406
Miconia radula Cogn.	Beltran & Foster 1134
Miconia radulaefolia (Benth.) Naud.	Beltran & Foster 1375
Miconia rivetti Dang. & Cherm.	Beltran & Foster 1371
Miconia ruizii Naud.	Beltran & Foster 730
Miconia stellipilis cf. Cogn.	Beltran & Foster 997
Miconia theaezans (Bonpl.) Cogn.	Beltran & Foster 1555
Miconia trinervia (Sw.) Don ex Loud.	Beltran & Foster 728
Miconia	Beltran & Foster 750
Miconia	Beltran & Foster 767
Miconia	Beltran & Foster 778
Miconia	Beltran & Foster 996
Miconia	Beltran & Foster 1030
Miconia	Beltran & Foster 1150
Miconia	Beltran & Foster 1153
Miconia	Beltran & Foster 1164
Miconia	Beltran & Foster 1166
Miconia	Beltran & Foster 1187
Miconia	Beltran & Foster 1193
Miconia	Beltran & Foster 1205
Miconia	Beltran & Foster 1208
Miconia	Beltran & Foster 1305
Miconia	Beltran & Foster 1332
Miconia	Beltran & Foster 1378
Miconia	Beltran & Foster 1412
Miconia	Beltran & Foster 1419
Miconia	Beltran & Foster 1421
Miconia	Beltran & Foster 1470
Miconia	Beltran & Foster 1480
Miconia	Beltran & Foster 1499

Miconia	Beltran & Foster 1520
Miconia	Beltran & Foster 1552
Miconia	Beltran & Foster 1554
Monolena primulaeflora Hook. f.	Beltran & Foster 789
Mouriri tessmannii cf. Markgr.	Beltran & Foster 769
Ossaea	Beltran & Foster 737
Ossaea ?	Beltran & Foster 1268
Salpinga maranonensis Wurdack	Beltran & Foster 1586
Tococa	Beltran & Foster 1059
Topobea multiflora (D. Don) Triana	Beltran & Foster 734
Topobea	Beltran & Foster 801
Topobea	Beltran & Foster 806
	Beltran & Foster 1192
	Beltran & Foster 1309
	Beltran & Foster 1530

MELIACEAE

Guarea grandifolia cf. DC.	Beltran & Foster 1245
Trichilia septentrionalis C. DC.	Beltran & Foster 838

MENISPERMACEAE

Anomospermum bolivianum Kruk. & Mold.	Beltran & Foster 1536
Disciphania killipii cf. Diels.	Beltran & Foster 1272
	Beltran & Foster 1219

MONIMIACEAE

Mollinedia caudata Macbr.	Beltran & Foster 966
Mollinedia grandifolia Perkins	Beltran & Foster 1236
Mollinedia lanceolata cf. R. & P.	Beltran & Foster 875
Mollinedia pulcherrima cf. Sleum.	Beltran & Foster 1404
Siparuna heteropoda cf. Perkins	Beltran & Foster 852
Siparuna radiata (Poepp. & Endl.) A. DC.	Beltran & Foster 1237
Siparuna schimpffi Diels	Beltran & Foster 1007
Siparuna	Beltran & Foster 1223

MORACEAE

Ficus trigona L. f.	Beltran & Foster 1339
Ficus	Beltran & Foster 1046

Helicostylis tovarensis (Klotz. & Karst.) Berg	Beltran & Foster 1539
Perebea angustifolia (Poepp. & Endl.) C. Berg	Beltran & Foster 1022
MYRISTICACEAE	
Virola peruviana cf. (A. DC.) Warb.	Beltran & Foster 1568
MYRSINACEAE	
Ardisia	Beltran & Foster 1233
Cybianthus magnus (Mez) Pipoly	Beltran & Foster 735
Cybianthus magnus (Mez) Pipoly	Beltran & Foster 1128
Cybianthus magnus (Mez) Pipoly	Beltran & Foster 1473
Cybianthus pastensis (Mez) Agostini	Beltran & Foster 1384
Cybianthus peruvianus (A. DC.) Miq.	Beltran & Foster 1590
Cybianthus	Beltran & Foster 1163
Cybianthus (*Weigeltia*)	Beltran & Foster 774
Stylogyne	Beltran & Foster 1321
	Beltran & Foster 1333
MYRTACEAE	
Eugenia	Beltran & Foster 739
Eugenia	Beltran & Foster 1104
Myrcia	Beltran & Foster 1222
Myrcia	Beltran & Foster 1373
Myrcia ?	Beltran & Foster 1614
Myrcianthes fragrans cf. (Sw.) McVaugh	Beltran & Foster 1149
Myrcianthes fragrans cf. (Sw.) McVaugh	Beltran & Foster 1485
Myrteola phylicoides (Benth.) Landrum	Beltran & Foster 1478
Ugni myricoides (H.B.K.) Berg	Beltran & Foster 1151
Ugni myricoides (H.B.K.) Berg	Beltran & Foster 1491
NYCTAGINACEAE	
Neea aeruginos Standl.	Beltran & Foster 926
Neea divaricata P. & E.	Beltran & Foster 776
Neea virens Poepp. ex Heirml.	Beltran & Foster 954
Neea virens cf. Poepp. ex Heirml.	Beltran & Foster 920
Neea	Beltran & Foster 798
Neea	Beltran & Foster 1068

OCHNACEAE

Ouratea wiliamsii J. F. Macbr.	Beltran & Foster 1221

OLACACEAE

Heisteria latifolia Standley	Beltran & Foster 1592
Minquartia guianensis Aublet	Beltran & Foster 1232

ONAGRACEAE

Fuchsia glaberrima I. M. Johnston	Beltran & Foster 1390

ORCHIDACEAE

Baskervilla	Beltran & Foster 1087
Cyclopogon	Beltran & Foster 1601
Dichaea	Beltran & Foster 916
Dichaea	Beltran & Foster 992
Elleanthus	Beltran & Foster 763
Elleanthus	Beltran & Foster 777
Elleanthus	Beltran & Foster 844
Elleanthus	Beltran & Foster 884
Elleanthus	Beltran & Foster 914
Elleanthus	Beltran & Foster 1174
Elleanthus	Beltran & Foster 1178
Elleanthus	Beltran & Foster 1296
Elleanthus	Beltran & Foster 1300
Elleanthus	Beltran & Foster 1368
Eltroplectis cf. sp. nov	Beltran & Foster 787
Epidendrum fimbriatum H.B.K.	Beltran & Foster 1177
Epidendrum stenophyton cf. Sch.	Beltran & Foster 1131
Epidendrum	Beltran & Foster 829
Epidendrum	Beltran & Foster 1138
Epidendrum	Beltran & Foster 1145
Epidendrum	Beltran & Foster 1170
Epidendrum	Beltran & Foster 1191
Epidendrum	Beltran & Foster 1257
Epidendrum	Beltran & Foster 1270
Epidendrum	Beltran & Foster 1297
Epidendrum	Beltran & Foster 1418
Epidendrum	Beltran & Foster 1420

Epylina hirtzii	Beltran & Foster 1329
Epylina hirtzii or sp. nov.	Beltran & Foster 980
Houlletia	Beltran & Foster 1343
Kreodonthus cf.	Beltran & Foster 1630
Masdevilla	Beltran & Foster 1028
Maxillaria bicallosa or *chartaeifolia*	Beltran & Foster 1105
Maxillaria bolivarensis C. Schweinf.	Beltran & Foster 1340
Maxillaria brunnea	Beltran & Foster 1032
Maxillaria brunnea	Beltran & Foster 1342
Maxillaria gigantea (Lind.) Dod.	Beltran & Foster 832
Maxillaria grandiflora cf.	Beltran & Foster 1344
Maxillaria meridensis cf. Lind.	Beltran & Foster 1386
Maxillaria nubigena cf.	Beltran & Foster 1157
Maxillaria	Beltran & Foster 736
Maxillaria	Beltran & Foster 821
Maxillaria	Beltran & Foster 1006
Maxillaria	Beltran & Foster 1044
Maxillaria	Beltran & Foster 1169
Maxillaria	Beltran & Foster 1213
Maxillaria	Beltran & Foster 1336
Maxillaria	Beltran & Foster 1341
Octomeria	Beltran & Foster 1323
Odontoglossum	Beltran & Foster 1142
Pleurothallis flexuosa (Bonpl.) Lind.	Beltran & Foster 1216
Pleurothallis	Beltran & Foster 761
Pleurothallis	Beltran & Foster 797
Pleurothallis	Beltran & Foster 870
Pleurothallis	Beltran & Foster 888
Pleurothallis	Beltran & Foster 891
Pleurothallis	Beltran & Foster 893
Pleurothallis	Beltran & Foster 895
Pleurothallis	Beltran & Foster 899
Pleurothallis	Beltran & Foster 911
Pleurothallis	Beltran & Foster 986

Pleurothallis	Beltran & Foster 990
Pleurothallis	Beltran & Foster 1089
Pleurothallis	Beltran & Foster 1167
Pleurothallis	Beltran & Foster 1217
Pleurothallis	Beltran & Foster 1293
Pleurothallis	Beltran & Foster 1381
Pleurothallis	Beltran & Foster 1382
Pleurothallis	Beltran & Foster 1383
Psilochilus	Beltran & Foster 1256
Psilochilus	Beltran & Foster 1294
Psygmorchis glossomystax (Rch. f.) Dod. & Dress.	Beltran & Foster 1345
Scaphyglottis	Beltran & Foster 1215
Scaphyglottis	Beltran & Foster 1258
Sobralia	Beltran & Foster 1338
Stelis	Beltran & Foster 747
Stelis	Beltran & Foster 1220
Stelis	Beltran & Foster 1254
Stelis ?	Beltran & Foster 1214
Trichasalpinx	Beltran & Foster 1212
Xylobium	Beltran & Foster 1626

OXALIDACEAE

Biophytum amazonicum cf. Knuth.	Beltran & Foster 1063
Oxalis	Beltran & Foster 1072

PASSIFLORACEAE

Passiflora	Beltran & Foster 1391

PIPERACEAE

Peperomia acutifolia C. DC.	Beltran & Foster 768
Peperomia acutifolia C. DC.	Beltran & Foster 1436
Peperomia glabella cf. (Sw.) A. Dietr.	Beltran & Foster 953
Peperomia hispidula cf. (Sw.) A. Dietr.	Beltran & Foster 1085
Peperomia ternata cf. C. DC.	Beltran & Foster 1047
Peperomia tovariana C. DC.	Beltran & Foster 770
Peperomia vulcanicola C. DC.	Beltran & Foster 1616
Peperomia vulcanicola cf. C. DC.	Beltran & Foster 909

Peperomia vulcanicola cf. C. DC.	Beltran & Foster 956
Peperomia	Beltran & Foster 813
Peperomia	Beltran & Foster 837
Peperomia	Beltran & Foster 886
Peperomia	Beltran & Foster 941
Peperomia	Beltran & Foster 1077
Peperomia	Beltran & Foster 1299
Peperomia	Beltran & Foster 1328
Peperomia	Beltran & Foster 1347
Peperomia	Beltran & Foster 1364
Peperomia	Beltran & Foster 1426
Peperomia	Beltran & Foster 1434
Piper glabratum Kunth	Beltran & Foster 742
Piper glabratum cf. Kunth	Beltran & Foster 1092
Piper obliquum R. & P.	Beltran & Foster 1091
Piper obliquum R. & P.	Beltran & Foster 1224
Piper perareolatum C. DC.	Beltran & Foster 924
Piper	Beltran & Foster 935
Piper	Beltran & Foster 937
Piper	Beltran & Foster 943
Piper	Beltran & Foster 1013
Piper	Beltran & Foster 1052
Piper	Beltran & Foster 1057
Piper	Beltran & Foster 1061
Piper	Beltran & Foster 1152
Piper	Beltran & Foster 1228
Piper	Beltran & Foster 1482
Piper	Beltran & Foster 1532

POACEAE

Chusquea	Beltran & Foster 1315
Cortaderia	Beltran & Foster 1512
Guadua	Beltran & Foster 1055
Lasciasis	Beltran & Foster 1124
Lasciasis	Beltran & Foster 1273

Neurolepis	Beltran & Foster 1162
Pennisetum	Beltran & Foster 1359
	Beltran & Foster 1502

PODOCARPACEAE

Podocarpus oleifolius cf. D. Don	Beltran & Foster 1489

POLYGALACEAE

Monnina	Beltran & Foster 748
Monnina	Beltran & Foster 922
Monnina	Beltran & Foster 1140

PROTEACEAE

Panopsis rubescens cf. (Pohl) Pitt.	Beltran & Foster 1559

PTERIDOPHYTA

Asplenium cristatum Lam.	Beltran & Foster 1115
Asplenium escaleroense Christ.	Beltran & Foster 1606
Asplenium juglandifolium cf. Lam.	Beltran & Foster 889
Asplenium rutaceum (Willd.) Mett.	Beltran & Foster 1424
Asplenium serra Langsd. & Fisch.	Beltran & Foster 858
Asplenium serratum L.	Beltran & Foster 962
Asplenium	Beltran & Foster 1262
Asplenium	Beltran & Foster 1356
Asplenium	Beltran & Foster 1602
Blechnum binervatum (Poir.) Mort. & Lell.	Beltran & Foster 1054
Blechnum cordatum (Desv.) Hieron.	Beltran & Foster 1348
Blechnum lehmannii Hieron.	Beltran & Foster 788
Blechnum lehmannii Hieron.	Beltran & Foster 1064
Blechnum obtusifolium Ettingsh.	Beltran & Foster 1448
Blechnum	Beltran & Foster 1469
Blotiella lindeniana (Hook.) Tryon	Beltran & Foster 1319
Blotiella lindeniana (Hook.) Tryon	Beltran & Foster 1562
Campyloneurum brevifolium or *abruptum*	Beltran & Foster 1056
Campyloneurum repens (Aubl.) Presl.	Beltran & Foster 1611
Cnemidaria speciosa Presl.	Beltran & Foster 766
Cnemidaria speciosa Presl.	Beltran & Foster 921
Cnemidaria speciosa Presl.	Beltran & Foster 1372

Cyathea caracasana	Beltran & Foster 1410
Cyathea concordiae B. León	Beltran & Foster 1183
Cyathea lechleri cf. Mett.	Beltran & Foster 1447
Danaea humilis Moore	Beltran & Foster 1060
Danaea moritziana Presl.	Beltran & Foster 1411
Denstadenia	Beltran & Foster 1306
Dicranopteris flexuosa (Shrad.) Anderw.	Beltran & Foster 1311
Diplazium cristatum (Desr.) Alston	Beltran & Foster 1439
Diplazium macrophyllum Desv.	Beltran & Foster 1234
Diplazium pinnatifidum Kunze	Beltran & Foster 764
Diplazium pinnatifidum Kunze	Beltran & Foster 1430
Elaphoglossum bakerii (Sodiro) Christ.	Beltran & Foster 1435
Elaphoglossum ciliatum (Presl.) Moore	Beltran & Foster 1413
Elaphoglossum concinnum cf. Mickel	Beltran & Foster 1179
Elaphoglossum decoratum (Kunze) Moore	Beltran & Foster 983
Elaphoglossum erinaceum (Feé) Moore	Beltran & Foster 794
Elaphoglossum	Beltran & Foster 779
Elaphoglossum	Beltran & Foster 824
Elaphoglossum	Beltran & Foster 854
Elaphoglossum	Beltran & Foster 867
Elaphoglossum	Beltran & Foster 871
Elaphoglossum	Beltran & Foster 979
Elaphoglossum	Beltran & Foster 982
Elaphoglossum	Beltran & Foster 1066
Elaphoglossum	Beltran & Foster 1119
Elaphoglossum	Beltran & Foster 1414
Elaphoglossum	Beltran & Foster 1415
Eriosorus aureonites (Hook.) Copel	Beltran & Foster 1476
Eriosorus flexuosus (H.B.K.) Copel.	Beltran & Foster 1462
Eriosorus orbingyanus cf. (Kuhn) A. F. Tryon	Beltran & Foster 878
Eriosorus orbingyanus cf. (Kuhn) A. F. Tryon	Beltran & Foster 880
Eriosorus	Beltran & Foster 1201
Gleichenia bifida ? (Willd.) Sprengel	Beltran & Foster 1259
Grammitis moniliformis (Sw.) Proctor	Beltran & Foster 1158

Grammitis moniliformis (Sw.) Proctor	Beltran & Foster 1468
Grammitis myosoroides (Sw.) Sw.	Beltran & Foster 1528
Grammitis paramicola L. E. Bishop	Beltran & Foster 1181
Grammitis serrulata (Sw.) Sw.	Beltran & Foster 1337
Grammitis subsessilis (Baker) Morton	Beltran & Foster 851
Grammitis subsessilis (Baker) Morton	Beltran & Foster 1289
Grammitis trifurcata (L.) Cop.	Beltran & Foster 745
Grammitis	Beltran & Foster 863
Grammitis	Beltran & Foster 998
Grammitis	Beltran & Foster 1015
Grammitis	Beltran & Foster 1255
Huperzia	Beltran & Foster 907
Huperzia	Beltran & Foster 913
Huperzia	Beltran & Foster 1034
Huperzia	Beltran & Foster 1291
Huperzia	Beltran & Foster 1507
Hymenophyllum fucoides (Sw.) Sw.	Beltran & Foster 999
Hymenophyllum lobatoalatum Klotzsch.	Beltran & Foster 815
Hymenophyllum	Beltran & Foster 894
Lindsaea hemiglossa Kramer	Beltran & Foster 847
Lindsaea lancea (L.) Bedd.	Beltran & Foster 1226
Lindsaea lancea cf. (L.) Bedd.	Beltran & Foster 1292
Lindsaea stricta (Sw.) Dry.	Beltran & Foster 1466
Lonchitis hirsuta L.	Beltran & Foster 1076
Lophosoria quadripinnata (Gmelin) C. Chr.	Beltran & Foster 1112
Lophosoria	Beltran & Foster 1401
Lycopodiella caroliniana (L.) Pichi-Sermolli	Beltran & Foster 1529
Lycopodiella cernua (L.) Pichi-Sermolli	Beltran & Foster 1190
Lycopodiella descendens B. Ollg.	Beltran & Foster 1303
Marattia laevis Sm.	Beltran & Foster 1116
Nephelea incana (Karsten) Gastony	Beltran & Foster 1083
Nephelea ?	Beltran & Foster 1617
Nephrolepis pectinata (Willd.) Schott	Beltran & Foster 1005
Nephrolepis pectinata (Willd.) Schott	Beltran & Foster 1069

PLANT COLLECTIONS FROM CERRO MACHINAZA
AND THE UPPER RIO COMAINAS, CORDILLERA DEL CÓNDOR

Niphidium crassifolium (L.) Lell.	Beltran & Foster 1405
Oleandra articulata (Sw.) Presl.	Beltran & Foster 846
Oleandra articulata (Sw.) Presl.	Beltran & Foster 1370
Oleandra lehmannii Maxon	Beltran & Foster 1330
Ophioglossum palmatum L.	Beltran & Foster 823
Paesia glandulosa (Sw.) Kuhn.	Beltran & Foster 1301
Pleopeltis fuscopunctata (Hook.) R. & A. Tryon	Beltran & Foster 1610
Pleopeltis percussa (Cav.) Hook.	Beltran & Foster 1011
Polybotrya lechleriana Mett.	Beltran & Foster 760
Polybotrya osmundacea Willd.	Beltran & Foster 929
Polybotrya osmundacea Willd.	Beltran & Foster 1225
Polypodium aureum L.	Beltran & Foster 1260
Polypodium fraxinifolium Jacq.	Beltran & Foster 915
Polypodium fraxinifolium Jacq.	Beltran & Foster 975
Polypodium laevigatum Cav.	Beltran & Foster 1012
Polypodium loriceum L.	Beltran & Foster 1058
Polypodium loriceum cf. L.	Beltran & Foster 743
Polypodium loriceum cf. L.	Beltran & Foster 762
Polypodium loriceum cf. L.	Beltran & Foster 1352
Polypodium sororium Willd.	Beltran & Foster 1078
Polypodium	Beltran & Foster 1353
Pterozonium brevifrons (A. C. Sm.) Lell.	Beltran & Foster 1199
Saccoloma elegans Kaulf.	Beltran & Foster 1263
Saccoloma inaequale (Kunze) Mett	Beltran & Foster 1243
Schizaea elegans (Vahl.) Sw.	Beltran & Foster 901
Schizaea pusilla Pursh.	Beltran & Foster 1487
Selaginella articulata cf. (Kunze) Spring	Beltran & Foster 1431
Selaginella haematodes (Kunze) Spring	Beltran & Foster 1354
Selaginella	Beltran & Foster 1021
Selaginella	Beltran & Foster 1366
Selaginella	Beltran & Foster 1367
Selaginella	Beltran & Foster 1603
Selaginella	Beltran & Foster 1605
Selaginella	Beltran & Foster 1608

CONSERVATION INTERNATIONAL

Rapid Assesment Program

Sphaeropteris rufescens (Kuhn) Windisch	Beltran & Foster 1010
Stigmatopteris lechleri (Mett.) Ching	Beltran & Foster 965
Tectaria antioquiana (Baker) C. Chr.	Beltran & Foster 1365
Thelypteris angustifolia (Willd.) Proctor	Beltran & Foster 1079
Thelypteris grandis ?	Beltran & Foster 1314
Thelypteris meniscium cf.	Beltran & Foster 1350
Thelypteris	Beltran & Foster 1081
Thelypteris	Beltran & Foster 1082
Thelypteris	Beltran & Foster 1239
Thelypteris	Beltran & Foster 1308
Trichipteris pilosissima (Baker) Barr.	Beltran & Foster 950
Trichipteris procera (Willd.) Tryon	Beltran & Foster 1241
Trichipteris	Beltran & Foster 740
Trichipteris	Beltran & Foster 948
Trichipteris	Beltran & Foster 1379
Trichomanes membranaceum L.	Beltran & Foster 1599
Trichomanes plumosum Kunze	Beltran & Foster 864
Trichomanes plumosum Kunze	Beltran & Foster 1302
Trichomanes plumosum Kunze	Beltran & Foster 1550
Trichomanes rupestre (Raddi) Bosch.	Beltran & Foster 1377
Trichomanes	Beltran & Foster 993
Trichomanes	Beltran & Foster 1062
Trichomanes	Beltran & Foster 1202
Trichomanes	Beltran & Foster 1619
Vittaria gardneriana cf. Fee	Beltran & Foster 843
Vittaria latifolia Benedict	Beltran & Foster 807
Vittaria latifolia Benedict	Beltran & Foster 1351
Vittaria lineata (L.) Sm.	Beltran & Foster 869
Vittaria stipitata Kunze	Beltran & Foster 856
	Beltran & Foster 848
	Beltran & Foster 952
	Beltran & Foster 1000
	Beltran & Foster 1001
	Beltran & Foster 1247

	Beltran & Foster 1361
	Beltran & Foster 1362
	Beltran & Foster 1409
	Beltran & Foster 1600

ROSACEAE ?

	Beltran & Foster 1481

RUBIACEAE

Arcytophyllum setosum (R. & P.) Schlecht.	Beltran & Foster 1463
Bathysa ?	Beltran & Foster 1598
Cephaelis axillaris Sw.	Beltran & Foster 985
Cephaelis umbellata (R. & P.) Standley	Beltran & Foster 782
Cephaelis umbellata (R. & P.) Standley	Beltran & Foster 932
Coccocypselum hirsutum Bart. ex DC.	Beltran & Foster 1036
Coussarea	Beltran & Foster 1227
Coussarea ? *Faramea* ?	Beltran & Foster 945
Faramea eurycarpa D. Sm.	Beltran & Foster 1073
Faramea maynensis Spruce ex Benth.	Beltran & Foster 790
Faramea maynensis Spruce ex Benth.	Beltran & Foster 967
Faramea quinqueflora Poepp.	Beltran & Foster 942
Faramea	Beltran & Foster 786
Faramea	Beltran & Foster 137
Faramea	Beltran & Foster 1402
Guettarda ochreata Schlecht.	Beltran & Foster 1615
Joosia dielsiana Standley	Beltran & Foster 1417
Joosia umbellifera Kartsten	Beltran & Foster 836
Palicourea flavescens H.B.K.	Beltran & Foster 1495
Palicourea macrobotrys cf. (R. & P.) R. & S.	Beltran & Foster 1071
Palicourea nigricans Krause	Beltran & Foster 928
Palicourea sulphurea cf. (R. & P.) DC.	Beltran & Foster 866
Palicourea	Beltran & Foster 1096
Palicourea	Beltran & Foster 1267
Palicourea	Beltran & Foster 1374
Palicourea	Beltran & Foster 1407
Palicourea	Beltran & Foster 1465

Palicourea ?	Beltran & Foster 1147
Psychotria acuminata Benth.	Beltran & Foster 1020
Psychotria aggregata Standley	Beltran & Foster 1110
Psychotria aggregata cf.	Beltran & Foster 741
Psychotria aggregata cf. Standl.	Beltran & Foster 1108
Psychotria barbiflora DC.	Beltran & Foster 936
Psychotria deflexa	Beltran & Foster 933
Psychotria deflexa	Beltran & Foster 947
Psychotria epiphytica Krause	Beltran & Foster 876
Psychotria ionochrophylla Standl.	Beltran & Foster 1572
Psychotria macrophylla R. & P.	Beltran & Foster 912
Psychotria macrophylla R. & P.	Beltran & Foster 919
Psychotria pilosa R. & P.	Beltran & Foster 802
Psychotria pilosa R. & P.	Beltran & Foster 960
Psychotria pilosa cf. R. & P.	Beltran & Foster 981
Psychotria pilosa cf. R. & P.	Beltran & Foster 1266
Psychotria semimetralis Krause	Beltran & Foster 1184
Psychotria uliginosa Sw.	Beltran & Foster 1240
Psychotria uliginosa Sw.	Beltran & Foster 1275
Psychotria	Beltran & Foster 796
Psychotria	Beltran & Foster 969
Psychotria	Beltran & Foster 995
Psychotria	Beltran & Foster 1100
Psychotria	Beltran & Foster 1238
Psychotria	Beltran & Foster 1441
Psychotria	Beltran & Foster 1591
Psychotria (*Cephaelis*)	Beltran & Foster 799
Remijia ?	Beltran & Foster 841
Rudgea loretensis Standley	Beltran & Foster 972
Rudgea loretensis Standley	Beltran & Foster 977
Rudgea loretensis Standley	Beltran & Foster 991
Rudgea	Beltran & Foster 834
Rudgea	Beltran & Foster 882
Sabicea klugii Standley	Beltran & Foster 1594

Schradera	Beltran & Foster 1186
	Beltran & Foster 729
	Beltran & Foster 749
	Beltran & Foster 1200
	Beltran & Foster 1261
	Beltran & Foster 1284
	Beltran & Foster 1535
	Beltran & Foster 1549
	Beltran & Foster 1571

SAPINDACEAE

Matayba peruviana cf. Radlk.	Beltran & Foster 1547
Matayba	Beltran & Foster 1251
Paullinia	Beltran & Foster 1250

SCROPHULARIACEAE

	Beltran & Foster 817

SIMAROUBACEAE

Simaba	Beltran & Foster 1541
Simarouba amara Aublet	Beltran & Foster 1566

SOLANACEAE

Brugmansia aurea cf. Lager.	Beltran & Foster 1622
Cestrum microcalyx cf. Franc.	Beltran & Foster 1440
Cestrum	Beltran & Foster 896
Cyphomandra hartwegii (Miers) Walp.	Beltran & Foster 1433
Lycianthes	Beltran & Foster 783
Lycianthes	Beltran & Foster 1398
Lycianthes	Beltran & Foster 1442
Markea formicarum cf. Damm.	Beltran & Foster 1399
Physalis angulata L.	Beltran & Foster 923
Solanum anceps R. & P.	Beltran & Foster 1578
Solanum argenteum Dun. ex Poir.	Beltran & Foster 1088
Solanum	Beltran & Foster 757
Solanum	Beltran & Foster 958
Solanum	Beltran & Foster 1393
Solanum	Beltran & Foster 1422

Solanum	Beltran & Foster 1428
	Beltran & Foster 1084

STYRACACEAE

Styrax	Beltran & Foster 1195

THEACEAE

Freziera	Beltran & Foster 1198
Gordonia fruticosa (Schrader) H. Keng.	Beltran & Foster 1307
Ternstroemia jelskii (Szyszylow) Melchior	Beltran & Foster 1126
Ternstroemia verticillata cf. Klotzsch ex Wawra	Beltran & Foster 1283
Ternstroemia	Beltran & Foster 1127

TROPAEOLACEAE

Tropaeolum brideanum Sparre	Beltran & Foster 1067

URTICACEAE

Pilea cuatrecasasi Killip	Beltran & Foster 1613
Pilea hitchcockii Killip	Beltran & Foster 1396
Pilea marginata (Poepp.) Wedd.	Beltran & Foster 1093
Pilea myriophyll Killip	Beltran & Foster 1427
Pilea ptericlada cf. J. D. Smith	Beltran & Foster 780

VERBENACEAE

Aegiphila alba Mold.	Beltran & Foster 1429
Aegiphila cordata Poeppig	Beltran & Foster 964
Aegiphila cordata Poeppig	Beltran & Foster 1252
Aegiphila glabrata cf. Mold.	Beltran & Foster 784
Aegiphila	Beltran & Foster 1249

VISCACEAE

Dendrophthora lueri cf. Kuijt	Beltran & Foster 1146
Dendrophthora	Beltran & Foster 759
Dendrophthora	Beltran & Foster 1515
Dendrophthora	Beltran & Foster 1563
Dendrophthora	Beltran & Foster 1583
Phoradendron peruvianum cf. Eichler	Beltran & Foster 827
Phoradendron	Beltran & Foster 1135
Phoradendron	Beltran & Foster 1458
	Beltran & Foster 816

WINTERACEAE	
Drimys granadensis L. f.	Beltran & Foster 1172
XYRIDACEAE	
Xyris subulata R. & P.	Beltran & Foster 1182
Xyris subulata R. & P.	Beltran & Foster 1526
Xyris uleana cf. Malme	Beltran & Foster 1523
Xyris	Beltran & Foster 1461
Xyris	Beltran & Foster 1524
ZINGIBERACEAE	
Costus	Beltran & Foster 1629
Renealmia thyrsoidea (R. & P.) Poeppig	Beltran & Foster 949
	Beltran & Foster 1285

Plant Transect Data from the Summit of Cerro Machinaza, Upper Río Comainas, Cordillera del Cóndor

Robin B. Foster and Hamilton Beltran

A. Transect 1. The transect was 1 meter wide, 50 meters long, and on a relatively wet area of the herbazal. Orchid data from the same transect are presented in Appendix 4A.

Number of Individuals	Family	Genus	Species or collection number
39	BROMELIACEAE	–	Beltran & Foster 1449
30	POACEAE	Neurolepis	Beltran & Foster 1162
29	CLUSIACEAE	Clusia	elliptica H.B.K. cf.
27	BROMELIACEAE	–	Beltran & Foster 1209
25	CLUSIACEAE	Hypericum	Beltran & Foster 1443
25	XYRIDACEAE	Xyris	Beltran & Foster 1461
24	ERICACEAE	Disterigma	acuminatum (H.B.K) Nied.
23	ERIOCAULACEAE	Paepalanthus	ensifolius (H.B.K.) Kunth
22	BROMELIACEAE	–	gr
21	ERICACEAE	–	Beltran & Foster 1501
18	ASTERACEAE	Hieracium	Beltran & Foster 1446
18	BROMELIACEAE	–	Beltran & Foster 1450
16	ARECACEAE	Geonoma	Beltran & Foster 1207
15	ERICACEAE	Gaultheria	Beltran & Foster 1527
14	ASTERACEAE	Pseudonoseris	chachapoyensis
13	AQUIFOLIACEAE	Ilex	Beltran & Foster 1453
12	ASCLEPIADACEAE	Blepharodon ?	Beltran & Foster 1504
12	ASTERACEAE	Baccharis	genistelloides ?
12	CYPERACEAE	–	Beltran & Foster 1486
11	PTERIDOPHYTA	Lycopodiella	cernua Pic.-Ser.
10	BROMELIACEAE	–	hc
10	CLUSIACEAE	Clusia	ducuoides Engler cf.
10	MYRSINACEAE	Cybianthus	pe
10	RUBIACEAE	Palicourea	Beltran & Foster 1465
9	ROSACEAE	–	Beltran & Foster 1481
7	CYRILLACEAE	Purdiaea	nutans Planch.
7	MELASTOMATACEAE	Miconia	noriifolia Triana
7	–	–	ov
6	MYRTACEAE	Ugni	myricoides (H.B.K.) Berg
6	POACEAE	Cortaderia	Beltran & Foster 1512

PLANT TRANSECT DATA FROM THE SUMMIT OF CERRO MACHINAZA, UPPER RIO COMAINAS, CORDILLERA DEL CÓNDOR

Number of Individuals	Family	Genus	Species or collection number
5	ARACEAE	*Anthurium*	er
5	CYCLANTHACEAE	*Sphaeradenia*	sp
5	LILIACEAE	*Isidrogalvia*	*falcata* R. & P.
5	PTERIDOPHYTA	*Lindsaea*	*stricta* (Sw.) Dry.
4	XYRIDACEAE	*Xyris*	*uleana* cf. Malme
3	ALSTROEMERIACEAE	*Bomarea*	*brachycephala* Benth.
3	AQUIFOLIACEAE	*Ilex*	*microphyllum* Hook.
3	BROMELIACEAE	–	ed
3	DROSERACEAE	*Drosera*	Beltran & Foster 1488
3	ERICACEAE	*Vaccinium*	*floribundum* H.B.K.
3	MYRTACEAE	*Myrteola*	*phylicoides* (Benth.) Landrum
3	POACEAE	*Chusquea*	ch
3	PTERIDOPHYTA	*Blechnum*	*obtusifolium* Ettingsh.
3	SYMPLOCACEAE	*Symplocos*	sy
2	ERICACEAE	*Gaultheria*	ga
2	MYRTACEAE	*Myrcianthes*	*fragrans* (Sw.) McVaugh cf.
2	PTERIDOPHYTA	*Schizaea*	*pusilla* Pursh.
2	PTERIDOPHYTA	–	lr
1	ARALIACEAE	*Schefflera*	*moyobambae* Harms cf.
1	ASTERACEAE	*Baccharis*	ro
1	BROMELIACEAE	–	ae
1	ERICACEAE	*Bejaria*	*aestuans* L.
1	MELASTOMATACEAE	*Brachyotum*	*campanulare* (Bonpl.) Triana cf.
1	MELASTOMATACEAE	*Miconia*	Beltran & Foster 1470
1	PTERIDOPHYTA	*Eriosoris*	er
1	PTERIDOPHYTA	*Grammitis*	ts
1	PTERIDOPHYTA	*Lycopodiella*	*caroliniana* (L.) Pic.-Ser.
1	RUBIACEAE	*Palicourea*	Beltran & Foster 1495
1	RUBIACEAE	*Psychotria*	ep
1	SYMPLOCACEAE	*Symplocos*	pu

563 INDIVIDUALS

B. Transect 2. The transect was 1 meter wide, 9 meters long, and on a relatively dry area of the *herbazal*. Orchid data from the same transect are presented in Appendix 4B.

Number of Individuals	Family	Genus	Species or collection number
10	ASTERACEAE	*Pseudonoseris*	chachapoyensis
7	ARACEAE	*Anthurium*	er
6	BROMELIACEAE	–	Beltran & Foster 1209
6	CYRILLACEAE	*Purdiaea*	*nutans* Planch.
6	ERIOCAULACEAE	*Poaepalanthus*	*ensifolius* (H.B.K.) Kunth
5	ASTERACEAE	*Hieracium*	Beltran & Foster 1446
5	BROMELIACEAE	–	gr
5	CLUSIACEAE	*Clusia*	*elliptica* HBK cf.
4	ERICACEAE	*Disterigma*	*acuminatum* (H.B.K.) Nied.
4	MYRTACEAE	*Ugni*	*myricoides* (H.B.K.) Berg
4	POACEAE	*Neurolepis*	Beltran & Foster 1162
3	AQUIFOLIACEAE	*Ilex*	Beltran & Foster 1453
3	ARECACEAE	*Geonoma*	Beltran & Foster 1207
3	ASTERACEAE	*Baccharis*	ne
3	MYRTACEAE	*Myrcianthes*	*fragrans* (Sw.) McVaugh cf.
3	POACEAE	*Chusquea*	ch
3	PTERIDOPHYTA	–	lr
2	BROMELIACEAE	*Puya*	pu
2	CYPERACEAE	–	Beltran & Foster 1486
2	MELASTOMATACEAE	*Miconia*	*noriifolia* Triana
2	MELASTOMATACEAE	*Miconia*	Beltran & Foster 1470
2	SYMPLOCACEAE	*Symplocos*	sy
1	ASTERACEAE	*Baccharis*	*genistelloides* ?
1	BROMELIACEAE	–	Beltran & Foster 1450
1	BROMELIACEAE	–	hc
1	ERICACEAE	*Vaccinium*	*floribundum* H.B.K.
1	MELASTOMATACEAE	*Brachyotum*	*campanulare* (Bonpl.) Triana cf.
1	MELASTOMATACEAE	–	pn

PLANT TRANSECT DATA FROM THE SUMMIT OF CERRO MACHINAZA,
UPPER RIO COMAINAS, CORDILLERA DEL CÓNDOR

Number of Individuals	Family	Genus	Species or collection number
1	MYRSINACEAE	*Cybianthus*	pe
1	RUBIACEAE	*Palicourea*	Beltran & Foster 1465
1	RUBIACEAE	*Palicourea*	gc
1	–	–	ov

100 INDIVIDUALS

C. Transect 3. The transect was 2 meters wide, 27 meters long, and in sclerophyllous shrubland
between the 'lip' of Cerro Machinaza and the *herbazal*.

Number of Individuals	Family	Genus	Species or collection number
6	AQUIFOLIACEAE	*Ilex*	bl
6	ASTERACEAE	*Baccharis*	ne
6	LAURACEAE	*Persea*	me
6	MELASTOMATACEAE	*Miconia*	Beltran & Foster 1470
5	CLUSIACEAE	*Clusia*	*ducuoides* Engler cf.
5	CUNONIACEAE	*Weinmannia*	*fagaroides* H.B.K.
5	PIPERACEAE	*Piper*	Beltran & Foster 1532
5	STYRACACEAE	*Styrax*	st
4	ARALIACEAE	*Schefflera*	*moyobambae* Harms cf.
4	CLUSIACEAE	*Clusia*	mi
4	MELASTOMATACEAE	*Miconia*	np
4	POLYGALACEAE	*Monnina*	Beltran & Foster 1140
3	AQUIFOLIACEAE	*Ilex*	tp
3	ARACEAE	*Stenospermation*	*robustum* Engl.
3	MELASTOMATACEAE	*Miconia*	rs
3	MYRSINACEAE	*Cybianthus*	li
2	AQUIFOLIACEAE	*Ilex*	*microphyllum* Hook.
2	AQUIFOLIACEAE	*Ilex*	pn
2	CUNONIACEAE	*Weinmannia*	me
2	ERICACEAE	–	di
2	MELASTOMATACEAE	*Miconia*	mi
2	MELASTOMATACEAE	*Miconia*	mr
2	MELASTOMATACEAE	*Miconia*	pc

Number of Individuals	Family	Genus	Species or collection number
2	MELASTOMATACEAE	*Miconia*	rp
2	THEACEAE	*Ternstroemia*	*jelskii* (Szyszylow) Melchior
2	WINTERACEAE	*Drimys*	*granadensis* L.
1	ARALIACEAE	*Schefflera*	np
1	CLUSIACEAE	*Clusia*	*elliptica* H.B.K. cf.
1	CYRILLACEAE	*Purdiaea*	*nutans* Planch.
1	ERICACEAE		pu
1	MELASTOMATACEAE	*Miconia*	mb
1	MYRTACEAE	*Myrcianthes*	*fragrans* (Sw.) McVaugh cf.
1	THEACEAE	*Freziera*	gp
1	THEACEAE	pn	

100 INDIVIDUALS

Orchids of the Upper Río Comainas, Cordillera del Cóndor

Moises Cavero B.

A. List of all species collected in the study area (Cerro Machinaza, and from there down to PV 3).

Brachionidium sp. 1
Cryptocentrum pseudobulbosum C. Schw.
Dichaea hystricina Rchb. f. aff.
Dichaea sp. nov.? o *D. tenuis*
Elleanthus amethystinus (Rchb. f & Warsc.) Rchb. f. cf.
Elleanthus lancifolius Presl. cf.
Elleanthus linifolius Presl. aff.
Elleanthus sp. nov.? o *E. linifolius* Presl.
Epidendrum alsum Ridl. cf.
Epidendrum dermatanthum Krzl. cf.
Epidendrum dialychilium ssp. *peruvianum* Bennett & Christenson
Epidendrum mancum Lindl.
Epidendrum secundum Jacq.
Epidendrum sp. 1
Epidendrum sp. 2
Epidendrum sp. 3
Epidendrum sp. 4
Epidendrum sp. 5
Gompichis sp. 1
Lepanthes sp. 1
Lepanthes sp. 2
Maxillaria attenuata
Maxillaria aurea (Poepp. & Endl.) L. O. Wms.
Maxillaria lepidota Lindl.
Maxillaria melina Lindl.
Maxillaria platyloba Schltr. aff. (sp. nov.)
Maxillaria sp. 1
Maxillaria sp. 2
Maxillaria sp. nov.
Mormolyca polyphylla Garay & Wirth
Odontoglossum sp. 1

Otoglossum brevifolium (Lindl.) Garay & Dunsterv.
Pachyphyllum sp. 1
Pleurothallis sp. 1
Pleurothallis sp. 2
Pleurothallis sp. 3
Pleurothallis sp. 4
Pleurothallis sp. 5
Pleurothallis sp. 6
Pleurothallis sp. 7
Pleurothalloide sp. 1
Pleurothalloide sp. 2
Pterichis sp. 1
Scaphyglottis grandiflora Ames & C. Schw. cf.
Sertifera sp. 1
Sobralia? sp.
Sobralia suaveolens Rchb. f.
Stelis sp. 1

B. Transect 1. Orchids counted on a transect (1 meter by 50 meters; see Appendix 3A) on a relatively wet area of the *herbazal* on the summit of Cerro Machinaza, 31 July 1994.

Species	0-10m	10-20m	20-30m	30-40m	40-50m
Elleanthus lancifolius cf.	5	6	5	5	1
Elleanthus linifolius aff.	2	-	-	-	-
Epidendrum alsum cf.	-	1	3	-	1
Epidendrum dermatanthum	3	3	-	-	-
Epidendrum secundum	1	3	2	2	4
Epidendrum sp. 2	1	1	1	3	2
Epidendrum sp. 4	2	2	-	-	-
Gompichis sp. 1	-	-	1	-	-
Maxillaria sp. 1	3	1	-	-	-
Maxillaria sp. nov. 2 ?	-	1	-	-	-
Pleurothallis sp. 4	3	2	4	2	3
Odontoglossum sp. 1	1	2	1	-	-
Sertifera sp. 1	5	2	3	1	-
Sobralia ?	-	1	-	1	-
SUBTOTAL	**26**	**25**	**20**	**11**	**11**
TOTAL					**93 PLANTS**

TRANSECTO #1

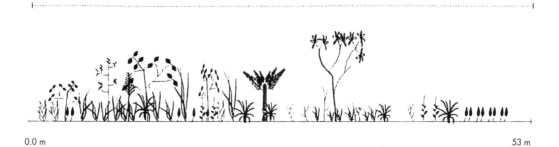

0.0 m   53 m

C. Transect 2. 100 orchids counted on a meter-wide transect (see Appendix 3B) on a relatively dry area of the *herbazal* on the summit of Cerro Machinaza, 31 July 1994.

Species	0-10m	10-19m
Elleanthus lancifolius cf.	2	8
Elleanthus linifolius aff.	4	1
Epidendrum dermatanthum cf.	5	9
Epidendrum mancum	4	2
Epidendrum sp. 4	7	12
Maxillaria sp. 1	6	5
Maxillaria sp. nov. 2 ?	-	1
Odontoglossum sp. 1	2	3
Pleurothallis sp. 4	1	1
Pleurothalloide sp. 1	-	1
Sertifera sp. 1	7	12
Sobralia ?	4	3
SUBTOTAL	**42**	**58**
TOTAL		**100 PLANTS**

TRANSECTO #2

19 m   0.0 m

Bird Species Recorded at Three Sites on the Northern and Western Slopes of the Cordillera del Cóndor

Theodore A. Parker III

	Miazi	Coangos	Achupallas
TINAMIDAE (3)			
Tinamus tao		X	
Crypturellus soui	X		
Crypturellus obsoletus		X	
CATHARTIDAE (1)			
Cathartes aura	X		
ACCIPITRIDAE (7)			
Elanoides forficatus	X		
Buteo magnirostris	X		
Buteo brachyurus	X		
Leucopternis albicollis		X	
Harpyhalieatus solitarius		X	
Oroaetus isidori		X	
Spizastur melanoleucus		X	
FALCONIDAE (3)			
Herpetotheres cachinnans	X		
Micrastur ruficollis	X	X	
Daptrius ater	X		
CRACIDAE (2)			
Penelope jacquacu		X	
Aburria aburri		X	
PHASIANIDAE (1)			
Odontophorus speciosus		X	
RALLIDAE (3)			
Rallus nigricans	X		
Anurolimnas castaneiceps	X		
Laterallus exilis	X		
COLUMBIDAE (4)			
Columba plumbea	X	X	
Leptoptila (rufaxilla)	X		
Geotrygon saphirina	X		
Geotrygon sp.		X	

	Miazi	Coangos	Achupallas
PSITTACIDAE (9)			
Aratinga sp.			X
Leptosittaca branickii			X
Pyrrhura sp.		X	
Forpus sclateri	X		
Brotogeris cyanoptera	X		
Touit stictoptera	X	X	X
Pionus menstruus	X		
Pionus tumultuosus			X
Amazona mercenaria		X	X
CUCULIDAE (3)			
Piaya cayana	X	X	
Piaya minuta	X		
Dromococcyx pavoninus		X	
STRIGIDAE (5)			
Otus ingens		X	
Otus (*albogularis*)			X
Pulsatrix melanota	X	X	
Glaucidium parkeri		X	
Glaucidium sp.			X
Ciccaba (*huhula*)		X	
STEATORNITHIDAE (1)			
Steatornis caripensis			X
NYCTIBIIDAE (2)			
Nyctibius griseus		X	
Nyctibius maculosus			X
CAPRIMULGIDAE (3)			
Nyctidromus albicollis	X		
Nyctiphrynus ocellatus		X	
Uropsalis lyra		X	
APODIDAE (4)			
Streptoprocne zonaris			X
Cypseloides rutilus	X	X	X
Chaetura cinereiventris	X	X	

	Miazi	Coangos	Achupallas
Aeronautes montivagus	X		
TROCHILIDAE (25)			
Threnetes leucurus	X		
Phaethornis guy	X	X	
Phaethornis syrmatophorus		X	
Phaethornis superciliosus	X		
Phaethornis griseogularis	X		
Phaethornis longuemareus	X		
Eutoxeres (aquila)		X	
Campylopterus largipennis	X		
Klais guimeti	X		
Thalurania furcata	X	X	
Adelomyia melanogenys	X	X	
Urosticte benjamini		X	X
Heliodoxa leadbeateri		X	
Heliodoxa schreibersii	X		
Coeligena coeligena		X	
Coeligena torquata			X
Heliangelus amethysticollis			X
Eriocnemis alinae		X	
Haplophaedia aureliae		X	
Ocreatus underwoodii		X	
Metallura tyrianthina			X
Aglaiocercus kingi		X	
Schistes geoffroyi		X	
Heliothryx aurita	X		
Acestrura mulsant			X
TROGONIDAE (5)			
Pharomachrus antisianus		X	
Trogon viridis	X		
Trogon collaris	X		
Trogon personatus		X	
Trogon curucui	X		
ALCEDINIDAE (2)			

	Miazi	Coangos	Achupallas
Ceryle torquata	X		
Chloroceryle americana	X		
MOMOTIDAE (1)			
Momotus momota	X		
GALBULIDAE (1)			
Galbula leucogastra	X		
BUCCONIDAE (3)			
Bucco capensis		X	
Malacoptila sp.	X		
Micromonacha lanceolata	X		
CAPITONIDAE (1)			
Eubucco bourcierii		X	
RAMPHASTIDAE (5)			
Aulacorhynchus sp.		X	
Pteroglossus (pluricinctus)	X		
Selenidera reinwardtii	X		
Ramphastos culminatus	X		
Ramphastos ambiguus		X	
PICIDAE (11)			
Picumnus lafresnayi	X		
Piculus rivolii			X
Piculus rubiginosus	X	X	
Piculus leucolaemus	X		
Dryocopus lineatus	X		
Melanerpes cruentatus	X		
Veniliornis fumigatus		X	
Veniliornis passerinus	X		
Veniliornis affinis	X		
Campephilus melanoleucus	X		
Campephilus haematogaster		X	
DENDROCOLAPTIDAE (11)			
Deconychura longicauda	X		
Sittasomus griseicapillus	X		
Glyphorynchus spirurus	X	X	

BIRD SPECIES RECORDED AT THREE SITES ON THE NORTHERN AND WESTERN
SLOPES OF THE CORDILLERA DEL CÓNDOR

	Miazi	Coangos	Achupallas
Xiphocolaptes promeropirhynchus		X	
Dendrocolaptes certhia	X		
Xiphorhynchus ocellatus	X		
Xiphorhynchus guttatus	X		
Xiphorhynchus triangularis		X	
Lepidocolaptes albolineatus	X		
Campylorhamphus (pusillus)		X	
Campylorhamphus sp.	X		
FURNARIIDAE (27)			
Synallaxis azarae			X
Synallaxis moesta		X	
Synallaxis unirufa			X
Synallaxis albigularis	X	X	
Hellmayrea gularis			X
Cranioleuca curtata		X	
Cranioleuca gutturata	X		
Siptornis striaticollis		X	
Xenerpestes singularis		X	
Margarornis squamiger			X
Premnoplex brunnescens		X	
Pseudocolaptes boissonneautii			X
Hyloctistes subulatus	X	X	
Syndactyla subalaris		X	
Anabacerthia striaticollis		X	
Philydor erythrocercus	X		
Philydor ruficaudatus	X		
Automolus dorsalis	X		
Automolus rubiginosus	X		
Automolus ochrolaemus	X		
Thripadectes flammulatus			X
Thripadectes holostictus		X	
Thripadectes melanorhynchus		X	
Xenops minutus	X		
Xenops rutilans	X	X	

	Miazi	Coangos	Achupallas
Sclerurus albigularis		X	
Sclerurus mexicanus	X		
FORMICARIIDAE (37)			
Cymbilaimus lineatus	X	X	
Thamnophilus palliatus	X	X	
Thamnophilus aethiops	X		
Thamnophilus unicolor		X	X
Thamnophilus schistaceus	X		
Thamnistes anabatinus	X	X	
Dysithamnus mentalis	X	X	
Thamnomanes ardesiacus	X		
Myrmotherula brachyura	X		
Myrmotherula longicauda	X	X	
Myrmotherula spodionota	X		
Myrmotherula axillaris	X		
Myrmotherula schisticolor	X	X	
Myrmotherula longipennis	X		
Dichrozona cincta	X		
Herpsilochmus axillaris		X	
Herpsilochmus rufimarginatus	X		
Terenura callinota		X	
Terenura sp.	X		
Cercomacra cinerascens	X		
Cercomacra nigrescens		X	
Cercomacra serva	X		
Pyriglena leuconota		X	
Myrmoborus leucophrys	X		
Myrmoborus myotherinus	X		
Myrmeciza hemimelaena	X		
Myrmeciza fortis	X		
Hypocnemis cantator	X		
Rhegmatorhina melanosticta	X		
Hylophylax naevia	X		
Chamaeza campanisona		X	

BIRD SPECIES RECORDED AT THREE SITES ON THE NORTHERN AND WESTERN SLOPES OF THE CORDILLERA DEL CÓNDOR

	Miazi	Coangos	Achupallas
Formicarius analis	X		
Formicarius rufipectus		X	
Grallaria hypoleuca		X	X
Grallaria rufula			X
Myrmothera campanisona	X		
Grallaricula (nana)			X
RHINOCRYPTIDAE (3)			
Scytalopus unicolor			X
Scytalopus femoralis		X	
Scytalopus sp. nov.			X
COTINGIDAE (8)			
Laniisoma elegans	X		
Pipreola riefferii			X
Pipreola arcuata			X
Pipreola frontalis		X	
Iodopleura isabellae	X		
Lipaugus subalaris	X		
Oxyruncus cristatus	X		
Rupicola peruviana	X	X	
PIPRIDAE (8)			
Schiffornis turdinus	X		
Piprites chloris	X		
Chloropipo holochlora	X		
Tyranneutes stolzmanni	X		
Manacus manacus	X		
Masius chrysopterus		X	
Chiroxiphia pareola	X		
Pipra erythrocephala	X		
TYRANNIDAE (60)			
Phyllomyias burmeisteri		X	
Phyllomyias griseiceps	X		
Zimmerius cinereicapillus	X		
Zimmerius viridiflavus	X	X	
Ornithion inerme	X		

	Miazi	Coangos	Achupallas
Sublegatus sp.	X		
Tyrannulus elatus	X		
Mecocerculus (stictopterus)			X
Mionectes striaticollis		X	X
Mionectes oleagineus	X		
Leptopogon superciliaris	X		
Phylloscartes poecilotis		X	
Phylloscartes ophthalmicus		X	
Phylloscartes superciliaris		X	
Phylloscartes orbitalis	X		
Pseudotriccus pelzelni		X	
Pseudotriccus ruficeps			X
Corythopis torquata	X		
Lophotriccus pileatus		X	
Poecilotriccus capitale	X		
Hemitriccus granadensis			X
Hemitriccus (rufigularis)	X	X	
Todirostrum latirostre	X		
Todirostrum cinereum	X	X	
Todirostrum calopterum	X		
Rhynchocyclus fulvipectus		X	
Rhynchocyclus sp.	X		
Tolmomyias assimilis	X		
Tolmomyias viridiceps	X		
Platyrinchus mystaceus		X	
Myiotriccus ornatus	X	X	
Terenotriccus erythrurus	X		
Myiobius (villosus)	X		
Myiophobus lintoni			X
Myiophobus (cryptoxanthus)	X	X	
Pyrrhomyias cinnamomea		X	X
Contopus fumigatus		X	
Lathrotriccus euleri	X		
Myiotheretes fumigatus			X

BIRD SPECIES RECORDED AT THREE SITES ON THE NORTHERN AND WESTERN
SLOPES OF THE CORDILLERA DEL CÓNDOR

	Miazi	Coangos	Achupallas
Colonia colonus	X		
Hirundinea ferruginea	X		
Attila spadiceus	X	X	
Rhytipterna simplex	X		
Laniocera hypopyrra	X		
Myiarchus tuberculifer	X		
Myiarchus cephalotes		X	
Megarhynchus pitangua	X		
Myiozetetes similis	X		
Myiozetetes granadensis	X		
Conopias cinchoneti	X		
Myiodynastes chrysocephalus		X	
Tyrannus melancholicus	X		
Pachyramphus viridis	X		
Pachyramphus versicolor		X	X
Pachyramphus castaneus	X	X	
Pachyramphus (marginatus)	X		
Pachyramphus albogriseus		X	
Tityra semifasciata	X		
HIRUNDINIDAE (5)			
Notiochelidon cyanoleuca	X		
Notiochelidon flavipes			X
Atticora fasciata	X		
Neochelidon tibialis	X		
Stelgidopteryx ruficollis	X		
CORVIDAE (2)			
Cyanocorax violaceus	X		
Cyanocorax yncas			X
TROGLODYTIDAE (12)			
Campylorhynchus turdinus	X		
Odontorchilus branickii		X	
Cinnycerthia peruana		X	X
Thryothorus coraya	X		
Troglodytes aedon	X		

	Miazi	Coangos	Achupallas
Troglodytes solstitialis		X	
Henicorhina leucosticta	X		
Henicorhina leucophrys		X	
Henicorhina leucoptera			X
Microcerculus marginatus	X		
Cyphorhinus thoracicus		X	
Cyphorhinus arada	X		
TURDIDAE (6)			
Myadestes ralloides		X	
Catharus dryas		X	
Turdus serranus			X
Turdus fulviventris		X	
Turdus ignobilis	X		
Turdus albicollis	X		
SYLVIIDAE (1)			
Microbates cinereiventris	X		
VIREONIDAE (7)			
Cyclarhis gujanensis	X	X	X
Vireolanius leucotis	X		
Vireo olivaceus	X		
Vireo leucophrys		X	
Hylophilus hypoxanthus	X		
Hylophilus olivaceus	X		
Hylophilus ochraceiceps	X		
EMBERIZINAE (7)			
Ammodramus aurifrons	X		
Sporophila castaneiventris	X		
Oryzoborus angolensis	X		
Catamenia homochroa			X
Arremon aurantiirostris	X		
Atlaptetes brunneinucha		X	
Atlapetes torquatus			X
CARDINALINAE (5)			
Caryothraustes humeralis	X		

BIRD SPECIES RECORDED AT THREE SITES ON THE NORTHERN AND WESTERN
SLOPES OF THE CORDILLERA DEL CÓNDOR

	Miazi	Coangos	Achupallas
Pitylus grossus	X	X	
Saltator maximus	X	X	
Saltator coerulescens	X		
Cyanocompsa cyanoides	X		
THRAUPINAE (50)			
Cissopis leveriana	X		
Chlorornis riefferii			X
Sericossypha albocristata			X
Chlorospingus ophthalmicus			X
Chlorospingus flavigularis		X	
Chlorospingus canigularis		X	
Hemithraupis flavicollis	X		
Lanio fulvus	X		
Creurgops verticalis		X	
Tachyphonus cristatus	X		
Piranga leucoptera		X	
Piranga rubriceps			X
Calochaetes coccineus		X	
Ramphocelus carbo	X	X	
Thraupis episcopus	X		
Wetmorethraupis sterrhopteron	X		
Anisognathus lacrymosus			X
Anisognathus flavinucha		X	
Iridisornis analis		X	X
Iridisornis rufivertex			X
Euphonia musica	X		
Euphonia chysopasta	X		
Euphonia mesochrysa	X	X	
Euphonia xanthogaster	X	X	
Euphonia rufiventris	X		
Chlorophonia cyanea		X	
Chlorochrysa calliparaea		X	
Tangara chilensis	X	X	
Tangara schrankii	X		

	Miazi	Coangos	Achupallas
Tangara arthus		X	
Tangara xanthocephala		X	
Tangara chrysotis		X	
Tangara parzudakii		X	
Tangara punctata		X	
Tangara xanthogastra	X		
Tangara gyrola	X	X	
Tangara ruficervix		X	
Tangara cyanotis		X	
Tangara nigrocincta	X		
Tangara cyanicollis	X	X	
Tangara nigroviridis		X	
Tangara vassorii			X
Dacnis cayana	X	X	
Dacnis lineata	X		
Dacnis flaviventer	X		
Chlorophanes spiza	X		
Diglossa albilatera			X
Diglossa glauca		X	
Diglossa caerulescens			X
Diglossa cyanea			X
PARULIDAE (7)			
Parula pitiayumi	X		
Myioborus miniatus	X	X	
Myioborus melanocephalus			X
Basileuterus luteoviridis			X
Basileuterus tristriatus	X	X	
Basileuterus fulvicauda	X		
Coereba flaveola	X	X	
ICTERIDAE (4)			
Psarocolius angustifrons	X	X	
Cacicus uropygialis		X	
Cacicus sclateri	X		
Cacicus holosericeus		X	
Total species	210	149	60

Birds of the Upper Río Comainas, Cordillera del Cóndor

Thomas S. Schulenberg and Walter H. Wust

	Habitats	Abundance	Evidence
TINAMIDAE (1)			
Tinamus sp.	Fm	R	si
ARDEIDAE (1)			
Tigrisoma fasciatum	Fsm	R	si
ACCIPITRIDAE (8)			
Elanoides forficatus	Fm	U	si
Harpagus bidentatus	Fm	U	si
Accipiter striatus	Fm	U	t
Buteo magnirostris	Fe	R	si
Buteo albigula	Fm	R	t
Leucopternis princeps	Fm	U	si
Harpyhalieatus solitarius	Fm	U	si
Oroaetus isidori	Fm	U	si
FALCONIDAE (1)			
Micrastur ruficollis	Fm	U	t
PHASIANIDAE (1)			
Odontophorus speciosus	Fm	U	sp
EURYPYGIDAE (1)			
Eurypyga helias	Fsm	R	si
COLUMBIDAE (2)			
Columba plumbea	Fm	U	t
Geotrygon frenata	Fm	U	si
PSITTACIDAE (3)			
Pyrrhura sp.	Fm	U	t
Touit stictoptera	Fm	U	t
Pionus sordidus	Fm	F	t
CUCULIDAE (1)			
Piaya cayana	Fm	F	si
STRIGIDAE (3)			
Otus ingens	Fm	F	sp, t
Otus petersoni	Elf	R	si
Glaucidium parkeri	Fm	R	t

	Habitats	Abundance	Evidence
CAPRIMULGIDAE (1)			
Caprimulgus nigrescens	Fm	R	si
APODIDAE (5)			
Streptoprocne zonaris	O	U	si
Cypseloides rutilus	O	U	si
Cypseloides (lemosi)	O	U	t
Chaetura cinereiventris	O	R	si
Aeronautes montivagus	O	U	t
TROCHILIDAE (24)			
Doryfera johannae	Fm	F	t
Phaethornis guy	Fm	F	t
Phaethornis syrmatophorus	Fm	U	si
Eutoxeres aquila	Fm	U	si
Campylopterus villaviscencio	Fm	R	sp
Colibri thalassinus	Fo	F	t
Klais guimeti	Fe	R	si
Popelairia popelairii	Fm	R	si
Thalurania furcata	Fm	F	si
Adelomyia melanogenys	Fm	F	t
Urosticte benjamini	Fm	F	t
Phlogophilus hemileucurus	Fm	U	t
Heliodoxa leadbeateri	Fm	F	si
Urochroa bougueri	Fm	R	t
Coeligena coeligena	Fm	F	si
Coeligena torquata	Fm	U	si
Boissonneaua matthewsii	Fm	U	si
Heliangelus amethysticollis	Elf	F	si
Haplophaedia aureliae	Fm	F	t
Ocreatus underwoodii	Fm	F	si
Metallura tyrianthina	Elf	R	si
Aglaiocercus kingi	Fm	U	si
Schistes geoffroyi	Fm	R	t
Heliothryx aurita	Fm	R	ph

Habitats

Fm	Montane evergreen forest
Fe	Forest edge
Fsm	Forest stream margins
Elf	Elfin forest, sclerophyllous shrublands
Fo	Forest opening
B	Bamboo
R	River
Rm	River margins
O	Overhead

Abundance

F	Fairly common
U	Uncommon
R	Rare

Evidence

sp	Specimen
t	Tape
si	Species ID by sight
ph	Photograph

	Habitats	Abundance	Evidence
TROGONIDAE (3)			
Pharomachrus antisianus	Fm	R	si
Pharomachrus auriceps	Fm	U	si
Trogon personatus	Fm	U	t
GALBULIDAE (1)			
Galbula pastazae	Fm	U	t
BUCCONIDAE (2)			
Nystalus striolatus	Fm	R	t
Malacoptila fulvogularis	Fm	R	t
CAPITONIDAE (1)			
Eubucco bourcierii	Fm	U	si
RAMPHASTIDAE (2)			
Aulacorhynchus derbianus	Fm	F	si
Ramphastos ambiguus	Fm	R	si
PICIDAE (3)			
Piculus rubiginosus	Fm	F	t
Veniliornis sp.	Fm	R	si
Campephilus haematogaster	Fm	U	t
DENDROCOLAPTIDAE (4)			
Glyphorynchus spirurus	Fm	U	si
Xiphorhynchus triangularis	Fm	F	t
Campylorhamphus pucherani	Fm	R	si
Campylorhamphus pusillus	Fm	R	t
FURNARIIDAE (13)			
Synallaxis unirufa	Fm	F	t
Synallaxis sp.	Fe	R	si
Cranioleuca curtata	Fm	F	si
Schizoeaca griseomurina	Elf	F	sp, t
Xenerpestes singularis	Fm	R	si
Margarornis squamiger	Fm	R	si
Premnornis guttuligera	Fm	U	si
Premnoplex brunnescens	Fm	F	si
Pseudocolaptes boissonneautii	Fm	F	t
Syndactyla subalaris	Fm	F	t

	Habitats	Abundance	Evidence
Anabacerthia striaticollis	Fm	F	si
Philydor rufus	Fm	R	si
Xenops rutilans	Fm	F	t
FORMICARIIDAE (19)			
Thamnophilus palliatus	Fe	U	si
Thamnophilus aethiops	Fm	R	si
Thamnophilus unicolor	Fm	F	t
Thamnistes anabatinus	Fm	R	si
Dysithamnus mentalis	Fm	R	t
Dysithamnus leucostictus	Fm	F	sp, t
Myrmotherula spodionota	Fm	R	si
Myrmotherula schisticolor	Fm	F	t
Herpsilochmus axillaris	Fm	F	t
Drymophila caudata	Fm, B	U	t
Terenura callinota	Fm	U	si
Cercomacra nigrescens	Fe	F	si
Pyriglena leuconota	Fm	F	t
Hylophylax poecilonota	Fm	R	t
Chamaeza (campanisona)	Fm	U	si
Formicarius rufipectus	Fm	U	t
Grallaria haplonota	Fm	U	t
Grallaria hypoleuca	Fm	F	t
Conopophaga castaneiceps	Fm	F	t
RHINOCRYPTIDAE (2)			
Scytalopus unicolor	Fm, Elf	F	t
Scytalopus femoralis	Fm	F	t
COTINGIDAE (3)			
Pipreola riefferii	Fm	F	t
Pipreola frontalis	Fm	F	ph
Rupicola peruviana	Fm	R	si
PIPRIDAE (5)			
Schiffornis turdinus	Fm	R	t
Piprites chloris	Fm	U	si
Chloropipo unicolor	Fm	R	t

Habitats

Fm	Montane evergreen forest
Fe	Forest edge
Fsm	Forest stream margins
Elf	Elfin forest, sclerophyllous shrublands
Fo	Forest opening
B	Bamboo
R	River
Rm	River margins
O	Overhead

Abundance

F	Fairly common
U	Uncommon
R	Rare

Evidence

sp	Specimen
t	Tape
si	Species ID by sight
ph	Photograph

	Habitats	Abundance	Evidence
Masius chrysopterus	Fm	U	si
Pipra pipra	Fm	U	sp
TYRANNIDAE **(30)**			
Zimmerius viridiflavus	Fm	F	t
Mecocerculus minor	Fm	R	si
Serpophaga cinerea	Fsm	F	si
Mionectes olivaceus	Fm	R	si
Mionectes striaticollis	Fm	F	si
Leptopogon superciliaris	Fm	F	t
Phylloscartes poecilotis	Fm	R	si
Phylloscartes ophthalmicus	Fm	F	t
Phylloscartes superciliaris	Fm	U	si
Pseudotriccus pelzelni	Fm	F	si
Lophotriccus pileatus	Fm	F	t
Hemitriccus granadensis	Fm	U	t
Todirostrum cinereum	Fe	U	si
Rhynchocyclus fulvipectus	Fm	U	t
Tolmomyias sulphurescens	Fm	U	si
Platyrinchus mystaceus	Fm	R	si
Myiotriccus ornatus	Fm	F	t
Myiophobus flavicans	Fm	U	si
Myiophobus roraimae	Fm	U	t
Myiophobus fasciatus	Fe	F	si
Pyrrhomyias cinnamomea	Fm	F	t
Contopus fumigatus	Fm	U	t
Sayornis nigricans	Fsm	F	si
Knipolegus signatus	Elf, Fe	R	si
Hirundinea ferruginea	Fo	F	t
Myiarchus tuberculifer	Fm	R	si
Myiarchus cephalotes	Fm	F	si
Myiozetetes similis	Fe	U	si
Tyrannus melancholicus	Fe	U	si
Pachyramphus albogriseus	Fm	U	si

	Habitats	Abundance	Evidence
HIRUNDINIDAE (2)			
Notiochelidon cyanoleuca	O	F	t
Stelgidopteryx ruficollis	O	R	si
CORVIDAE (1)			
Cyanocorax yncas	Fm	F	t
CINCLIDAE (1)			
Cinclus leucocephalus	Fsm	F	si
TROGLODYTIDAE (7)			
Odontorchilus branickii	Fm	U	si
Cinnycerthia peruana	Fm	F	t
Troglodytes aedon	Fe	F	t
Troglodytes solstitialis	Fm	F	si
Henicorhina leucophrys	Fm	F	t
Henicorhina leucoptera	Elf	F	t
Microcerculus marginatus	Fm	R	si
TURDIDAE (4)			
Myadestes ralloides	Fm	U	si
Catharus dryas	Fm	U	t
Turdus fulviventris	Fm	U	si
Turdus ignobilis	Fe	U	si
VIREONIDAE (3)			
Cyclarhis gujanensis	Fm, Elf	F	t
Vireolanius leucotis	Fm	U	si
Vireo leucophrys	Fm	U	si
EMBERIZINAE (2)			
Ammodramus aurifrons	Fe	F	si
Atlaptetes brunneinucha	Fm	U	si
CARDINALINAE (1)			
Pitylus grossus	Fm	R	t
THRAUPINAE (35)			
Cissopis leveriana	Fe	U	si
Chlorornis riefferii	Elf	U	si
Chlorospingus ophthalmicus	Fm	U	si
Chlorospingus flavigularis	Fm	F	t

Habitats

Fm	Montane evergreen forest
Fe	Forest edge
Fsm	Forest stream margins
Elf	Elfin forest, sclerophyllous shrublands
Fo	Forest opening
B	Bamboo
R	River
Rm	River margins
O	Overhead

Abundance

F	Fairly common
U	Uncommon
R	Rare

Evidence

sp	Specimen
t	Tape
si	Species ID by sight
ph	Photograph

	Habitats	Abundance	Evidence
Chlorospingus canigularis	Fm	F	si
Creurgops verticalis	Fm	F	si
Tachyphonus rufus	Fe	R	si
Piranga leucoptera	Fm	U	t
Calochaetes coccineus	Fm	F	si
Ramphocelus carbo	Fe	F	si
Thraupis episcopus	Fe	R	si
Anisognathus lacrymosus	Fm, Elf	F	si
Anisognathus flavinucha	Fm	U	si
Iridisornis analis	Fm	F	t
Euphonia mesochrysa	Fm	F	t
Euphonia xanthogaster	Fm	F	t
Chlorophonia pyrrhophrys	Fm	R	si
Chlorochrysa calliparaea	Fm	U	si
Tangara chilensis	Fm	F	si
Tangara schrankii	Fm	U	si
Tangara arthus	Fm	F	si
Tangara xanthocephala	Fm	U	si
Tangara chrysotis	Fm	U	si
Tangara parzudakii	Fm	F	si
Tangara punctata	Fm	F	si
Tangara gyrola	Fm	U	si
Tangara labradoroides	Fm	U	si
Tangara cyanotis	Fm	U	si
Tangara cyanicollis	Fm	F	si
Tangara nigroviridis	Fm	U	si
Tangara pulcherrima	Fm	U	si
Diglossa albilatera	Fo, Elf	F	t
Diglossa glauca	Fm	F	t
Diglossa caerulescens	Fe, Elf	F	t
Diglossa cyanea	Elf	F	si
PARULIDAE (9)			
Parula pitiayumi	Fm	F	t
Myioborus miniatus	Fm	F	t

	Habitats	Abundance	Evidence
Myioborus melanocephalus	Fm	U	si
Basileuterus coronatus	Fm	F	t
Basileuterus tristriatus	Fm	F	t
Basileuterus fulvicauda	Fsm	R	si
Conirostrum sitticolor	Fm	R	si
Conirostrum albifrons	Fm	U	si
Coereba flaveola	Fe,Fo	R	si
ICTERIDAE (2)			
Psarocolius angustifrons	Fm, Fe	F	t
Cacicus uropygialis	Fm	F	t
CARDUELINAE (1)			
Carduelis olivacea	Fe	R	si

Habitats

Fm	Montane evergreen forest
Fe	Forest edge
Fsm	Forest stream margins
Elf	Elfin forest, sclerophyllous shrublands
Fo	Forest opening
B	Bamboo
R	River
Rm	River margins
O	Overhead

Abundance

F	Fairly common
U	Uncommon
R	Rare

Evidence

sp	Specimen
t	Tape
si	Species ID by sight
ph	Photograph

Mammals of the Northern and Western Slopes of the Cordillera del Cóndor

Luis Albuja and Alfredo Luna

A. Mammal species recorded by the RAP expedition members during the survey. Symbols indicate the nature of the evidence for the occurence of each species: C (collected), T (tracks), Sc (scat), S (sight observations), H (mammal remains from local hunters).

	Miazi	Coangos	Achupallas
MARSUPIALS (raposas)			
Chironectes minimus	C		
Marmosa noctivaga		C	
Caenolestes condorensis			C
ARMADILLOS (armadillos)			
Dasypus novemcinctus	T	T	
BATS (murciélagos)			
Anoura caudifera	C	C	
Dermanura glauca	C	C	C
Enchisthenes hartii			C
Artibeus jamaiciensis	C		
Artibeus phaeotis	C		
Carollia brevicauda	C	C	
Carollia perspicillata	C		
Chiroderma villosum	C		
Desmodus rotundus	C		
Mesophylla macconnelli	C		
Mimon crenulatum	C		
Phyllostomus hastatus	C		
Rhinophylla pumilio	C		
Sturnira bidens		C	C
Sturnira erythromos			C
Sturnira lilium	C		
Sturnira ludovici	C	C	C
Uroderma bilobatum	C		
Platyrrhinus helleri	C		
Platyrrinus infuscus	C		C
Platyrrinus umbratus		C	C

	Miazi	Coangos	Achupallas
Vampyressa pusilla	C		
PRIMATES (monos)			
Aotus cf. *vociferans*	S	S	
Ateles belzebuth	C	C	
Cebus albifrons	H		
BEARS (osos)			
Tremarctos ornatus	H		
PROCYONIDS (cusumbos)			
Bassaricyon alleni		S	
Potos flavus		S	
MUSTELIDS (cab. mate, nutrias)			
Eira barbara	S		
Lutra longicaudis	S		
CATS (jaguar y tigrillos)			
Panthera onca		T	
TAPIRS (tapires)			
Tapirus terrestris	T	T	
PECCARIES (puercos, sajinos)			
Tayassu pecari	T	H	
Pecari tajacu		T	
DEER (venados)			
Mazama americana	C,T		
SQUIRRELS (ardillas)			
Sciurus sp.		S	
SMALL RATS (ratas y ratones)			
Akodon aerosus	C	C	C
Neacomys spinosus	C	C	
Nectomys squamipes	C		
Oryzomys albigularis			C
Oryzomys capito	C		
Oryzomys spp.	C		C
LARGE RODENTS (guantas, puerco espínes, guatusas)			
Agouti paca	H,T	T	
Dasyprocta fuliginosa	H,T		
Species totals	36	20	11

C	Collected
T	Tracks
Sc	Scat
S	Sight observations
H	Mammal remains from local hunters

B. Additional mammal records, based on interviews with local informants. An asterisk (*) indicates 15 mammal species that were not recorded in the region by the RAP team.

	Miazi	Coarigos	Achupallas
MARSUPIALS (raposas)			
*Caluromys lanatus**	X		
*Didelphis marsupialis**	X		
Metachirus nudicaudatus *	X		
Philander andersoni *	X		
SLOTHS (perico ligero)			
*Choloepus didactylus**	X		
ARMADILLOS (armadillos)			
*Priodontes maximus**	X		
ANTEATERS (osos hormigueros)			
Myrmecophaga tridactyla *	X		
Tamandua tetradactyla *	X		
PRIMATES (monos)			
Alouatta seniculus *	X		
*Lagothrix lagotricha**		X	
Cebus albifrons		X	
BEARS (osos)			
Tremarctos ornatus		X	
PROCYONIDS (cusumbos)			
Nasua nasua *	X	X	
Potos flavus	X		
MUSTELIDS (cab. mate, nutrias)			
Eira barbara		X	
CATS (jaguar y tigrillos)			
Leopardus pardalis *	X		
Herpailurus yagourondi *	X	X	
Panthera onca	X		
PECCARIES (puercos, sajinos)			
Pecari tajacu	X		
DEER (venados)			
Mazama americana		X	

	Miazi	Coangos	Achupallas
LARGE RODENTS (puerco espínes, guatusas)			
Coendou melanurus *		X	
Dasyprocta fuliginosa		X	
RABBITS (conejos)			
Sylvilagus brasiliensis *		X	

Mammals of the Upper Río Comainas, Cordillera del Cóndor

Louise H. Emmons and V. Pacheco

A. Mammals known from the Río Comainas basin. Records for the first three localities from the 1994 RAP expedition. All data for "Falso Paquisha" (4th column) from Vivar and Arana-Cardo (1994). Taxonomy largely follows Wilson and Reeder (1993). All species are represented by voucher specimens *except* those marked (*). We thank Mario de Vivo for identifiying the squirrel, and A. L. Gardner (National Biological Service) for help with the identifications of several taxa.

	PV COMAINAS 665 m	ALFONSO UGARTE PV3 1130 m	HIGH CAMP 1738 m	FALSO PAQ 810-900 m
MARSUPIALS				
Caluromys lanatus		X		
Didelphis marsupialis	X			
Marmosa murina	X	X		
Marmosops impavidus			X	
*Metachirus nudicaudatus**	X			
ARMADILLOS				
Dasypus novemcinctus	X			
ANTEATER				
*Tamandua tetradactyla**				X
BATS				
Anoura caudifera		X	X	
Anoura cultrata			X	
Artibeus lituratus	X			
Artibeus glaucus bogotensis	X			
Artibeus glaucus glaucus		X	X	X
Artibeus gnomus	X			
Artibeus obscurus	X			X
Artibeus planirostris				X
Carollia brevicauda	X	X	X	X
Carollia castanea	X			
Carollia perspicillata	X	X	X	X
Chiroderma trinitatum		X		
Glossophaga soricina	X			
Lonchorhina aurita	X			
Lonchophylla thomasi				X
Micronycteris megalotis			X	X

CONSERVATION INTERNATIONAL

Rapid Assesment Program

	PV COMAINAS 665 m	ALFONSO UGARTE PV3 1130 m	HIGH CAMP 1738 m	FALSO PAQ 810-900 m
Mimon crenulatum				X
Phyllostomus elongatus	X			
Platyrrhinus infuscus	X			
Platyrrhinus umbratus		X		
Rhinophylla pumilio	X			X
Sturnira bidens			X	
Sturnira lilium	X	X		X
Sturnira magna				X
Sturnira tildae	X			
Sturnira oporaphilum		X		X
Uroderma bilobatum	X			X
Vampyressa brocki				X
Vampyressa pusilla	X	X		X
Vampyressa melissa		X		
Myotis nigrescens	X			
Molossus molossus cherrei	X			X
PRIMATES				
Aotus trivirgatus*			X	
Ateles belzebuth*			X	
Cebus albifrons*			X	
Lagothrix lagothricha?*			X	
CARNIVORES				
Tremarctos ornatus*			X	
Leopardus pardalis*				X
TAPIR				
Tapirus terrestris*	X			
RODENTS				
Microsciurus sabanillae			X	
Sciurus sp.*		X		
Akodon aerosus		X		
Nectomys squamipes	X			X
Oligoryzomys destructor		X		X
Oryzomys yunganus		X		
Oryzomys cf. *macconnelli*[1]		X		X

MAMMALS OF THE UPPER RIO COMAINAS, CORDILLERA DEL CÓNDOR

	PV COMAINAS 665 m	ALFONSO UGARTE PV3 1130 m	HIGH CAMP 1738 m	FALSO PAQ 810-900 m
*Agouti paca**	X	X		X

TAXONOMIC NOTES

[1]Our young specimen seems more closely allied to *O. nitidus* by skull shape, but perhaps closer to *O. macconnelli* by pelage characters.

Mammals of the Río Cenepa Basin

James L. Patton

The following lists are from Patton et al. (1982). They were compiled during four years of ethnobiological studies among the Aguaruna Jivaro people. Huampami is at the junction of the ríos Cenepa and Comainas, and Kagka is on an eastern tributary of the Cenepa. A site in the Río Santiago basin also was surveyed. We thank J. L. Patton for providing us with an updated version of this list, and allowing its republication here.

	Huampami 210 m	Kagka 790 m
MARSUPIALS		
Caluromys lanatus	X	
Chironectes minimus	X	
Didelphis marsupialis	X	X
Marmosa murina	X	
Marmosa rubra	X	
Metachirus nudicaudatus	X	
Micoureus cinereus	X	
Monodelphis adusta	X	
Philander opossum		
SLOTHS		
Bradypus variegatus	X	
Choloepus hoffmanni	X	
ARMADILLOS		
Cabassous unicinctus	X	
Dasypus novemcinctus	X	
Priodontes maximus	X	
ANTEATERS		
Cyclopes didactylus	X	
Myrmecophaga tridactyla	X	
Tamandua tetradactyla	X	
BATS		
Saccopteryx leptura	X	
Noctilio albiventris	X	
Anoura cultrata		X
Anoura geoffroyi	X	
Artibeus cinereus		X
Artibeus obscurus	X	X
Artibeus planirostris	X	X

	Huampami 210 m		Kagka 790 m
Carollia brevicauda	X		X
Carollia castanea	X		X
Carollia perspicillata	X		X
Chiroderma trinitatum			X
Desmodus rotundus	X		
Lonchophylla robusta			X
Lonchophylla thomasi	X		X
Micronycteris minuta	X		
Mimon crenulatum			X
Phyllostomus hastatus	X		X
Platyrrhinus brachycephalus	X		X
Platyrrhinus infuscus	X		X
Platyrrhinus umbratus			X
Rhinophylla fischerae	X		X
Rhinophylla pumilia	X		X
Sturnira lilium	X		
Sturnira ludovici			X
Sturnira magna	X		
Tonatia sylvicola	X		
Uroderma bilobatum	X		X
Vampyressa melissa	X		X
Vampyressa pusilla	X		X
Vampyrum spectrum			X
Molossus molossus	X		
Myotis nigricans	X		
PRIMATES			
Aotus trivirgatus	X		X
Alouatta seniculus	X		
Callicebus moloch	X		
Cebus albifrons	X		
Saimiri sciureus	X		
CANIDS			
Atelocynus microtis	X		
Speothos venaticus	X		

	Huampami 210 m	Kagka 790 m
BEAR		
Tremarctos ornatus	X	
PROCYONIDS		
Bassaricyon alleni	X	
Nasua nasua	X	
Potos flavus	X	X
Procyon cancrivorous	X	
MUSTELIDS		
Eira barbara	X	
Galictis vittata	X	
Lutra longicaudis	X	
CATS		
Leopardus pardalis	X	
Leopardus wiedii	X	
Herpailurus yaguarondi	X	
Panthera onca	X	
TAPIR		
Tapirus terrestris	X	X
PECCARIES		
Tayassu tajacu	X	
Tayassu pecari	X	
DEER		
Mazama americana	X	
SQUIRRELS		
Microsciurus flaviventer	X	X
Sciurus igniventris	X	
Sciurus spadiceus	X	
SMALL RATS		
Oecomys bicolor	X	
Oecomys "concolor"	X	
Oecomys superans	X	
Oryzomys albigularis		X
Oryzomys capito	X	X
Oryzomys macconnelli	X	X

	Huampami 210 m	Kagka 790 m
Oryzomys sp.	X	
Neacomys spinosus	X	
Nectomys squamipes	X	
SPINY RATS		
Proechimys brevicauda	X	
Proechimys simonsi	X	X
Makalata cf. *macrurus*	X	
Mesomys hispidus		X
LARGE RODENTS		
Agouti paca	X	
Coendou bicolor	X	
Dinomys branickii	X	
Dasyprocta fuliginosa	X	
Myoprocta pratti	X	
Hydrochaeris hydrochaeris	X	
RABBIT		
Sylvilagus brasiliensis	X	

Amphibian and Reptile Species Recorded in the Northern and Western Cordillera del Cóndor

Ana Almendáriz

A. Amphibians and reptiles collected (X), seen, or heard (A) by the 1993 RAP team. I am grateful to J. Lynch for assistance with identifications, especially of species of *Eleutherodactylus*. Specimens are deposited in the collections at the Escuela Politécnica Nacional, Quito.

	Miazi	Coangos	Achupallas
ANURA			
Bufonidae			
Bufo marinus	X		
Bufo typhonius	X	X	
Dendrobatidae			
Colostethus cevallosi	X		
Hylidae			
Gastrotheca sp.		A	A
Hyla bifurca	X		
Hyla boans	X		
Hyla calcarata	X		
Hyla geographica	X		
Hyla lanciformis	X		
Osteocephalus taurinus	X		
Leptodactylidae			
Eleutherodactylus altamazonicus		X	
Eleutherodactylus bromeliaceus		X	
Eleutherodactylus condor		X	
Eleutherodactylus galdi		X	
Eleutherodactylus ockendeni	X		
Eleutherodactylus peruvianus		X	
Eleutherodactylus proserpens			X
Eleutherodactylus quaquaversus		X	
Eleutherodactylus trachyblepharis	X	X	
Eleutherodactylus sp. 1		X	
Eleutherodactylus sp. 2	X		
Eleutherodactylus sp. 3			X
Eleutherodactylus sp. 4			X
Leptodactylus pentadactylus	X		
Phyllonastes lochites	X		

	Miazi	Coangos	Achupallas
Microhylidae			
Syncope antenori	X		
CAUDATA			
Plethodontidae			
Bolitoglossa palmata			X
SAURIA			
Iguanidae			
Anolis fuscoauratus	X		
Teiidae			
Alopoglossus copii		X	
Kentropix calcaratus	X		
Neusticurus cochranae		X	
SERPENTES			
Colubridae			
Dipsas catesbyi	X		
Chironius carinatus	X		
Viperidae			
Bothrops atrox	X		

B. Amphibian and reptile species reported by local informants to be present, based on identifications from photographs. The reliability of this information is unknown.

	Miazi	Coangos	Achupallas
ANURA			
Dendrobatidae			
Epipedobates sp.	X		
Leptodactylidae			
Lithodytes lineatus	X		
SAURIA			
Teiidae			
Bachia sp.	X		
Dracaena sp.	X		.
Prionodactylus sp.	X		
Neusticurus sp.	X		
Amphisbaenia			
Amphisbaena sp.	X		
SERPENTES			
Boidae			
Boa constrictor	X		
Colubridae			
Atractus sp.	X		
Clelia sp.	X		
Imantodes sp.	X		
Oxybelis sp.	X		
Xenodon sp.	X		
Elapidae			
Micrurus sp.	X		
Viperidae			
Bothriechis sp.	X		

Simmons' Herpetological Collection from the Western Slopes of the Cordillera del Cóndor

Robert P. Reynolds

This list is based on specimens collected by John E. Simmons in 1972. It was compiled from Duellman and Lynch (1988), and from records at the Museum of Natural History, University of Kansas.

ANURA

Bufonidae

Atelopus boulengeri

Bufo sp.

Bufo poeppigii

Dendrobatidae

Colostethus exasperatus

Colostethus marchesianus

Colostethus mystax

Colostethus shuar

Hylidae

Gastrotheca weinlandii

Hemiphractus bubalus

Hemiphractus scutatus

Hyla sp.

Hyla calcarata

Hyla lanciformis

Hyla rhodopepla

Osteocephalus buckleyi

Osteocephalus taurinus

Phyllomedusa tomopterna

Scinax garbei

Leptodactylidae

Eleutherodactylus acuminatus

Eleutherodactylus bromeliaceus

Eleutherodactylus condor

Eleutherodactylus galdi

Eleutherodactylus pecki

Eleutherodactylus peruvianus

Eleutherodactylus proserpens

Eleutherodactylus quaquaversus

Eleutherodactylus spinosus

Ischnocnema simmonsi

Leptodactylus wagneri

Phyllonastes lochites

GYMNOPHIONA

Caeciliidae

Caecilia abitaguae

SAURIA

Iguanidae

Enyalioides oshaughnessyi

Enyalioides praestabilis

Teiidae

Alopoglossus buckleyi

Kentropyx pelviceps

Proctoporus sp.

AMPHISBAENIA

Amphisbaenidae

Amphisbaena fuliginosa

SERPENTES

Boidae

Epicrates cenchria

Colubridae

Atractus sp.

Chironius scurrulus

Dipsas latifrontalis

Dipsas pavonina

Imantodes cenchria

Liophis reginae
Oxyrhopus melanogenys
Elapidae
Micrurus steindachneri
Viperidae
Lachesis muta

Amphibian and Reptile Species of the Upper Río Comainas, Cordillera del Cóndor

Robert P. Reynolds and Javier Icochea M.

Based on specimens collected during the 1994 RAP expedition, and those obtained on the 1987 expedition of the Museo de Historia Natural, Universidad Nacional Mayor de San Marcos, Lima. *Specimens collected during 1987 expedition of the Museo de Historia Natural, Lima.

	BASE OF MACHINAZA	A. UGARTE PV3	F. Paquisha PV22	COMAINAS
ANURA				
Bufonidae				
Atelopus spumarius			X	
Bufo sp.				X
Bufo marinus		X		X
Rhamphophryne festae	X			
Centrolenidae				
Cochranella sp.				X
Dendrobatidae				
Colostethus cf. *nexipus*			X*	
Dendrobatid sp.			X*	
Hylidae				
Hemiphractus bubalus		X		
Hyla boans			X	X
Hyla calcarata		X		X
Hyla granosa				X
Hyla lanciformis				X
Hyla minuta				X
Hyla sarayacuensis				X
Osteocephalus buckleyi				X
Osteocephalus leprieuri				X
Osteocephalus taurinus				X
Phyllomedusa vaillanti				X
Scinax rubra				X
Leptodactylidae				
Adenomera sp.				X
Eleutherodactylus condor	X			

	BASE OF MACHINAZA	A. UGARTE PV3	F. Paquisha PV22	COMAINAS
Eleutherodactylus peruvianus		X		X
Eleutherodactylus sp.			X*	
Eleutherodactylus sp. 1				X
Eleutherodactylus sp. 2	X	X		
Eleutherodactylus sp. 3	X	X		
Eleutherodactylus sp. 4	X			
Eleutherodactylus sp. 5		X		
Eleutherodactylus sp. 6		X		
Eleutherodactylus sp. 7	X			
Eleutherodactylus sp. 8		X		
Leptodactylus wagneri			X*	X
Leptodactylus stenodema			X	
Lithodytes lineatus			X*	X
Phyllonastes sp.		X		
SAURIA				
Iguanidae				
Anolis sp.	X			
Anolis fuscoauratus		X		
Enyalioides sp.		X		
Teiidae				
Alopoglossus sp.	X			
Kentropix pelviceps				X
Neusticurus ecpleopus		X		X
Neusticurus strangulatus		X		
Prionodactylus argulus		X	X	
SERPENTES				
Boidae				
Epicrates cenchria			X*	X
Colubridae				
Chironius fuscus				X
Chironius monticola	X			
Dipsadine		X		
Dipsas sp.			X	
Dipsas catesbyi				X

	BASE OF MACHINAZA	A. UGARTE PV3	F. Paquisha PV22	COMAINAS
Dipsas indica		X		
Imantodes cenchoa				X
Leptodeira annulata		X	X*	
Liophis festae		X		
Oxyrhopus melanogenys		X		
Oxyrhopus petola		X		
Xenodon severus			X*	
Viperidae				
Bothriopsis taeniata				X
Bothrops atrox			X*	

Systematic List of the Fish Fauna of the Río Nangaritza, Cordillera del Cóndor

Ramiro Barriga

	LOCAL NAME	COLLECTING STATION						
		1	2	3	4	5	6	7
ERYTHRINIDAE								
Hoplias malabaricus	guachiche	X	X	X	X	X	X	X
LEBIASINIDAE								
Lebiasina elongata	yubí	X	X	X				
CHARACIDAE								
Astyanax bimaculatus	mamayac	X			X	X	X	X
Byconamericus cismontanus		X	X		X	X	X	X
Brycon atrocaudatus	najim	X	X		X	X	X	X
Hemigrammus sp.		X	X			X	X	X
Hemibrycon jabonero	caquish	X		X	X	X	X	X
Hemibrycon polyodon		X	X		X	X	X	X
Hemibrycon jelskii		X	X		X	X	X	X
Creagrutus muelleri		X			X	X	X	X
Ceratobranchia sp.	zamiqui	X			X	X	X	X
Characidium cf. *fasciatum*		X			X	X	X	X
ANOSTOMIDAE								
Leporinus subniger		X			X	X	X	X
HEMIODIDAE								
Parodon buckleyi	catoshe	X	X		X	X	X	X
Parodon pongoense		X			X	X	X	X
APTERONOTIDAE								
Apteronotus albifrons		X			X	X	X	X
PIMELODIDAE								
Rhamdia quelem	namacu	X			X	X	X	X
Cetopsorhamdia cf. *mirini*	cumbá	X	X		X	X	X	X
Cetopsorhamdia cf. *orinoco*			X		X	X	X	X
Cetopsorhamdia sp.	cumbá	X				X		X
Imparfinis sp.	zanuqui	X						
Pimelodella yuncensis	cunanqui		X					X
CETOPSIDAE								
Pseudocetopsis plumbeus	mants	X		X	X	X	X	X

	LOCAL NAME	COLLECTING STATION						
		1	2	3	4	5	6	7
TRICHOMYCTERIDAE								
Trichomycterus kneri	napi	X		X	X	X	X	X
Trichomycterus cf. *metae*	moyunche	X		X	X	X	X	X
Trichomycterus latistriatum	cunanqui			X				
ASTROBLEPIDAE								
Astroblepus supramollis	nucumbi	X		X	X	X	X	X
Astroblepus cf. *caquetae*	namaku	X					X	X
LORICARIIDAE								
Chaetostoma brevis	shinguian	X		X	X	X	X	X
Chaetostoma dermorynchus	nayun	X			X	X	X	X
Chaetostoma microps		X			X	X	X	X
Hemiancistrus platycephalus		X			X	X	X	X
CALLICHTHIDAE								
Callichthys callichthys	corronchill	X		X	X	X	X	X
CICHLIDAE								
Bujurquina zamorensis	cantash	X		X	X	X	X	X
Crenicichla anthurus	chui	X		X	X	X	X	X
Total number of species		32	10	12	29	30	30	32

COLLECTING STATIONS

1 Beach of the río Nangaritza (4 km by river upriver from Paquisha; 04°56'S, 78°40'W, 750 m) —
Water clear, pH 6.5, water temperature 21.5° C. Riverbed small rocks, current moderately rapid. At
a distance of 25 m from the riverbank, the river depth reaches 1.6 m. Beach 50 m wide. River banks
are deforested and covered in pasture. People living along the river are primarily miners, and one
frequently observes entire families washing gold. This mining disturbs the substrate, increasing the
amount of particles suspended in the water and consequently increasing the turbidity of the water.

2 Quebrada Mayaycu (2 km by river upstream from the mouth; 03°59'S, 78°38'W, 780 m) —
Stream 10 m wide; current very rapid, with a bed of large and medium-sized rocks, and no macro-
phytic vegetation; water clear. Water temperature 18° C, pH 7.0. The slope of the stream is steep,
with some waterfalls. Wide, rocky beaches, with abundant herbaceous vegetation on the banks.
Colonists have many farms in this area, which is near the roads that run between Los Encuentros to
La Punta and from Zamora to Guayzimi.

3 Canal de la Laguna de Ijisán (04°00'S, 78°37'W, 790 m) — Canal is 2 m wide, current rapid, bed
of gravel, sand, and small stones. Opens into a small oxbow of the río Mayaycu, which is 30 by 150
m, depth 1.2 m by the shore and 3 m in the middle. Abundant herbaceous and macrophytic vegetation, water somewhat turbid. pH reaches 7.5, water temperature 21° C. Borders of this lagoon, which
is very close to the highway to the Mayaycu and Pachicutza mines, are totally deforested.

4 Confluence of the ríos Numpatakaime and Nangaritza (04°20'S, 78°31'W, 950 m) — The
Numapatakaime is a black water river, the Nangaritza is a white water river. In the middle of the
confluence are small gravel and stone islands made of gravel and stone. River margins are forested,
although there are some clearings made by Shuar families.

5 Río Numpatakaime at Shaime (550 m upstream from Destacamento Shaime; 04°18'S, 78°28'W,
960 m) — Bed is sand and mud, pH 6.8, water temperature 20° C. Near the confluence of the two
rivers the current is slow; downstream current more rapid. River banks largely deforested, as there
are many Shuar communities here, with some remnants of original vegetation.

6 Río Nangaritza at Miazi (04°17'S, 78°40'W, 900 m) — Water clear, pH 7.5, water temperature
19°C, bed gravel and small stones. Current rapid, river width 40 m, many large rocks and various
islands in the stream. Here and upstream there are numerous Shuar settlements, which has resulted in
some deterioration of the river-edge habitats in the upper Nangaritza.

7 Unnamed tributary of the río Shaime (1 km upstream from Miazi; 04°18'S, 78°41'W, 890 m) —
Water clear, but with a great deal of algae in the middle of the stream. pH 6.3, stream width 2.5 m.
Bed sand and gravel. Shore with abundant forest and herbaceous vegetation, stream covered by
bushes and herbs.

Systematic List of the Fish Fauna of the Upper Río Comainas, Cordillera del Cóndor

Hernan Ortega and Fonchii Chang

The systematic list follows the sequence proposed by Ortega and Vari (1986), as modified by Ortega (1991).

CHARACIFORMES

Characidae

Brycon stolzmanni	Steindachner, 1879
Creagrutus kunturus	Vari, Harold y Ortega, 1995
Hemibrycon jelskii	(Steindachner, 1875)
Melanocharacidium rex	(Böhlke, 1958)

Lebiasinidae

Lebiasina sp.	

SILURIFORMES

Pimelodidae

Pimelodella buckleyi	(Boulenger, 1887)
Rhamdia sp.	

Trichomycteridae

Ituglanis aff. amazonicus	(Steindachner, 1883)

Loricariidae

Chaetostoma branickii	Steindachner, 1882
Chaetostoma sp.	
Hemiancistrus platycephalus	(Boulenger, 1898)
Hypostomus sp. A	
Hypostomus sp. B	

Astroblepidae

Astroblepus sp. A	
Astroblepus sp. B	

PERCIFORMES

Cichlidae

Crenicichla anthurus	Cope, 1872

COLLECTING STATIONS

At the collecting sites the water is neutral or slightly alkaline (pH 7.1-7.3), and the water temperature varies from 15° to 17°C. The water turbidity varies from completely transparent to up to 5-8 cm after rains.

HO9402-01. 15-02-94 PV 22 (782W/03505), Río Comainas

HO9402-02. 16-07-94 PV 22 Río Comainas

HO9402-03. 16-07-94 PV 22 Río Comainas

HO9402-04. 17-07-94 PV 22 Río de los Cuatro

HO9402-05. 18-07-94 Río Comainas entre PV 3 y PV 22

HO9402-06. 18-07-94 Arroyuelo entre PV 3 y PV 22,

HO9402-07. 19-04-94 PV 22 Quebrada 1, afluente del Río Comainas

HO9402-08. 19-07-94 PV 22 Quebrada 2, afluente del Río Comainas

HO9402-09. 20-07-94 PV 22 Río Comainas, 3 horas, río abajo

HO9402-10. 20-07-94 Entre PV 22 y PV 3, Río Comainas

HO9402-11. 21-07-94 PV 22 Quebrada 3, afluente del Río Comainas

HO9402-12. 22-07-94 PV 22 Río Comainas, 1 hora, río abajo

HO9402-13. 23-07-94 PV 22 Quebrada 4, afluente del Río Comainas

HO9402-14. 23-07-94 PV 22 Río Comainas, 30' río arriba

HO9402-15. 24-07-94 PV 22 Río Comainas, 45' río arriba

HO9402-16. 25-07-94 PV 22 Quebrada. 3, afluente del Río Comainas

HO9402-17. 28-07-94 PV 22 Río Comainas, 30' río arriba

Lepidoptera of the Cordillera del Cóndor
Gerardo Lamas

A. Checklist of the Butterflies of the Cordillera del Cóndor.

	COLLECTING STATIONS						
	PSTA	PSTB	PSTC	PSTD	ESTA	ESTB	ESTC
NYMPHALIDAE							
Heliconiinae							
1 Abananote abana abana (Hewitson, 1868)	X	X					
2 Abananote euryleuca (Jordan, 1910)	X	X					
3 Altinote alcione theophila (Dognin, 1887)	X	X					
4 Altinote dicaeus albofasciata (Hewitson, 1869)		X					
5 Altinote negra scotosis (Jordan, 1910)	X	X					
6 Altinote neleus (Latreille, 1813)	X	X					
7 Philaethria sp.	SR						
8 Podotricha telesiphe telesiphe (Hewitson, 1867)		X					
9 Dione juno juno (Cramer, 1779)	SR						
10 Dryas iulia alcionea (Cramer, 1779)	X						
11 Neruda aoede ssp. n.		X					
12 Heliconius congener congener Weymer, 1890		X				X	
13 Heliconius erato emma Riffarth, 1901	X						
14a Heliconius melpomene aglaope C & R Felder, 1862	X						
14b Heliconius melpomene ecuadorensis Emsley, 1964		X					
15a Heliconius numata bicoloratus Butler, 1873	X	X					
15b Heliconius numata lenaeus Weymer, 1891		X					
16 Heliconius sara thamar (Hübner, 1806)	X						
17 Heliconius telesiphe telesiphe Doubleday, 1847						X	
18 Heliconius timareta ssp. n.		X					
19 Heliconius xanthocles zamora Holzinger & Brown, 1982					X		
Nymphalinae							
20 Hypanartia dione dione (Latreille, 1813)	SR	X	X				
21 Hypanartia lethe (Fabricius, 1793)	X	SR					
22 Hypanartia sp. n.		X					X
23 Metamorpha elissa elissa Hübner, 1819	X						
24 Siproeta epaphus epaphus (Latreille, 1813)	SR	X					
25 Siproeta stelenes meridionalis (Fruhstorfer, 1909)	X						
26 Anthanassa drusilla alceta (Hewitson, 1869)	X						

CONSERVATION INTERNATIONAL

Rapid Assesment Program

COLLECTING STATIONS

	PSTA	PSTB	PSTC	PSTD	ESTA	ESTB	ESTC
27 *Castilia angusta* (Hewitson, 1868)	X						
28 *Castilia castilla occidentalis* (Fassl, 1912)		X					
29 *Castilia perilla* (Hewitson, 1852)	X						
30 *Eresia carme polina* Hewitson, 1852	X	X					
31 *Eresia clara clara* Bates, 1864	X				X		
32 *Eresia perna mylitta* Hewitson, 1869	X						
33 *Tegosa claudina* (Eschscholtz, 1821)	X				X		
34 *Telenassa berenice berenice* (C & R Felder, 1862)					X		
35 *Telenassa jana* (C & R Felder, 1867)	X	X					

Limenitidinae

	PSTA	PSTB	PSTC	PSTD	ESTA	ESTB	ESTC
36 *Baeotus beotus* (Doubleday, 1849)	X						
37 *Baeotus deucalion* (C & R Felder, 1862)	X						
38 *Baeotus japetus* (Staudinger, 1885)	X	SR					
39 *Colobura dirce dirce* (Linnaeus, 1758)	X						
40 *Historis acheronta acheronta* (Fabricius, 1775)	X						
41 *Historis odius dious* Lamas, 1995	X	SR					
42 *Tigridia acesta fulvescens* (Butler, 1873)	X						
43 *Catonephele acontius acontius* (Linnaeus, 1771)	X						
44 *Catonephele numilia numilia* (Cramer, 1775)	X						
45 *Eunica alcmena flora* C & R Felder, 1862	X						
46 *Eunica alpais alpais* (Godart, 1824)	X						
47 *Eunica bechina bechina* (Hewitson, 1852)	X						
48 *Eunica caralis ariba* Fruhstorfer, 1908					X		
49 *Eunica clytia* (Hewitson, 1852)	X						
50 *Eunica eurota eurota* (Cramer, 1775)	X				X		
51 *Eunica malvina malvina* Bates, 1864	X						
52 *Eunica mygdonia mygdonia* (Godart, 1824)	X						
53 *Eunica norica occia* Fruhstorfer, 1909	X						
54 *Eunica orphise* (Cramer, 1775)	X						
55 *Eunica phasis* C & R Felder, 1862	X						
56 *Nessaea hewitsonii hewitsonii* (C & R Felder, 1859)	X	X					
57 *Ectima iona* Doubleday, 1848	X						
58 *Panacea prola amazonica* Fruhstorfer, 1915	X				X		
59 *Panacea regina* (Bates, 1864)						X	

PSTA PV22, 800-900 m
PSTB PV3, 1000-1200 m
PSTC PV3, 1600-1730 m
PSTD PV3, 2100 m
ESTA Miaza, 900 m
ESTB Coangos, 1500-1600 m
ESTC Achupallas, 2100-2200 m

See legend p. 115

	COLLECTING STATIONS						
	PSTA	PSTB	PSTC	PSTD	ESTA	ESTB	ESTC
60 *Asterope markii davisii* (Butler, 1877)	X						
61 *Peria lamis* (Cramer, 1779)	X						
62 *Pyrrhogyra edocla lysanias* C & R Felder, 1862						X	
63 *Pyrrhogyra otolais olivenca* Fruhstorfer, 1908	X						
64 *Temenis laothoe laothoe* (Cramer, 1777)	X	X					
65 *Callicore cynosura cynosura* (Doubleday, 1847)	X						
66 *Callicore eunomia eunomia* (Hewitson, 1853)	X						
67 *Callicore excelsior inferior* (Butler, 1877)	X						
68 *Callicore lyca salamis* (C & R Felder, 1862)	X						
69 *Callicore texa sigillata* (Kotzsch, 1939)	X						
70 *Callicore tolima tolima* (Hewitson, 1852)	X						
71 *Catacore kolyma kolyma* (Hewitson, 1852)	X						
72 *Diaethria clymena peruviana* (Guenée, 1872)	X				X		
73 *Diaethria eluina lidwina* (C & R Felder, 1862)	X				X		
74 *Diaethria neglecta neglecta* (Salvin, 1869)	X	X					
75 *Paulogramma pyracmon peristera* (Hewitson, 1853)	X				X		
76 *Perisama clisithera* (Hewitson, 1874)		X					
77 *Perisama vaninka doris* (C & R Felder, 1861)		X					
78 *Adelpha alala* (Hewitson, 1847)		X					
79 *Adelpha boeotia fulica* Fruhstorfer, 1915	X						
80 *Adelpha boreas boreas* (Butler, 1866)	X						
81 *Adelpha cocala urraca* (C & R Felder, 1862)	X						
82 *Adelpha cytherea lanilla* Fruhstorfer, 1913	X						
83 *Adelpha epione agilla* Fruhstorfer, 1907	X						
84 *Adelpha iphiclus iphiclus* (Linnaeus, 1758)	X						
85 *Adelpha irma irma* Fruhstorfer, 1907		X					
86 *Adelpha irmina tumida* (Butler, 1873)	X	X					
87 *Adelpha lerna lerna* (Hewitson, 1847)	X						
88 *Adelpha lycorias lara* (Hewitson, 1850)	X						
89 *Adelpha olynthia olynthina* Fruhstorfer, 1907				X			
90 *Adelpha phylaca juruana* (Butler, 1877)	X						
91 *Adelpha seriphia aquillia* Fruhstorfer, 1915		X					
92 *Adelpha thessalia thessalia* (C & R Felder, 1867)	X						
93 *Adelpha valentina* Fruhstorfer, 1915						X	

COLLECTING STATIONS

	PSTA	PSTB	PSTC	PSTD	ESTA	ESTB	ESTC
94 *Marpesia berania berania* (Hewitson, 1852)	X						
95 *Marpesia chiron marius* (Cramer, 1779)	X	X					
96 *Marpesia corinna* (Latreille, 1813)	X	X					
97 *Marpesia crethon* (Fabricius, 1776)	X	X					X
98 *Marpesia furcula oechalia* (Westwood, 1850)	X						
99 *Marpesia livius livius* (Kirby, 1871)	X						
100 *Marpesia petreus petreus* (Cramer, 1776)	X						
101 *Marpesia zerynthia dentigera* (Fruhstorfer, 1907)	X						
Charaxinae							
102 *Consul fabius divisus* (Butler, 1874)	X	X					
103 *Hypna clytemnestra negra* (C & R Felder, 1862)		X					
104 *Polygrapha cyanea* (Salvin & Godman, 1868)	X						
105 *Zaretis itys itys* (Cramer, 1777)	X						
106 *Fountainea nessus* (Latreille, 1813)		X					
107 *Fountainea ryphea ryphea* (Cramer, 1775)	X						
108 *Fountainea sosippus* (Hopffer, 1874)			X				
109 *Memphis basilia drucei* (Staudinger, 1887)		X			X		
110 *Memphis memphis memphis* (C & R Felder, 1867)		X					
111 *Memphis memphis anassa* (C & R Felder, 1862)				X			
112 *Memphis moruus morpheus* (Staudinger, 1886)	X						
113 *Memphis phoebe* (Druce, 1877)			X				
114 *Memphis polycarmes* (Fabricius, 1775)	X						
115 *Memphis xenocles xenocles* (Westwood, 1850)	X						
116 *Noreppa chromus chromus* (Guérin, 1844)	X						
117 *Archaeoprepona demophon muson* (Fruhstorfer, 1905)	X						
118 *Archaeoprepona demophoon andicola* (Fruhstorfer, 1904)	X						
119 *Archaeoprepona meander megabates* (Fruhstorfer, 1916)	X						
120 *Prepona laertes demodice* (Godart, 1824)	X						
121 *Agrias claudina lugens* Staudinger, 1886	X						
Apaturinae							
122 *Doxocopa agathina agathina* (Cramer, 1777)	X						
123 *Doxocopa cyane cyane* (Latreille, 1813)	X	X					
124 *Doxocopa elis* (C & R Felder, 1861)	X						
125 *Doxocopa laurentia cherubina* (C & R Felder, 1867)	X	X					
126 *Doxocopa linda linda* (C & R Felder, 1862)	X						

PSTA PV22, 800-900 m
PSTB PV3, 1000-1200 m
PSTC PV3, 1600-1730 m
PSTD PV3, 2100 m
ESTA Miaza, 900 m
ESTB Coangos, 1500-1600 m
ESTC Achupallas, 2100-2200 m

See legend p. 115

	PSTA	PSTB	PSTC	PSTD	ESTA	ESTB	ESTC
				COLLECTING STATIONS			
Morphinae							
127 *Antirrhea philoctetes* sep. n.	X						
128 *Antirrhea taygetina* ssp. n.					X		
129 *Morpho aurora* ssp.	SR						
130 *Morpho deidamia neoptolemus* Wood, 1863	X						
131 *Morpho telemachus iphiclus* C & R Felder, 1862	X						
Brassolinae							
132 *Opsiphanes invirae cassina* C & R Felder, 1862	X						
133 *Catoblepia xanthicles orientalis* Bristow, 1981	X						
134 *Caligo idomeneus idomenides* Fruhstorfer, 1903		X					
135 *Caligo oileus phorbas* Röber, 1904	SR	X					
136 *Caligo prometheus atlas* Röber, 1904		X					
Satyrinae							
137 *Corades enyo almo* Thieme, 1907						X	
138 *Corades pannonia* ssp. n.			X			X	X
139 *Eretris calisto* ssp. n.			X			X	
140 *Eretris* sp. n. nr. *ocellifera* (C & R Felder, 1867)						X	
141 *Lymanopoda panacea panacea* (Hewitson, 1869)			X			X	
142 *Manerebia* sp. n.	X						
143 *Mygona prochyta poeania* (Hewitson, 1870)			X			X	
144 *Oxeoschistus pronax protogenia* (Hewitson, 1862)	X	X					
145 *Pedaliodes phrasiclea* Grose-Smith, 1900		X	X			X	
146 *Pedaliodes* sp. nr. *phthiotis* (Hewitson, 1874)							X
147 *Pedaliodes* sp. n. 1			X				
148 *Pedaliodes* sp. n. 2							X
149 *Penrosada trimaculata* ssp. n.							X
150 *Penrosada* sp. n. 1			X				
151 *Penrosada* sp. n. 2						X	
152 *Pronophila thelebe unifasciata* Lathy, 1906			X			X	
153 *Pronophila timanthes intercidona* Thieme, 1907			X				
154 *Steroma modesta* Weymer, 1912			X			X	
155 *Cithaerias pireta aurorina* (Weymer, 1910)	X	X					
156 *Haetera piera negra* C & R Felder, 1862	X				X		
157 *Pierella hortona* ssp. n.	X				X		

CONSERVATION INTERNATIONAL

Rapid Assesment Program

	COLLECTING STATIONS						
	PSTA	PSTB	PSTC	PSTD	ESTA	ESTB	ESTC
158 *Pierella hyceta latona* (C & R Felder, 1867)	X	X			X	X	
159 *Pierella lena brasiliensis* (C & R Felder, 1862)	X				X		
160 *Pierella lucia* Weymer, 1885	X				X		
161 *Pseudohaetera hypaesia* (Hewitson, 1854)	X	X				X	
162 *Bia actorion rebeli* Bryk, 1953	X						
163 *Caeruleuptychia coelica* (Hewitson, 1869)		X					
164 *Caeruleuptychia lobelia* (Butler, 1870)					X		
165 *Chloreuptychia agatha* (Butler, 1867)	X					X	
166 *Chloreuptychia arnaca* (Fabricius, 1776)	X	X			X		
167 *Chloreuptychia herseis* (Godart, 1824)	X						
168 *Cissia myncea* (Cramer, 1780)	X						
169 *Euptychia jesia* Butler, 1869	X				X		
170 *Euptychia meta* Weymer, 1911		X			X		
171 *Euptychia* sp. n.	X	X					
172 *Euptychoides albofasciata* (Hewitson, 1869)		X				X	
173 *Harjesia oreba* (Butler, 1870)					X		
174 *Hermeuptychia calixta* (Butler, 1877)	X	X			X	X	
175 *Hermeuptychia gisella* (Hayward, 1957)	X	X			X		
176 *Magneuptychia alcinoe* (C & R Felder, 1867)					X		
177 *Magneuptychia francisca* (Butler, 1870)	X						
178 *Magneuptychia libye* (Linnaeus, 1767)	X						
179 *Magneuptychia* sp. n. nr. *probata* (Weymer, 1911)						X	
180 *Megeuptychia monopunctata* Willmott & Hall, 1995	X						
181 *Oressinoma typhla* ssp. n.		X				X	
182 *Parataygetis albinotata* (Butler, 1867)			X				
183 *Pareuptychia interjecta hesionides* Forster, 1964		X			X		
184 *Pareuptychia ocirrhoe* (Fabricius, 1776)	X				X		
185 *Pseudeuptychia languida* (Butler, 1871)		X					
186 *Splendeuptychia clementia* (Butler, 1877)			X				
187 *Taygetis chrysogone* Doubleday, 1849		X	X			X	
188 *Taygetis thamyra* (Cramer, 1779)[1]	X	X					
189 *Yphthimoides renata* (Stoll, 1780)	X						
190 *Yphthimoides* sp. n.				X			
191 *Zischkaia* sp. n.			X				

PSTA PV22, 800-900 m
PSTB PV3, 1000-1200 m
PSTC PV3, 1600-1730 m
PSTD PV3, 2100 m
ESTA Miaza, 900 m
ESTB Coangos, 1500-1600 m
ESTC Achupallas, 2100-2200 m

See legend p. 115

	PSTA	PSTB	PSTC	PSTD	ESTA	ESTB	ESTC
Ithomiinae							
192 *Melinaea marsaeus mothone* (Hewitson, 1870)	X						
193 *Melinaea menophilus zaneka* Butler, 1870		X					
194 *Mechanitis mazaeus deceptus* Butler, 1873	X	X					
195 *Mechanitis polymnia* ssp. n.	X						
196 *Scada reckia ethica* (Hewitson, 1861)	X	X					
197 *Hyalyris frater* ssp. n.		X					
198 *Hyalyris oulita* ssp. n.		X					
199 *Hyalyris praxilla praxilla* (Hewitson, 1870)		X					
200 *Napeogenes achaea* ssp. n.	X						
201 *Napeogenes apulia sulphureophila* Bryk, 1937		X					
202 *Napeogenes glycera nausica* Weymer, 1899		X					
203 *Napeogenes peridia lamia* (Hewitson, 1869)		X					
204 *Hypothyris euclea* ssp. n.		X					
205 *Hypothyris moebiusi moebiusi* (Haensch, 1903)	X						
206 *Hypothyris semifulva semifulva* (Salvin, 1869)	X						
207 *Hyposcada illinissa* ssp. n.	X						
208 *Oleria estella estella* (Hewitson, 1868)	X	X					
209 *Oleria onega agarista* (C & R Felder, 1862)					X		
210 *Ithomia salapia derasa* Hewitson, 1855		X					
211 *Ceratinia neso espriella* (Hewitson, 1868)		X					
212 *Pteronymia veia* ssp. n.			X				
213 *Godyris duillia* (Hewitson, 1854)		X				X	
214 *Godyris panthyale panthyale* (C & R Felder, 1862)			X				
215 *Godyris zavaleta matronalis* (Weymer, 1883)	X						
216 *Hypoleria alema ina* (Hewitson, 1859)		X					
217 *Hypomenitis alphesiboea* (Hewitson, 1869)		X					
218 *Hypomenitis andromica andania* (Hopffer, 1874)		X	X			X	
219 *Hypomenitis lydia lydia* (Weymer, 1899)			X				
220 *Hypomenitis theudelinda zalmunna* (Hewitson, 1869)			X				
221 *Pseudoscada timna* ssp. n.	X						
222 *"Pseudoscada" florula aureola* (Bates, 1862)	X	SR			X		
RIODINIDAE							
223 *Euselasia pellonia* Stichel, 1919	X						

	COLLECTING STATIONS						
	PSTA	PSTB	PSTC	PSTD	ESTA	ESTB	ESTC
224 *Euselasia euoras* (Hewitson, 1855)	X						
225 *Euselasia eutychus* (Hewitson, 1856)	X						
226 *Euselasia* sp. n.		X					
227 *Euselasia clithra jugata* Stichel, 1919	X						
228 *Euselasia zena* (Hewitson, 1860)	X						
229 *Euselasia* aff. *eulione* (Hewitson, 1856) # 1		X					
230 *Euselasia* aff. *eulione* (Hewitson, 1856) # 2	X						
231 *Euselasia euromus* (Hewitson, 1856)	X						
232 *Mesophthalma idotea* Westwood, 1851	X						
233 *Leucochimona matisca* (Hewitson, 1860)	X						
234 *Leucochimona matatha subalbata* (Seitz, 1913)	X						
235 *Semomesia croesus trilineata* (Butler, 1874)	X						
236 *Mesosemia metura metura* Hewitson, 1873	X						
237 *Mesosemia mesoba* Hewitson, 1873					X		
238 *Mesosemia dulcis* Stichel, 1910					X		
239 *Mesosemia visenda* Stichel, 1915	X						
240 *Mesosemia sifia isshia* Butler, 1869	X						
241 *Mesosemia latizonata* ssp. n.		X					
242 *Mesosemia amarantus* Stichel, 1910		X					
243 *Mesosemia judicialis* Butler, 1874	X	X					
244 *Mesosemia ama ama* Hewitson, 1869			X				
245 *Mesosemia mevania mimallonis* Stichel, 1909			X		X		
246 *Mesosemia loruhama loruhama* Hewitson, 1869	X						
247 *Mesosemia gigantea* Stichel, 1915	X						
248 *Eurybia caerulescens caerulescens* Druce, 1904					X		
249 *Eurybia dardus franciscana* C & R Felder, 1862	X				X		
250 *Eurybia juturna juturna* C & R Felder, 1865		X					
251 *Eurybia rubeolata rubeolata* Stichel, 1910	X						
252 *Alesa telephae* (Boisduval, 1836)	X						
253 *Hyphilaria anthias orsedice* Godman, 1903		X					
254 *Teratophthalma bacche* ssp. n.		X					
255 *Napaea melampia* ssp.		X					
256 *Napaea nepos* (Fabricius, 1793)	X						
257 *Napaea tanos* Stichel, 1910		X					

PSTA PV22, 800-900 m
PSTB PV3, 1000-1200 m
PSTC PV3, 1600-1730 m
PSTD PV3, 2100 m
ESTA Miaza, 900 m
ESTB Coangos, 1500-1600 m
ESTC Achupallas, 2100-2200 m

See legend p. 115

	PSTA	PSTB	PSTC	PSTD	ESTA	ESTB	ESTC
				COLLECTING STATIONS			
258 *Cremna actoris meleagris* Hopffer, 1874					X		
259 *Eunogyra satyrus* Westwood, 1851	X						
260 *Lyropteryx apollonia apollonia* Westwood, 1851	X						
261 *Ancyluris aulestes eryxo* (Saunders, 1859)	X						
262 *Rhetus periander laonome* (Morisse, 1838)	X						
263 *Ithomeis corena* (C & R Felder, 1862)	X						
264 *Notheme erota diadema* Stichel, 1910					X		
265 *Monethe albertus albertus* C & R Felder, 1862	X						
266 *Metacharis lucius* (Fabricius, 1793)					X		
267 *Parcella amarynthina* (C & R Felder, 1865)	X						
268 *Charis anius* (Cramer, 1776)	X	X			X		
269 *Charis argyrea* Bates, 1868		X					
270 *Charis major* (Lathy, 1932)		X	X				
271 *Crocozona coecias arcuata* (Godman, 1903)		X					
272 *Lasaia agesilas agesilas* (Latreille, 1809)	X						
273 *Lasaia moeros moeros* Staudinger, 1888	X						
274 *Amarynthis meneria* (Cramer, 1776)	X	SR					
275 *Siseme alectryo spectanda* Stichel, 1909	X	X					
276 *Siseme neurodes caudalis* Bates, 1868	X						
277 *Lucillella camissa* (Hewitson, 1870)		X					
278 *Symmachia miron miron* Grose-Smith, 1898		X					
279 *Pterographium iasis* (Godman, 1903)		X	X				
280 *Sarota* sp. n. (nr. *acantus* Stoll, 1781)	X						
281 *Emesis mandana mandana* (Cramer, 1780)	X						
282 *Emesis fatimella fatimella* Westwood, 1851	X						
283 *Emesis ocypore ocypore* (Geyer, 1837)	X	X					
284 *Emesis temesa emesina* (Staudinger, 1887)	X						
285 *Argyrogrammana* nr. *saphirina* (Staudinger, 1887)		X					
286 *Argyrogrammana caelestina* Hall & Willmott, 1995	X						
287 *Uraneis* sp. n. nr. *zamuro* Thieme, 1907		X					
288 *Lemonias zygia egaensis* (Butler, 1867)		X					
289 *Calospila emylius crispinella* (Stichel, 1911)	X						
290 *Adelotypa amasis* (Hewitson, 1870)		X					
291 *Theope eudocia eudocia* Westwood, 1851	X						

CONSERVATION INTERNATIONAL

Rapid Assesment Program

COLLECTING STATIONS

	PSTA	PSTB	PSTC	PSTD	ESTA	ESTB	ESTC
292　*Theope pedias pedias* Herrich-Schäffer, 1853	X						
293　*Nymphidium ascolia ascolia* Hewitson, 1853	X				X		
294　*Nymphidium azanoides amazonensis* Callaghan, 1986	X						
295　*Nymphidium leucosia* ssp. n.	X						
296　*Nymphidium lisimon lisimon* (Stoll, 1790)	X						
LYCAENIDAE							
297　*Thestius meridionalis* (Draudt, 1920)	X						
298　*"Thecla" gibberosa* (Hewitson, 1867)	X						
299　*Arawacus separata* (Lathy, 1926)	X						
300　*Ocaria aholiba* (Hewitson, 1867)					X		
301　*Ocaria ocrisia* (Hewitson, 1868)	X						
302　*Panthiades bitias* (Cramer, 1777)	X						
303　*Calycopis devia* (Möschler, 1883)	X						
304　*Calycopis vitruvia* (Hewitson, 1877)	X				X		
305　*Calycopis cerata* (Hewitson, 1877)	X						
306　*Calycopis vidulus* (Druce, 1907)		X					
307　*Calycopis orcilla* (Hewitson, 1874)	X						
308　*Calycopis* sp.	X						
309　*Tmolus echion* (Linnaeus, 1767)	X						
310　*Tmolus* sp. n. nr. *cydrara* (Hewitson, 1868)	X						
311　*Siderus* sp. n. nr. *metanira* (Hewitson, 1867)		X					
312　*"Thecla" splendor* (Johnson, 1991)	X						
313　*Janthecla sista* (Hewitson, 1867)	X						
314　*Brangas felderi* (Goodson, 1945)			X				
315　*"Thecla" bosora* (Hewitson, 1870)	X	X					
316　*Celmia celmus* (Cramer, 1775)	X						
317　*"Thecla" color* (Druce, 1907)	X						
PIERIDAE							
318　*Pseudopieris nehemia* ssp. n.	X	X					
319　*Pseudopieris viridula viridula* (C & R Felder, 1861)	X	X					
320　*Dismorphia crisia* ssp. n.		X					
321　*Dismorphia lysis lysis* (Hewitson, 1869)		X				X	
322　*Dismorphia theucharila* ssp. n.		X	X			X	
323　*Dismorphia zaela abilene* (Hewitson, 1872)						X	

PSTA PV22, 800-900 m
PSTB PV3, 1000-1200 m
PSTC PV3, 1600-1730 m
PSTD PV3, 2100 m
ESTA Miaza, 900 m
ESTB Coangos, 1500-1600 m
ESTC Achupallas, 2100-2200 m

See legend p. 115

	COLLECTING STATIONS						
	PSTA	PSTB	PSTC	PSTD	ESTA	ESTB	ESTC
324 *Enantia citrinella* ssp. n.		X					
325 *Enantia lina galanthis* (Bates, 1861)	X						
326 *Lieinix nemesis nemesis* (Latreille, 1813)		X					
327a *Moschoneura pinthous ithomia* (Hewitson, 1867)	X						
327b *Moschoneura pinthous ela* (Hewitson, 1877)		X					
328 *Phoebis argante larra* (Fabricius, 1798)	X	SR					
329 *Phoebis neocypris rurina* (C & R Felder, 1861)	X	X	X				
330 *Rhabdodryas trite trite* (Linnaeus, 1758)	X						
331 *Aphrissa statira statira* (Cramer, 1777)	X						
332 *Pyrisitia leuce flavilla* (Bates, 1861)	X						
333 *Pyrisitia nise* ssp. n.	X						
334 *Eurema albula espinosae* (Fernández, 1928)	X						
335 *Eurema reticulata* (Butler, 1871)	X						
336 *Eurema salome xystra* (d'Almeida, 1936)	X	X					
337 *Eurema xantochlora ectriva* (Butler, 1873)	X					X	
338 *Hesperocharis emeris nera* (Hewitson, 1852)	X						
339 *Hesperocharis marchalii* (Guérin, 1844)	X	X					
340 *Hesperocharis nereina* Hopffer, 1874		X					
341 *Archonias brassolis negrina* (C & R Felder, 1862)	X						
342 *Charonias theano eurytele* (Hewitson, 1853)	X						
343 *Catasticta sisamnus telasco* (Lucas, 1852)	X	X					
344 *Catasticta teutamis epimene* (Hewitson, 1870)		X					
345 *Catasticta anaitis anaitis* (Hewitson, 1869)		X					
346 *Pereute leucodrosime bellatrix* Fruhstorfer, 1907		X					
347 *Melete leucanthe* (C & R Felder, 1861)	X	X					
348 *Melete lycimnia aelia* (C & R Felder, 1861)	X						
349 *Glutophrissa drusilla drusilla* (Cramer, 1777)	X						
350 *Leptophobia aripa elodina* (Röber, 1908)	X						
351 *Leptophobia cinerea cinerea* (Hewitson, 1867)		X					
352 *Leptophobia eleusis mollitica* Fruhstorfer, 1908		X					
353 *Leptophobia philoma pastaza* (Joicey & Talbot, 1928)	X	X					
354 *Perrhybris lorena* (Hewitson, 1852)	X	X					
PAPILIONIDAE							
355 *Protographium agesilaus autosilaus* (Bates, 1861)	X						

CONSERVATION INTERNATIONAL   **Rapid Assesment Program**

	COLLECTING STATIONS						
	PSTA	PSTB	PSTC	PSTD	ESTA	ESTB	ESTC
356 *Protographium leucaspis leucaspis* (Godart, 1819)	X	X					
357 *Eurytides serville serville* (Godart, 1824)	X						
358 *Mimoides euryleon anatmus* (Rothschild & Jordan, 1906)		X					
359 *Mimoides xeniades xeniades* (Hewitson, 1867)	X	X					
360 *Battus belus varus* (Kollar, 1850)	X						
361 *Battus chalceus ingenuus* (Dyar, 1907)	X						
362 *Battus crassus crassus* (Cramer, 1777)	X						
363 *Parides aeneas bolivar* (Hewitson, 1850)	X						
364 *Parides erithalion lacydes* (Hewitson, 1869)	X	X					
365 *Heraclides anchisiades anchisiades* (Esper, 1788)	X						
366 *Heraclides androgeus androgeus* (Cramer, 1775)	X						
367 *Heraclides isidorus flavescens* (Oberthür, 1879)	X	X					
368 *Heraclides thoas cinyras* (Ménétriès, 1857)	X						
369 *Heraclides torquatus torquatus* (Cramer, 1777)	X						
HESPERIIDAE							
Pyrrhopyginae							
370 *Pyrrhopyge pusca* Evans, 1951	X						
371 *Pyrrhopyge thericles pseudophidias* Bell, 1931	X	X					
372 *Pyrrhopyge amythaon perula* Evans, 1951	X						
373 *Pyrrhopyge sergius andronicus* Bell, 1931	X						
374 *Pyrrhopyge papius papius* Hopffer, 1874	X						
375 *Pyrrhopyge decipiens* Mabille, 1903	X						
376 *Pyrrhopyge sadia* Evans, 1951	X						
377 *Pyrrhopyge* cf. *cometes staudingeri* Plötz, 1879	SR						
378 *Elbella intersecta intersecta* (Herrich-Schäffer, 1869)	X						
379 *Elbella patroclus patroclus* (Plötz, 1879)	X						
380 *Elbella theseus* (Bell, 1934)	X						
381 *Protelbella alburna alburna* (Mabille, 1891)	X						
382 *Jemadia hospita hospita* (Butler, 1877)	X						
383 *Jemadia menechmus* (Mabille, 1878)	X						
384 *Jemadia hewitsonii albescens* Röber, 1925	X						
385 *Mimoniades nurscia nurscia* (Swainson, 1821)	X	X					
386 *Mimoniades minthe* (Godman & Salvin, 1879)	X	X					
387 *Myscelus phoronis phoronis* (Hewitson, 1867)	X						

PSTA PV22, 800-900 m
PSTB PV3, 1000-1200 m
PSTC PV3, 1600-1730 m
PSTD PV3, 2100 m
ESTA Miaza, 900 m
ESTB Coangos,
       1500-1600 m
ESTC Achupallas,
       2100-2200 m

See legend p. 115

	COLLECTING STATIONS						
	PSTA	PSTB	PSTC	PSTD	ESTA	ESTB	ESTC
Pyrginae							
388 *Phocides vulcanides* Röber, 1925	X						
388 *Phanus ecitonorum* Austin, 1993	X						
390 *Phareas coeleste* Westwood, 1852	X						
391 *Entheus priassus telemus* Mabille, 1898	X						
392 *Entheus matho dius* Mabille, 1898			X				
393 *Cabirus procas junta* Evans, 1952	X						
394 *Epargyreus socus dicta* Evans, 1952	X	X					
395 *Epargyreus c. clavicornis* (Herrich-Schäffer, 1869)	X						
396 *Urbanus belli* (Hayward, 1935)	X						
397 *Urbanus dorantes dorantes* (Stoll, 1790)	X	X					
398 *Urbanus teleus* (Hübner, 1821)	X	X					
399 *Urbanus doryssus doryssus* (Swainson, 1831)	X						
400 *Astraptes fulgerator fulgerator* (Walch, 1775)	X				X		
401 *Astraptes creteus creteus* (Cramer, 1780)	X						
402 *Autochton longipennis* (Plötz, 1882)		X			X		
403 *Dyscophellus euribates euribates* (Stoll, 1782)	X						
404 *Oileides azines* (Hewitson, 1867)		X					
405 *Celaenorrhinus syllius* (C & R Felder, 1862)	X						
406 *Telemiades avitus* (Stoll, 1781)	X						
407 *Mictris caerula* (Mabille, 1877)	X						
408 *Mictris crispus* (Herrich-Schäffer, 1870)	X						
409 *Iliana heros heros* (Mabille & Boullet, 1917)	X						
410 *Sophista aristoteles aristoteles* (Westwood, 1852)	X						
411 *Nisoniades lata* Steinhauser, 1989	X						
412 *Nisoniades hecale* (Hayward, 1940)		X					
413 *Nisoniades ephora* (Herrich-Schäffer, 1870)	X	X					
414 *Pachyneuria l. lineatopunctata* (Mab. & Boull., 1917)	X						
415 *Pachyneuria duidae pozuza* Evans, 1953	X						
416 *Ocella albata* (Mabille, 1888)		X					
417 *Gorgopas c. chlorocephala* (Herrich-Schäffer, 1870)	X						
418 *Bolla atahuallpai* (Lindsey, 1925)	X						
419 *Bolla cupreiceps* (Mabille, 1891)	X						
420 *Bolla tetra tetra* (Dognin, 1891)		X					

CONSERVATION INTERNATIONAL   **Rapid Assesment Program**

COLLECTING STATIONS

	PSTA	PSTB	PSTC	PSTD	ESTA	ESTB	ESTC
421 *Ouleus accedens* ssp. n.		X					
422 *Ouleus narycus* (Mabille, 1889)		X	X				
423 *Zera tetrastigma tetrastigma* (Sepp, 1847)	X						
424 *Quadrus deyrollei porta* Evans, 1953		X					
425 *Potamanaxas laoma violacea* (Dognin, 1888)		X	X				
426 *Potamanaxas* sp. n.	X						
427 *Mylon illineatus toxina* Evans, 1953	X			X			
428 *Mylon menippus* (Fabricius, 1776)	X						
429 *Mylon cajus cajus* (Plötz, 1884)		X					
430 *Anisochoria pedaliodina pedaliodina* (Butler, 1870)	X						
431 *Aethilla eleusinia* Hewitson, 1868	X						
432 *Achlyodes busirus heros* Ehrmann, 1909	X						
433 *Achlyodes selva* Evans, 1953						X	
434 *Anastrus sempiternus simplicior* (Möschler, 1877)	X						
435 *Anastrus meliboea bactra* Evans, 1953		X					
436 *Anastrus obscurus narva* Evans, 1953		X					
437 *Anastrus peruvianus* (Mabille, 1883)		X					
438 *Ebrietas badia* (Plötz, 1884)	X						
439 *Ebrietas anacreon anacreon* (Staudinger, 1876)	X	X					
440 *Cycloglypha caeruleonigra* Mabille, 1903	X						
441 *Camptopleura auxo* (Möschler, 1879)	X						
442 *Camptopleura termon* (Hopffer, 1874)		X					
443 *Theagenes albiplaga albiplaga* (C & R Felder, 1867)		X					
444 Genus and species unknown	X						
Hesperiinae							
445 *Dalla dognini* (Mabille, 1889)		X					
446 *Dalla dora* (Bell, 1947)	X	X					
447 *Dalla crithote* (Hewitson, 1874)		X					
448 *Anthoptus epictetus* (Fabricius, 1793)	X						
449 *Corticea mendica sylva* (Hayward, 1942) (?)		X					
450 *Corticea corticea* (Plötz, 1882)		X					
451 *Corticea lysias* ssp. n.	X						
452 *Vinius tryhana* ssp. n.	X						
453 *Apaustus gracilis smarti* Evans, 1955		X					

PSTA PV22, 800-900 m
PSTB PV3, 1000-1200 m
PSTC PV3, 1600-1730 m
PSTD PV3, 2100 m
ESTA Miaza, 900 m
ESTB Coangos, 1500-1600 m
ESTC Achupallas, 2100-2200 m

See legend p. 115

LEPIDOPTERA OF THE CORDILLERA DEL CÓNDOR

	COLLECTING STATIONS						
	PSTA	PSTB	PSTC	PSTD	ESTA	ESTB	ESTC
454 *Callimormus radiola radiola* (Mabille, 1878)	X	X					
455 *Eutocus quichua* Lindsey, 1925					X		
456 *Venas caerulans* (Mabille, 1878)	X						
457 *Cymaenes hazarma* (Hewitson, 1877)	X	X					
458 *Parphorus* sp. n.			X				
459 *Papias s. subcostulata* (Herrich-Schäffer, 1870)	X	X					
460 *Cobalopsis miaba* (Schaus, 1902)	X	X					
461 *Lerema viridis* Bell, 1942							X
462 *Eutychide complana* (Herrich-Schäffer, 1869)	X						
463 *Styriodes quaka* Evans, 1955	X						
464 *Enosis blotta* Evans, 1955	X						
465 *Orphe vatinius* Godman, 1901	X						
466 *Quinta cannae* (Herrich-Schäffer, 1869)	X						
467 *Conga chydaea* (Butler, 1877)		X					
468 *Pompeius pompeius* (Latreille, 1824)	X	X					
469 *Metron chrysogastra* ssp. n.			X				
470 *Saliana triangularis* (Kaye, 1914)	X						
471 *Saliana fischer* (Latreille, 1824)	X						
472 *Aroma aroma* (Hewitson, 1867)	X						
473 *Pyrrhopygopsis socrates orasus* (Druce, 1876)	X						
474 *Pyrrhopygopsis romula romula* (Druce, 1875)	X						

SR = sight record only

[1]Note added in proof: This sample contains two species, *Taygetis cleopatra* C&R Feldes, 1862, collected at PSTA and PSTB, and *Taygetis thamyra* (Cramer, 1779), collected at PSTA.

LEGEND FOR COLUMNS

PSTA = Peru: depto. Amazonas, alto Río Comainas, Puesto de Vigilancia 22 ("Falso Paquisha"), 800-900 m (04°01'S, 78° 24'W), 21 October - 3 November 1987.

PSTB = Peru: depto. Amazonas, alto Río Comainas, Puesto de Vigilancia 3 ("Alfonso Ugarte"), 1000-1200 m (03° 55'S, 78° 26'W), 14-27 July 1994.

PSTC = Peru: depto. Amazonas, alto Río Comainas, 2-3 km N Puesto de Vigilancia 3 ("Alfonso Ugarte"), 1600-1750 m (03° 54'S, 78 °26'W), 15-25 July 1994.

PSTD = Peru: depto. Amazonas, alto Río Comainas, 5 km N Puesto de Vigilancia 3 ("Alfonso Ugarte"), 2100 m (03° 53'S, 78° 26'W), 18 July 1994.

ESTA = Ecuador: prov. Zamora-Chinchipe, Río Nangaritza, Miazi, 900 m (04° 17'S, 78° 38'W), 28 July 1993.

ESTB = Ecuador: prov. Morona-Santiago, Coangos, 20 km E Gualaquiza, 1500-1600 m (03°29'S, 78° 14'W), 17-20 July 1993.

ESTC = Ecuador: prov. Morona-Santiago, Achupallas, ca. 15 km E Gualaquiza, 2100-2200 m (03°27'S, 78°27'W), 23 July 1993.

B. Checklist of the Sphingidae and Saturniidae of the Cordillera del Cóndor, Peru

SPHINGIDAE

1.	*Cocytius duponchel*	(Poey, 1832)
2.	*Cocytius lucifer lucifer*	Rothschild & Jordan, 1903
3.	*Neococytius cluentius*	(Cramer, 1775)
4.	*Manduca andicola*	(Rothschild & Jordan, 1916)
5.	*Manduca dalica dalica*	(Kirby, 1877)
6.	*Manduca lichenea*	(Burmeister, 1855)
7.	*Manduca pellenia pellenia*	(Herrich-Schäffer, 1854)
8.	*Manduca trimacula*	(Rothschild & Jordan, 1903)
9.	*Euryglottis albostigmata albostigmata*	Rothschild, 1895
10.	*Euryglottis aper*	(Walker, 1856)
11.	*Euryglottis dognini*	Rothschild, 1896
12.	*Protambulyx euryalus*	Rothschild & Jordan, 1903
13.	*Protambulyx strigilis strigilis*	(Linnaeus, 1771)
14.	*Adhemarius gannascus gannascus*	(Stoll, 1790)
15.	*Adhemarius tigrina tigrina*	(R. Felder, 1874)
16.	*Adhemarius ypsilon*	(Rothschild & Jordan, 1903)
17.	*Pseudosphinx tetrio*	(Linnaeus, 1771)
18.	*Erinnyis ello ello*	(Linnaeus, 1758)
19.	*Erinnyis oenotrus*	(Cramer, 1780)
20.	*Pachylia darceta*	Druce, 1881
21.	*Pachylia ficus*	(Linnaeus, 1758)
22.	*Pachylioides resumens*	(Walker, 1856)
23.	*Callionima denticulata*	(Schaus, 1895)
24.	*Callionima parce parce*	(Fabricius, 1775)
25.	*Nyceryx continua cratera*	Rothschild & Jordan, 1916
26.	*Nyceryx nictitans saturata*	Rothschild & Jordan, 1903
27.	*Nyceryx tacita*	(Druce, 1888)
28.	*Perigonia stulta*	Herrich-Schäffer, 1854
29.	*Enyo lugubris lugubris*	(Linnaeus, 1771)
30.	*Enyo ocypete*	(Linnaeus, 1758)
31.	*Eumorpha anchemola*	(Cramer, 1779)

32.	*Eumorpha obliqua obliqua*	(Rothschild & Jordan, 1903)
33.	*Eumorpha triangulum*	(Rothschild & Jordan, 1903)
34.	*Xylophanes anubus anubus*	(Cramer, 1777)
35.	*Xylophanes ceratomioides*	(Grote & Robinson, 1867)
36.	*Xylophanes chiron nechus*	(Cramer, 1777)
37.	*Xylophanes docilis*	(Butler, 1875)
38.	*Xylophanes fusimacula fusimacula*	(R. Felder, 1874)
39.	*Xylophanes hojeda*	Gehlen, 1928
40.	*Xylophanes ockendeni*	Rothschild, 1904
41.	*Xylophanes porcus continentalis*	Rothschild & Jordan, 1903
42.	*Xylophanes pyrrhus*	Rothschild & Jordan, 1906
43.	*Xylophanes rothschildi rothschildi*	(Dognin, 1895)
44.	*Xylophanes sarae*	Haxaire, 1989
45.	*Xylophanes titana*	(Druce, 1878)

SATURNIIDAE

1.	*Rothschildia lebeau inca*	Rothschild, 1907
2.	*Copaxa cineracea*	Rothschild, 1895
3.	*Copaxa flavina miranda*	Lemaire, 1971
4.	*Arsenura mossi*	Jordan, 1922
5.	*Arsenura rebeli*	Gschwandner, 1920
6.	*Rhescyntis hermes*	(Rothschild, 1907)
7.	*Rhescyntis hippodamia colombiana*	Bouvier, 1927
8.	*Adeloneivaia catoxantha catoxantha*	(Rothschild, 1907)
9.	*Adeloneivaia subangulata subangulata*	(Herrich-Schäffer, 1855)
10.	*Lonomia (Periga) galbimaculata*	Lemaire, 1972
11.	*Lonomia (Periga)* sp. 1	
12.	*Lonomia (Periga)* sp. 2	
13.	*Automeris amanda limpida*	Lemaire, 1966
14.	*Automeris annulata atrolimbata*	Lemaire, 1973
15.	*Automeris boops*	(R. Felder, 1874)
16.	*Automeris duchartrei*	Bouvier, 1936
17.	*Automeris grammodes*	Jordan, 1910
18.	*Automeris midea midea*	(Maassen, 1885)
19.	*Automeris moresca*	Schaus, 1906

20.	*Hyperchiria nausica*	(Cramer, 1779)
21.	*Automerina (Automerina) caudatula*	(R. Felder, 1874)
22.	*Hylesia aeneides*	Druce, 1887
23.	*Hylesia canitia*	(Cramer, 1780)
24.	*Hylesia* sp.	
25.	*Paradirphia oblita latipunctata*	Lemaire, 1976
26.	*Cerodirphia* sp.	
27.	*Dirphia avia*	(Stoll, 1780)
28.	*Dirphiopsis flora orientalis*	Lemaire, 1976
29.	*Pseudodirphia agis agis*	(Cramer, 1775)
30.	*Pseudodirphia eumedide*	(Stoll, 1782)
31.	*Pseudodirphia obliqua*	(Bouvier, 1924)
32.	*Pseudodirphia thiaucourti*	Lemaire, 1982
33.	*Molippa nibasa nibasa*	Maassen, 1885
34.	*Molippa* sp.	

Scarabaeinae Beetle (Coleoptera; Scarabaeidae) Species Collected in the Cordillera del Cóndor

Determinations by Bruce D. Gill, Ottawa, Canada

Species		Number Individuals Collected	Average Weight of Individuals (g)	Total Biomass Collected (g)
Canthidium coerulescens	Balthasar	14	0.024	0.336
Canthidum sp.		2	0.003	0.005
Coprophaneus ohausi	Felsche	7	0.377	2.640
Deltochilum laevigatum	Balthasar	40	0.068	2.710
Deltochilum mexicanum	Burmeister	6	0.441	2.650
Dichotomius prietoi	Martinez	14	0.323	4.530
Dichotomius protectus	Harold	2	0.258	0.516
Dichotomius quinquelobatus	Felsche	106	0.313	33.200
Dichotomius sp. *		41	0.185	7.580
Eurysternus caribaeus	Herbst	2	0.146	0.292
Eurysternus hirtellus	Dalman	11	0.011	0.118
Eurysternus velutinus	Bates	2	0.147	0.294
Ontherus sp.		63	0.077	4.876
Onthophagus xanthomerus	Bates	20	0.013	0.264
Scatimus strandi	Balthasar	15	0.011	0.170
Sylvicanthon candezi	Harold	384	0.017	6.531
Uroxys sp. **		25	0.002	0.053

* This morphospecies probably refers to a complex of two species but at this time we were not able to fully differentiate them.